幼儿心理发展与教育

汪冠楠 ◎著

中国華僑出版社
·北京·

图书在版编目（CIP）数据

幼儿心理发展与教育 / 汪冠楠著. -- 北京 : 中国华侨出版社, 2021.3
ISBN 978-7-5113-8401-0

Ⅰ. ①幼… Ⅱ. ①汪… Ⅲ. ①婴幼儿心理学 Ⅳ. ①B844.12

中国版本图书馆CIP数据核字(2020)第250064号

幼儿心理发展与教育

著　　者 / 汪冠楠
责任编辑 / 张　玉
策划编辑 / 杨　静
封面设计 / 北京万瑞铭图文化传媒有限公司
经　　销 / 新华书店
开　　本 / 787毫米×1092毫米　1/16　印张 / 14　字数 / 310千字
印　　刷 / 北京天正元印务有限公司
版　　次 / 2021 年 3 月第 1 版　　2021 年 3 月第 1 次印刷
书　　号 / ISBN 978-7-5113-8401-0
定　　价 / 68.00元

中国华侨出版社　北京市朝阳区西坝河东里 77 号楼底商 5 号　邮编：100028
发行部：（010）69363410　　传　真：（010）69363410
网　址：www.oveaschin.com　　E-mail：oveaschin@sina.com

如发现印装质量问题，影响阅读，请与印刷厂联系调换。

前言

幼儿园教育是基础教育的重要组成部分，是“根”的教育。幼儿时期是人一生中智力发展、人格健全、语言获得、个性发展的关键期。如果在这个时期里，大脑由于更加有利的条件和有效的教育活动而获得益处，那么人脑的创造性就会发展到不可想象的程度。这正是幼儿心理发展与教育的意义所在。幼儿心理发展与教育之所以在世界各国得到高度重视，还由于国际间政治、经济竞争的需要。由于科技的迅猛发展，要求我们新一代接收的知识量越来越多，否则就无法适应社会发展的需要。幼儿心理发展与教育不仅可以分担整个人生所接收知识量的一部分，更为重要的是良好的幼儿心理发展与教育可以发掘大脑的巨大潜能，提高整个人口的质量水平，这是人生其他阶段的教育所无法取代的。

幼儿的健康成长与教育者尊重他们的心理发展规律密不可分，如何为幼教工作者在实施教育影响过程中提供有效的教育对象心理变化参数和发展变化规律，是本书希冀解决的问题。本书以学生乐学、理论新颖、内容广泛、编排有特色、服务教育实践性强为特点编写。

在本书的编写过程中，我们参考和借鉴了许多不同版本的学前儿童发展心理学、学前教育心理学教材以及有关论著与资料，得到了专家的悉心指导，特别是中国华侨出版社对本书的出版提供了极大的帮助，作者在此一并表示感谢。

由于编者水平有限，书中难免有疏漏和错误之处，恳请批评指正。

前言

目录

第一章 绪论

第一节 幼儿发展概述

一、相关概念

（一）心理发展的含义

心理发展有广义与狭义之分，广义的心理发展是指一个人从出生到死亡的整个一生的心理变化，狭义的心理发展是指人从出生到心理成熟阶段的心理演变和扩展。本书研究的心理发展主要是指狭义的心理发展。

（二）幼儿期的概念

幼儿期，不同的划分标准，划分的年龄段略有偏差。临床医学领域根据生理学的特征，一般将1 ~ 3岁定义为幼儿期，也有观点将3 ~ 6岁、7岁划分为幼儿期。

上述两种分法的特征描述基本一致。即：此期小儿生长速度减慢，智能发育加速，活动范围增大，接触社会事物增多。语言、思维和社交能力有明显发展。由于缺乏对危险事物的识别能力和自我保护能力，易发生意外伤害和中毒，此期保健重点在于培养良好的饮食卫生习惯，保证营养和辅食添加，预防传染病和意外事故。但本书所提到的“幼儿”多指3 ~ 6岁的儿童。

在幼儿期，个体的生理不断地发展变化，身高、体重在增长，身体各部分的比例逐渐接近于成人，肌肉、骨骼越来越结实有力；更主要的是神经系统特别是大脑皮层的结构和功能不断成熟和发展。幼儿大脑重量在继续增加，3岁时为1011克，到6岁、7岁时能达到1280克。这时皮层细胞的纤维继续增长，分支增多，并不断地髓鞘化；皮层细胞之间的联系增多，分析综合活动日益完善，皮层各叶相继成熟，皮层抑制功能迅速发展。

二、幼儿发展的年龄特征概述

（一）年龄特征

心理发展的年龄特征是指在一定社会和教育条件下，在个体发展的各个不同年龄阶段中形成的一般的（带有普遍性）、典型的（具有代表性）、本质的（具有特定的性质）心理特征。这些特征包括身高、体重、各部分器官和神经系统等生理方面的特征，以及语言、认知、情感等心理方面的特征。心理发展的年龄特征与年龄有关，但又不全由年龄决定。

年龄特征既有稳定性又有可变性。稳定性主要表现在：首先，在一定社会教育条件下，一定年龄阶段的大多数幼儿总是处在一定的发展水平上，表现出基本相似的心理特点；其次，发展的阶段性进程顺序和发展速度是相对不变的，不能超越也不能颠倒。幼儿的年龄特征呈现出可变性主要由于社会及教育条件的制约。社会条件不同，幼儿年龄特征的发展不完全相同；教育条件不同，幼儿心理发展的年龄特征也不完全相同。

幼儿心理发展的年龄特征是教育工作的一个出发点，教材的安排、教学方法的设计都要考虑到受教育者的心理发展水平和年龄特点。

（二）年龄特征的阶段划分

对年龄特征的划分应该以个体心理发展的规律为依据。但是由于每个研究者的侧重点不同，因此划分的阶段也不一样。瑞士心理学家皮亚杰根据认知结构的变化，将幼儿心理发展的年龄特征划分为四个阶段；美国著名心理学家劳伦斯・科尔伯格根据道德认知发展的不同水平，将幼儿心理发展的人格特征划分为三个水平六个阶段；美国精神分析学家埃里克森以心理社会发展为理论提出了人格发展的八个阶段。下面就详细阐述埃里克森的关于年龄阶段划分的理论。

埃里克森在20世纪50年代提出了人格发展的八个阶段：信任对怀疑（0 ~ 1岁）、自主对羞怯（1 ~ 3岁）、主动对内疚（3 ~ 6岁）、勤奋对自卑（6 ~ 12岁）、自我认同对角色混乱（12 ~ 18岁）、亲密感对孤独感（18 ~ 25岁）、生成感对停滞感（25 ~ 50岁）、完善感对绝望感（50岁以后）。在不同的阶段，个体面临着不同的危机或者要解决的矛盾，人格的发展也就是不断地化解危机、寻找转机的过程。在这八个阶段中，前三个阶段属于幼儿教育心理学研究的范畴。

1. 信任对怀疑（0 ~ 1岁）

这个阶段婴儿从自己的生活体验中逐渐形成对外界的看法。婴儿对外界是信任还是怀疑，主要取决于照顾者与婴儿之间的互动性质。如果一个婴儿得到较好的抚养并与照顾者建立了良好的关系，孩子就会对周围世界产生信任感，否则，就会出现恐惧和不安，产生怀疑感。

2. 自主对羞怯（1 ~ 3岁）

婴儿如果在第一个阶段建立了基本的信任感，那么1岁以后，当开始掌握语言和学会走路时，就会产生较大的成就感，认为自己能对环境和事物加以支配，其自主意识逐渐增强，“让我来做”成为这一时期幼儿的主导思想。此时，如果父母允许幼儿自由活动，并以各种形式对他们的自主性和独立性表示认可和赞扬，就有可能帮助幼儿形成自信心。相反，如果幼儿的自主需要得不到满足，幼儿可能会产生羞怯感和疑虑感。因为这个年龄阶段的幼儿实际能力毕竟有限，经常会出乱子，而照顾者往往容易担心幼儿闯祸、受伤，或者对幼儿的笨拙表现缺乏耐心和指导，从而对幼儿的行为加以约束、限制或责难，有些照顾者在很多情况下甚至代替幼儿做很多事情。这样做一方面很容易让幼儿感到自己无能，由此产生挫折感和无助感，另一方面，剥夺了幼儿主动探索环境、提升能力的机会。

3. 主动对内疚（3 ~ 6 岁）

这个阶段幼儿在身体和心理方面的发展日渐成熟，有能力参与各种游戏活动，并进行学习和探索环境，幼儿的主动性和进取精神也有望在活动中得到发展。但是，幼儿在活动中经常无视或忘记规则，以自我为中心，有时与同伴发生争执。如果成人对幼儿的这些表现不理解，将其看作越轨行为而严加管教或责难，就会使幼儿产生内疚感和自卑感，导致行为上的退缩。

（三）幼儿心理发展的一般规律

1. 心理活动从简单、具体逐渐向复杂、概括发展

个体最初的心理活动只是非常简单的反射活动，随着个体身心日渐成长，心理活动也越来越复杂，越来越概括化。就思维而言，从非常具体的形象思维发展到人类特有的抽象思维。

2. 心理活动从无意性向有意性发展

个体最初的心理活动以无意性为主，即直接受外来刺激的影响或成人的支配，然后发展到以有意性为主，按照自己的目的来行动，自觉性不断提高。例如，常见的注意、记忆等心理活动最初都是不自觉的、无意的，后来逐渐向有意识心理活动方向发展，也就是我们常说的有意注意、有意记忆等。

3. 心理活动从笼统向分化发展

个体最初的心理活动是笼统的，随着年龄增长逐步分化。也就是说，心理活动由最初的简单逐渐变得复杂和多样化。例如，幼儿最初的情感只有愉快和不愉快之分，后来逐渐分化为喜、怒、哀、乐、惧等多种情感，而且每种情感分得很细。

4. 心理活动从零乱到逐步形成体系

人的各种心理现象并不是在出生时就全都具备了，而是在以后的发展过程中逐渐出现和形成的。比如，在 1 岁以前幼儿没有表现出想象活动，也没有出现抽象思维。同时，其心理活动最初也是零乱的，不同的心理活动之间缺乏有机联系，如认知与情感之间。心理各方面的发展是相互联系的，心理活动体系的形成是多方面共同发展的结果。在发展的进程上，各方面的发展也不是一次完成的，而是不断完善、螺旋式上升的。

（四）幼儿心理发展的特性

幼儿心理发展是一个过程。它是完整、连续的并且有自身规律的。整个过程中，有不同的阶段，不同阶段有着不同的特点，表现为心理发展的年龄特征和总体趋势。

幼儿心理发展的特征：在不同阶段所表现的一般的、典型的、本质的心理特征。比如 1 ~ 3 岁的幼儿开始表现出自我意识萌芽——开始认识自己，进而表现出独立性，什么事都要自己做。还有就是 1 岁前的幼儿，是没有真正意义上的“朋友的”，彼此只是看看，笑笑，没有实际的接触。这个年龄阶段的单方向的社会性发展。在幼儿的认知、个性和社会性的发展过程中，总是有着年龄的特点。为了更好地理解年龄特征，我们要先弄清楚三个问题：年龄阶段、年龄阶段划分、年龄特征的稳定性与可变性。

1. 年龄阶段——用生活时间标志心理发展的不同阶段

同样，年龄也是生理成熟、生活经验的时间标志。作为影响心理发展的客观因素的生物因素和社会因素，在生活时间中对幼儿的心理发展起着作用。年龄本身不影响心理发展，而是不同年龄的生理成熟，或是不同年龄所受到的环境影响而影响心理发展。

2. 我国教育制度界定的年龄阶段

我国心理学者依据我国教育制度界定的年龄阶段是两个时期：学前期和学龄期。

3. 稳定性与可变性

在一定的社会、生活条件下心理发展的阶段顺序；每个阶段变化的速度；不同文化条件下，幼儿心理发展的共同性。例如手动作的发展。这种稳定性的三个原因导致：（1）大脑机能。大脑结构和机能的发展变化，是由遗传因素制约的，是按照一定的顺序完善成熟的。（2）知识经验是由表及里，由简单到复杂，由浅层到深层。如英语的学习顺序依次为字母，单词，句子，文章，再到听说读写译。（3）群体的心理特征发生变化，要经过数代的种系变化。

心理年龄特征既有稳定性，又有可变性。两者有什么关系呢？辩证统一：变化范围有限，变化程度有限。围绕着稳定性上下波动。稳定性更多的是体现一种生物性的影响；可变性体现的是环境、教育的影响。在面对幼儿心理发展中，既不要夸大稳定性，也不要贬低环境教育的作用。

幼儿心理的变化有一定阶段顺序，并且有着发展的共性与个别性。但发展是什么呢？发展有什么特点呢？

第一，发展的含义。发展是指：随着年龄的增长，在相应环境条件下，反映客观现实的心理活动不断地完善、改进和复杂化。在个人身上是一种连续、稳定的变化。

这种发展与身体生理的变化有所不同。后者指的是量增长，心理的发展量、质都有。对数的理解最初只是点数，不知道数的意义。不知道数的组合和拆分，到最后的能够进行乘除法的运算。

第二，发展的特点。

（1）连续性与阶段性

发展的连续性。在发展没发展到质的飞跃时，都是在连续的量化，并且是微弱的。主要表现在：1）先发展的是后发展的基础，后发展是先发展的结果。2）原先发展的不是消失，而是被包容在新发展的水平中。

发展的阶段性。在环境、社会不断向个体提出新要求的基础上，否定原有水平，并有新的需要。这种矛盾性使得心理发展有着阶段性。

（2）发展的定向性

幼儿心理发展总体上是不断进步、提升的。

这种积极向上的趋势表现在两个方面：1）简单到复杂、不断进步。2）各个阶段顺序、方向不可逆转，婴儿期与幼儿期不会颠倒；也不能省略，从婴儿期直接到老年期。

（3）发展的不平衡性

1）不同阶段、发展速度不同。婴儿期、青春期。2）心理发展的不同方面，发展速度不同。注意能力的发展要比思维的发展要快。3）不同的幼儿，发展速度不同。关键期：在某一年龄，幼儿对某些知识行为比较敏感、容易学习，如果过了这个时期，学习困难，影响终身。危机期：心理发展出现紊乱、出现反抗敌对行为。针对成人，抵触情绪和反抗行为不是幼儿与生俱来的缺点，所以家长和教育者要适当调整教育策略，适应幼儿的危机期，并帮助他们渡过。

（4）发展的差异性

不同的幼儿不同的优势。有的语言表达能力强，有的动手能力强，有的人际交往好。

第三，发展的趋势从简单到复杂。

主要体现在两个方面：（1）从不完备到完备。幼儿出生后，各种心理过程并不完善，要经过这一阶段，在环境教育的作用下，得到完善。（2）从不分化到分化。从具体到抽象：心理这种反映客观现实的机能，最初是对客观事物外部属性，或者是非本质属性的反映。发展到能够解释事物本质特征，并能概括，推理、归纳。从主动到被动：年龄越小，受到生理机制——大脑的抑制机能制约性越强、对自身控制力就低。无意识记忆，无意注意。情绪的变化，只要生理满足，就会高兴；随着年龄地增长，他们的情绪更会受其他人的影响，以及对他的评价高低的影响。从对事物态度稳定到不稳定：不稳定，主要是幼儿的心理活动之间的联系太少，容易受到环境的影响。母亲离开时，大哭大闹，马上给他个玩具就忘了！

第二节 幼儿心理发展研究的历史、现状及新趋势

幼儿心理发展研究起源于遥远的过去。由于近代西方社会、近代西方自然科学和教育的发展，使得人们在幼儿观上发生了翻天覆地的变化。幼儿心理的研究由一些智慧的闪光到扩展成为一门正规的学科，由早期静态的发展观到今天动态的发展观，记载着人们很多个世纪以来在认识自己方面所做出的努力和智慧的提升。

一、幼儿观的演变

（一）中世纪西方的幼儿观

中世纪，幼儿被视作“小大人”，只是在体格的大小轻重上与成人有很大的区别。这种幼儿观使得人们对幼儿及其发展的问题缺乏关注，孩子从婴儿时起，就被看作一个发育完成了的微型成人，这种观点在当时的艺术、日常生活中都有反映。中世纪的绘画中，所描绘的幼儿在着装、表情等方面都如同成年人。在古罗马，幼儿有时甚至还处于受迫害的地位。例如，罗马人把刚出生的婴孩放在父亲的脚边，如果父亲把婴孩抱起来，就表示他给这个婴孩生活的权利。如果婴儿生来是虚弱的，或家庭负担过重，就让这个婴儿躺在地上或将其遗弃，随他生死。

（二）文艺复兴时期的幼儿观

文艺复兴时期，教育者提出尊重幼儿、了解幼儿的教育思想，为幼儿心理学的诞生奠定了最初的思想基础。这个时期，人们的观念发生了很大的改变，开始更多地关注幼儿，强调幼儿是一个独立存在的个体，幼儿开始从成人的权威主义的压抑之下解放出来。其中杰出的代表是教育家夸美纽斯（J. A. Comenius），他不仅呼吁人们尊重幼儿、了解幼儿，而且还为幼儿编写了《世界图解》一书，该书是根据幼儿的年龄特征给幼儿讲述科学知识。

（三）自由资本主义时期的幼儿观

自由资本主义时期强调的是自由、民主、平等、博爱，幼儿的概念比过去显得更有人文意味。从这时起，人们更多地关注幼儿，更多地以一种自由的、平等的思想教育孩子。其中英国的哲学家洛克（J. Locke），法国启蒙运动思想家、教育家卢梭（J. J. Rousseau）是这个时期的杰出代表。

洛克将幼儿视为蜡板（tabula rasa），这个词来自拉丁文，意为白板或白纸。他认为：幼儿天生什么都没有，其个性是成长过程中由各种各样的经验塑造而成的。幼儿就像一张白板或白纸，父母可以按照自己的方式任意塑造孩子，想将他涂成什么颜色、什么样子，他就会成为什么颜色、什么样子，这就是有名的“白板说”。虽然在洛克的哲学思想里，幼儿是被动的——无力把握自己的命运而任人摆布，但是其重视教育，为父母们推荐教养幼儿的优秀实践经验等，在当时可以说是走在了时代的前面。

作为幼儿中心主义者的卢梭与洛克的观点恰恰相反，他认为幼儿不是一块白板，而是具有天赋的，生来就有是非观念和追求秩序与健康成长的需要。他们是有别于成人的、独特的。他强调在自由、民主、平等的环境中让幼儿自由地成长，在他的著作《爱弥儿》中充分体现了这种更有利于幼儿成长的思想。

（四）近代西方的幼儿观

近代西方的教育家在关注幼儿发展的同时，更加注重根据其身心发展规律对幼儿进行适当的教育，由此提出“心理学化的教育”观点，主张教育应以心理学规律作为依据。代表有裴斯泰洛齐（J. H. Pestalozzi）、福禄培尔（F. Froebel）等。

在卢梭之后的一个世纪，另一个奠定现代幼儿心理研究科学基础的先贤出现了。他就是英国自然学家——达尔文（C. Darwin），他的进化论思想直接推动了幼儿发展的研究。达尔文根据长期观察自己孩子的心理发展，记录并写成《一个婴儿的传略》（1876）一书，这是幼儿心理学早期专题研究成果之一，对推动幼儿发展的传记法（或日记法）的研究有重要影响。

（五）现代化的幼儿观

随着国际社会对于幼儿保护与幼儿福利的重视与提倡，联合国《幼儿权利宣言》的发表，心理学家研究的深入，现代化的幼儿观已经不仅仅是停留在单纯的尊重幼儿、了解幼儿上，更为重要的是发展幼儿。具体体现在以下几方面：

第一，幼儿是社会的人。婴儿的第一声啼哭，标志着他开始了社会化的过程，即开始从一个自然人转变为一个社会人，他们有着与成人相同的权利和义务。

第二，幼儿是发展的人。幼儿不等于成人，也不是成人的缩影。那种将成人的一套强加于幼儿，力图将幼儿培养成小大人，是扼杀幼儿天性的。并且，不同环境下成长的幼儿，还存在个体差异，身心发展水平也不同。

第三，幼儿不只是为以后的生活做准备。他们有为现在而生活的权利，他们应该拥有快乐的童年。

第四，幼儿是有主体地位的人。那种认为幼儿是一张白纸，可以任意涂鸦的思想是行不通的。

第五，幼儿是一个身心和谐发展的个体。

幼儿观的演变记录着人类不断了解自己、认识自己、发展自己的轨迹，在这个过程中，先驱们的思想已经为科学幼儿心理学的产生与发展奠定了最初的基石。

二、科学幼儿心理学的诞生与发展

科学幼儿心理学产出于19世纪后半期。德国生理学家和实验心理学家普莱尔（W. T. Preyer）是幼儿心理学的创始人，他通过对自己的孩子从出生到3岁每天进行的系统观察和实验记录，写成一部有名的著作《幼儿心理》。该书于1882年出版，被公认是第一部科学的、系统的幼儿心理学著作，先后被译成十多种文字出版，在国际上产生了广泛的影响，幼儿心理学的研究也随之蓬勃地开展起来。

美国幼儿心理学家霍尔将幼儿心理学的研究范围由婴儿期扩展到青春期，提出了个体心理发展的“复演说”，认为个体心理的发展是一系列或多或少复演生物进化的历史。他在19世纪末发明了研究幼儿心理的新技术——问卷法，使大规模地收集幼儿心理发展的资料成为可能。霍尔先后设计和使用了194种问卷，掀起了“幼儿研究运动”；撰写了第一本青少年心理巨著《青少年心理学》（1904）。因此，霍尔被认为是美国幼儿研究的开创者，被誉为“美国幼儿心理学之父”“青年心理学之父”“心理学的达尔文”等。

在霍尔等在美国发展他们的理论和方法的同时，法国心理学家比纳（A. Binet），也正为了另一个原因在建立研究幼儿发展的标准方法。19世纪初，比纳和他的同事西蒙（T. Simon）接到任务：鉴别巴黎学校系统中智力发展迟滞的幼儿。比纳等经过努力，开创性地编制了一系列能比较不同幼儿智力进步状况的不同年龄级别的测验项目，教育实践领域中的第一个智力测验成果诞生了。1916年，在斯坦福大学，比纳的智力测验被译成英文，并针对美国幼儿特点进行了修订，成为众所周知的斯坦福——比纳智力量表（Stanford-Binet Intelligence Scale）。由此，心理测验运动轰轰烈烈地展开了。

继霍尔、比纳之后，格塞尔、弗洛伊德、华生、皮亚杰等心理学家对婴幼儿心理发展都做了大量的实验研究，发表了许多著作，逐步形成了各自的发展理论（详见第三章），使得婴幼儿心理发展的研究在世界范围内不断开展和深化。

三、幼儿心理学的新趋势

（一）西方幼儿心理学研究的进展

1. 掀起婴幼儿心理研究的热潮

西方关于幼儿早期心理的研究经历了一个肯定—否定—肯定的螺旋上升的过程。早期的发展心理学家是以研究婴幼儿心理发展为重心的，随着研究的深入，研究者发现由于研究方法和研究技术的滞后，很难真正了解幼儿早期真实的心理状态，于是将重心转移至青少年期。20世纪60～70年代，随着计算机、录像系统、脑成像技术的应用以及遗传学、认知神经科学的发展，皮亚杰理论在美国被重新发现，幼儿早期智力开发等问题的提出，使得幼儿早期心理的研究重新受到心理学家们的关注，并进入了一个认识、研究婴幼儿心理发展的“辉煌时代”。

大量研究发现：婴幼儿在感知觉、读写、问题解决、因果关系的认识、心理理论、内隐记忆等方面的表现，均比原来心理学家们所想象的要好得多、早得多，由此使研究者取得了一系列令人瞩目的新成果。

2. 皮亚杰的理论获得新进展

皮亚杰的理论产生于20世纪20年代，到50年代已完全成熟，并风行于全世界，可以说皮亚杰是幼儿心理学研究的集大成者。许多心理学家对皮亚杰的理论进行了研究，对他的实验进行了几千次重复性的检验，这就促使皮亚杰的理论有了新的进展。

首先，许多心理学家在对皮亚杰的实验进行重复性验证时，发现了皮亚杰理论的局限性和不足之处，从而加以修正和补充。许多研究表明，幼儿的认知能力一般要高于皮亚杰研究结论中的水平，而对幼儿进行适当的训练，可以使他们的一些认知能力提早出现，并且许多重要的认知能力在幼儿期就已经存在，这与皮亚杰认为幼儿较高阶段出现的认知能力在较低阶段是不出现的说法是相背离的。

其次，一些研究者开始用信息加工的观点来研究皮亚杰的经典课题，建立了不同年龄阶段幼儿智力发展的模式，比皮亚杰的抽象描述更确切和具体。

最后，新皮亚杰学派反对皮亚杰仅仅研究幼儿的认知和搞纯心理学的研究，而要求把幼儿作为一个整体来看待，特别强调对社会关系、社会文化、社会性发展的研究。

3. 幼儿社会性发展的研究得到空前关注

幼儿社会性发展的系统研究始于20世纪30年代，起步较晚，但是经过半个世纪，发展心理学家不仅获得了关于幼儿社会性发展的大量资料和丰富的知识，同时对其在幼儿心理发展中的作用有了更深入的认识。尤其是进入20世纪80年代以后，幼儿社会性发展的研究更是受到了空前的关注，使这一领域的研究进入一个快速发展的时期。

西方心理学家对幼儿社会性发展的研究主要有：（1）幼儿社会概念发展的研究，如对幼儿掌握“顺从”“权力”“价值”等概念的发展研究；（2）幼儿道德判断、道德行为的研究；（3）幼儿攻击行为与亲社会行为的研究；（4）幼儿社会交往发展的研究，包括亲子交往、师幼交往和同伴交往的研究；（5）幼儿社会认知发展的研究，如观点采择能力、心理理论以及幼儿社会信息加工模式等。

4. 心理理论研究的活跃

在过去的一二十年里，关于幼儿心理理论（theory of mind，简称 ToM）的发生发展研究吸引了大量心理学家的关注。心理理论的研究主要涉及幼儿关于心理状态的认识。这种研究认为对心理状态的认识与关于现实世界中的事件、个人和他人的行动的认识，以及与关于心理状态彼此间相互联系的认识，均密切关联，这种能力的获得对于个人合作、行为预测、影响他人行为等重要能力的发展具有举足轻重的影响。

关于心理理论的研究及观点对认知发展研究产生了重大影响，在短短的一二十年里，该领域已成为当前认知发展领域中最鼓舞人心、最引人注目的研究课题，是当前幼儿心理学中最热门、最活跃的研究领域之一。

5. 应用领域的扩展

近年来，随着社会的急剧变化，如妇女就业率的增高、生育率的降低、离婚率的迅速增长、虐待幼儿现象蔓延、网络的高度发展等，这一切都向幼儿心理学工作者提出了挑战。由此，西方幼儿心理学在实际应用方面出现了一些新的领域，如关于大众传播媒介对幼儿心理发展的影响、婴幼儿早期教育的研究、家庭亲子关系和幼儿教养类型的研究、离婚家庭幼儿心理发展的研究、幼儿心理卫生和行为治疗的研究等。

研究者越来越意识到心理学有着广大的应用空间，有人的地方就需要应用心理学，心理学与人是息息相关的，因此，应用领域的研究在明显增加，并取得了一些新的成果。

（二）我国幼儿心理学的研究动态

我国古代就有了一些朴素的幼儿心理学思想，如《三字经》中“人之初，性本善，性相近，习相远”等。但我国科学幼儿心理学如同心理学一样是舶来品，是从西方引进的。陈鹤琴是我国最早的幼儿心理学家，其后对我国幼儿心理学发展做出贡献的还有黄翼、陆志韦、朱智贤等幼儿心理学家，其中，对幼儿心理进行了系统研究的是朱智贤。目前，有很多活跃在幼儿心理与教育领域的心理学家们正在开垦着这片希望的土地。

我国当前幼儿心理的研究动态主要表现在以下几方面。

1. 幼儿认知发展的研究依然热情

从科学幼儿心理学诞生之前开始至今，数百年来，心理学家、教育学家们对幼儿认知的发展与培养保持着持续的热情与兴趣，我国幼儿心理学研究者亦如此。由于对认知发展的重视、对幼儿思维发展的兴趣，研究者在这一方面取得了相当大的成就。近二十年来，我国幼儿心理学家在这一领域中提交了大量有价值的研究报告，诸如幼儿数概念和运算能力的发展研究、幼儿推理能力的发展研究、幼儿双语机制的探讨、幼儿内隐记忆的研究、幼儿多元智能发展的研究、幼儿执行功能的研究等。与此同时，关于幼儿早期智力开发的问题也保持着强劲的势头，什么时候开发，怎样开发……随着现代研究方法、先进技术的引入，人们期望能够更真实、准确地了解幼儿整个认知发展的历程，使其大脑这个“黑匣子”变为“灰匣子”，甚至是“白匣子”、透明的“匣子”。

2. 幼儿社会性发展研究的增多、增强

幼儿社会性发展的研究是一个相当广阔的研究领域。随着国际发展心理学界对社会性发展研究的深入和关注，近年来，我国心理学界对幼儿社会性发展的研究迅速增加，无论是著作还是心理学刊物近年来发表的研究报告，都表明幼儿社会性发展研究的比重在不断增强。关于幼儿亲子关系、同伴关系、自我意识、道德与亲社会行为、攻击行为、欺负行为等课题的研究开始从分离走向整合，而且日益注重幼儿自主性的发挥和意志品质的培养。

3. 应用性研究的增强

随着计划生育政策的深入，独生子女的比例越来越高，我国幼儿心理学家对独生子女的一些行为特征与家庭教育的关系，父母教养方式、教养态度、期望对幼儿心理发展的影响，离异家庭幼儿的发展，幼儿心理健康与心理咨询，网络对幼儿身心发展的影响等应用性研究的投入力度在不断增强。这些研究既有中国特色，又与国际应用心理学的研究接轨，同时兼具理论价值和应用价值。

4. 交叉领域的研究掀起热潮

幼儿心理发展所涉及的问题是纷繁复杂的，常常不是幼儿心理学一门学科所能承担和解决的，因此，从多学科、多领域的角度进行探讨的交叉研究成为一种新的趋势，并取得了单学科研究所不能企及的极有价值的研究成就。交叉领域的研究主要表现在两方面：一是心理学领域内有关分支的协作，如国内外关于“幼儿能力发展与培养的研究”，就涉及认知心理学、幼儿心理学、生理心理学、社会心理学、教育心理学、计算机心理学等心理学各分支领域的合作；二是幼儿心理学研究与心理学领域以外的有关学科的协作，如“幼儿认知发展与学会学习”的研究，是一个涉及哲学、思维科学、教育理论、教学法、美学、方法论等多学科综合的课题。我们目前进行的幼儿审美认知的研究、幼儿心理理论的研究、幼儿心理健康教育等课题都是交叉领域课题。而现在走在研究前沿的关于幼儿认知神经心理学的研究，所涉及的交叉领域就更多，诸如医学、遗传学、认知神经科学、心理学、生理学、脑成像技术、计算机等。交叉领域的研究将显示出越来越吸引人的魅力和价值。

第三节 研究幼儿发展的方法

一、幼儿发展的研究原则

（一）客观性原则

客观性原则是指幼儿教育心理学研究要坚持实事求是的态度，即根据教育心理现象的本来面貌来研究其本质、规律与机制。遵循客观性原则是进行科学研究的前提条件。

客观性原则实际上就是实事求是的原则，客观地研究幼儿的心理和行为应该具备下列条件：①所研究的心理或行为应该是可以观察的。这是指所研究的心理或行为应该是有目共睹的，其他的人在大体相同的条件下也可以观察到，即所研究的心理或行为应该是可以重复证明的。②所研究的心理或行为应该是可以测量的。所谓测量是指心理或行为可以被科学地观察和记录。

（二）系统性原则

对心理现象的研究必须在各个因素的前后联系、相互作用的关系中去分析认识。根据系统性原则，必须研究各个心理过程、心理特征之间的相互联系、相互制约的关系，而不能把心理现象看成是孤立存在的内容去研究。系统性原则指在研究幼儿心理现象时应把人的心理作为一个开放的、动态的整体而加以综合考虑，这样才更有可能把握各种心理现象的本质及它们之间的必然联系。系统性原则主要体现在如下几方面：首先是整体性。幼儿的心理是具有各种机能的一个有机的整体。认知、情感、意志等各种心理过程以及个性心理的发展是相互影响、相辅相成的，孤立地看待幼儿心理，便无法理解这些心理现象的特性及相互关系。其次是层次性。幼儿的心理是一个有序的、有组织的、复杂的系统，在这个系统之中，幼儿的心理又具有结构上的层次性。人的心理结构包括心理的社会实践结构（心理的起源与发展）、个性心理结构、心理活动结构以及心理的物质结构（脑的结构）。这四个结构在心理活动中各自承担不同的功能。再次是动态性。它是指幼儿的心理处于一种动态发展中，同时呈现出动态变化过程，也就是随着幼儿的实践活动的变化，心理活动也会随着不断变化。

（三）教育性原则

教育性原则是指在幼儿教育心理学的研究过程中，所采用的试验手段与方法应能促进被试幼儿心理的良性发展，特别是对于人类被试而言，这是心理学研究中的一个道德原则。在进行心理研究时，研究的选题、使用的方法和程序不应损坏幼儿的身心健康，而应该符合教育的原则。由于幼儿的身心正处在发展阶段，认识能力较差，而且善于模仿，研究者更要注意这个问题。所以以人为对象进行心理研究时，在选择方法和程序时不能只考虑对所需要研究的问题是否有利，还要考虑所用的方法对被试幼儿的身心是否产生不良的影响。当年华生（J.B.Watson）为了研究幼儿的恐惧情绪，在幼儿抚摸小白兔时，大声敲锣，结果使这个幼儿不但对白兔，甚至对其他白色的东西都产生了畏惧心理，实验在某种程度上损害了幼儿的正常心理发展，这在心理学研究中应该竭力避免。

（四）发展性原则

所谓发展性原则，就是要看到幼儿已形成的心理现象或心理状态及其产生的原因，并要根据心理学原理进行分析综合，以预测其将来发展和变化的趋势。客观事物总是处在运动、发展和变化之中的，那么作为反映客观现实的心理现象，自然不是凝固的、静止的。心理活动的强度和性质始终处在变化之中，所以对幼儿的心理面貌、精神状态的考察必须坚持发展的观点，既要了解其过去、现在，还要预测其未来。只有这样，才能正确地理解幼儿学习心理发展的规律，并采取适宜的教育措施，促使其向社会所需要的方向发展。

二、研究设计类型

（一）横断研究设计

横断研究（cross-sectional study）是指在同一时间对不同年龄幼儿的心理发展水平进行测量和比较，探讨其心理发展的规律和特点。例如，在“4 ~ 5 岁幼儿单双维类比推理能力的发展水平和特点”的研究中，我们就是采用了横断研究，在同一时间测量了 4 岁、4. 5 岁、5 岁、5. 5 岁四组幼儿的单双维类比推理能力。其结果分析了各年龄阶段幼儿的单双维类比推理能力发展水平和特点，并得出双维类比推理发展的“高速增长期”。横断研究设计的图解如图。

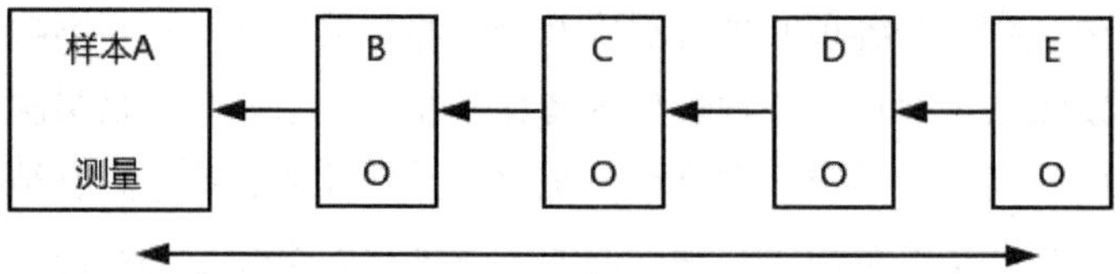

横断研究设计图解

横断研究的优点在于：第一，同时研究较大样本，被试幼儿更具代表性；第二，在较短时间内获取大量数据资料，成本低，省时省力；第三，由于研究时间短，因而结果受社会变迁的影响较小。因此，目前大多数幼儿心理学的研究都采用横断研究设计。它的缺点主要在于：第一，由于被试幼儿来自不同年龄（即被试不同质），因而难于反映个体心理发展的具体进程和特点；第二，横断研究缺乏系统连续性，难以确定心理发展的因果关系；第三，横断研究的取样程序较为复杂。

（二）纵向研究设计

纵向研究（longitudinal study）是在比较长的时间内对同一组幼儿进行追踪研究，以考察随着年龄的增长，其心理发展的进程和水平的变化。纵向研究的时间可长可短，短可至几周，长可至几年，甚至几十年。它是幼儿发展心理学在研究方法上的一个特色。即便婴幼儿心理的发展，经过几周或者几个月的追踪研究也是能得到非常有价值的成果。科学幼儿心理学的奠基人普莱尔是最早使用纵向研究法研究幼儿心理发展的心理学家。

纵向研究是在所研究的发展时期内对同一组被试幼儿进行反复观察和测量。它的优点在于：第一，被试是同质的（始终对同一组进行研究），研究结果更为可靠；第二，通过对同一组被试幼儿的长期追踪研究，可以获得心理发展连续性和阶段性的资料，因而能够系统地、详尽地考察发展从量变到质变的飞跃，探明前一阶段发展与后一阶段发展的关系以及各阶段的影响因素。纵向研究设计的图解如图。

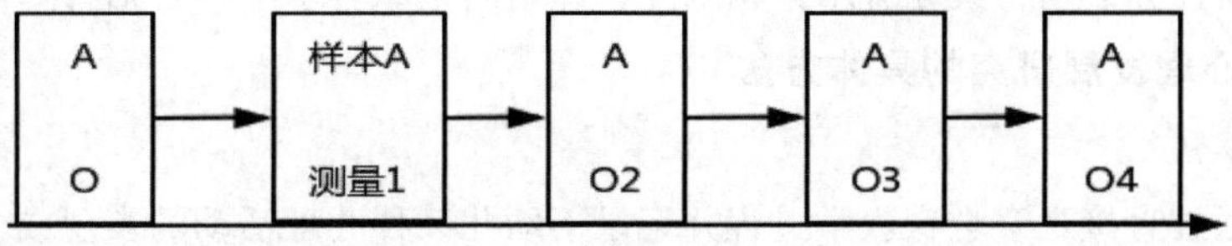

纵向研究设计图解

纵向研究的缺点在于：第一，被试幼儿一般较少，可能缺乏代表性；第二，研究时间较长，容易造成不可控的被试幼儿流失，同时不能避免时代变迁对研究结果的影响；第三，纵向研究一般需要反复测量，可能影响被试的发展，影响被试幼儿的情绪，从而影响某些数据的可靠性和确定性。另外，太长的纵向研究在人力、物力和时间上花费很高。不过，幼儿心理发展很快，在短时间内各种心理能力都会发生很大变化，因而我们做一些时间较短的纵向研究也是很有意义的。例如，为研究幼儿分类能力的发展水平和特点，我们可以在幼儿园选取一组 3 岁幼儿，每隔两个月进行一次测试，连续两年。我们就可以获得幼儿 3 ~ 5 岁分类能力发展较详细的资料，可以分析出分类能力发展的年龄特征以及高速增长期等。

（三）集合交叉设计

纵向研究和横断研究各有其优缺点。后来，在发展心理学研究中发展出一种新的研究设计——集合交叉设计（aggregate-cross study）设计，它既克服了纵向研究和横断研究的缺陷，又保持了两类研究的长处，具有很强的科学性和适用性。集合交叉研究在目前发展心理学研究（包括幼儿心理学研究）中日益受到重视并被广泛应用。

集合交叉研究既可以在较短时间内考察各年龄阶段幼儿心理发展的总体状况和特点，又可以从纵向发展的角度研究幼儿心理能力随年龄增长而发生的变化和发展，同时还可以探讨社会历史因素对幼儿心理发展产生的影响。例如要研究 0 ~ 7 岁幼儿的记忆发展，我们可以取 0 岁、2 岁、4 岁三个年龄组的幼儿，同时各追踪研究 3 年。到研究完成时，幼儿分别到 3 岁、5 岁和 7 岁。在这个研究中，0 ~ 7 岁均已取样，同时研究时间又由原来的 7 年减少为 3 年。这样既达到了研究的目的，同时又节省了大量的研究时间。

（四）微观发生学设计

微观发生学设计是定性研究的一种。研究者向幼儿提出一个日常作业或新课业，对幼儿从开始学习到稳定地掌握该作业过程中的所有变化进行连续的追踪观察，以考察一种新技能的发生过程与规律。是一种在较短时间内完成的追踪研究。

一般持续几节课、几天或几周。研究者一般采用录像方法，记录幼儿的行为，然后一分一秒地对行为进行分析，通过观察这种发展的微观过程，了解变化是怎样发生的。这种研究设计要求向幼儿提出的新任务必须与其原有水平相匹配，即略高于原有水平，否则将降低研究效率。

三、幼儿心理发展研究的具体方法

（一）观察法

观察法是通过直接观察教育教学过程并记录下幼儿某种心理活动的表现或行为变化，从而了解幼儿学习心理的方法。观察法分为自然观察法和实验室观察法。观察法是幼儿教育心理学研究中最普遍、最基本的方法之一。这种方法简便易行，可单独使用，也可结合其他方法进行。观察法记录的材料比较真实，它不但需要观察者具有敏锐的观察力，同时还需要观察者进行及时的记录。

为了取得良好的系统观察效果，在观察中应注意下列事项：①事先确定观察目标，观察面不宜太广，最好只观察少数或一种行为目标明确；②制订观察计划；③观察时应随时记录，有条件时可以利用一定的录播设备；④注意采取科学的观察方法；⑤保持幼儿的自然状态，以免影响他们的正常行为。

（二）调查法

调查法是通过多种方式收集调查对象的内部心理、外显行为等各种材料，并做出分析、综合，得到某一结论的研究方法。调查法的途径与方法很多。①访谈法，这是通过与幼儿直接交谈，来探索幼儿的心理状态的研究方法。访谈调查时，与幼儿面对面的交流，针对性强，灵活真实可靠，便于深入了解人或事件的多种因素，但访谈法比较花费人力和时间，调查范围比较窄。②电话调查法，这是指通过电话向幼儿及其家长进行询问，了解所需情况的一种调查方法。这是一种间接的调查方法。这种方法也有优缺点。优点是资金和时间花费不多，能调查较多的幼儿；缺点是不像访谈法那样可以采用多种方式详细询问和解释问题，使幼儿对问题不发生误解。③问卷调查法，范围大一些的调查，常采用问卷的方式进行。问卷是书面提问的方式。问卷调查通过收集资料，然后做定量和定性的研究分析，归纳出调查结论。

（三）个案研究

个案研究是追踪研究某一幼儿或幼儿团体的行为的一种方法。它包括对一个或几个个案材料的收集、记录，并写出个案报告。系统记载被试某些心理活动的发展状况，某些教育心理问题产生与发展的原因，提出相应的解决措施。这种方式比较适合于特例研究，如对智力超常幼儿、特殊幼儿、学习困难幼儿的研究等。它通常采用观察、面谈、收集文件证据、描述统计、测验、问卷、图片、影片或录像资料等方法。在进行个案研究的过程中，研究者除深入了解被调查者的各种情况外，还应与他们多接近，建立良好的关系，树立研究者良好的形象，使其充分信任研究者的帮助和关心，这样才能在个案研究中取得真实的第一手材料，使个案研究顺利进行。

（四）教育经验总结法

教育经验是指幼儿教育工作者对自己平时工作经验的总结，以获得对有关幼儿学习的一些现象的理解。教育经验总结法是提高教育教学质量和办学水平的可靠保障，是丰富和发展幼儿教育心理学理论的重要途径。幼教工作者不断创造的新的教育手段和教育经验是教育心理学科学知识的一个重要的源泉。教育经验总结是一种科学研究活动，指运用科学的方法，对积累的教育经验进行分析概括，深入、全面、系统地揭示经验的实质，使之上升到教育理论的高度，找出别人可以借鉴的规律性的东西。教育经验总结是一种回溯研究。经验是在改造客观事物的同时，实践者自身形成的感性认识和某些未系统化的理性认识。教育经验总结是一种追因研究，经验总结法则是根据已经发生的结果追溯其原因。

（五）实验法

实验法是指有目的地控制一定的条件或创设一定的情境，以引起幼儿的某些心理活动进行研究的一种方法，分为实验室实验法和自然实验法。实验室实验法是指在实验室内利用一定的设施，控制一定的条件，并借助专门的实验仪器进行研究的一种方法，是探索自变量和因变量之间的关系的一种方法。实验室实验法便于严格控制各种因素，并通过专门仪器进行测试和记录实验数据，一般具有较高的可信度，通常多用于研究幼儿心理发展过程和某些幼儿学习活动的生理机制等方面的问题，但对研究个性心理和其他较复杂的心理现象，这种方法仍有一定的局限性。自然实验法是指在日常生活等自然条件下，有目的、有计划地创设和控制一定的条件来进行研究的一种方法。自然实验法比较接近人的生活实际，易于实施，又兼有实验法和观察法的优点，所以这种方法被广泛用于研究幼儿教育心理学。

（六）心理测量法

心理测量法（psychometrics）是指依据一定的心理学理论，使用一定的操作程序，给人的能力、人格及心理健康等心理特性和行为确定出一种数量化的价值。广义的心理测量不仅包括以心理测验为工具的测量，也包括用观察法、访谈法、问卷法、实验法、心理物理法等方法进行的测量。心理测量是通过科学、客观、标准的测量手段对人的特定素质进行测量、分析、评价。这里的所谓素质，是指那些完成特定工作或活动所需要或与之相关的感知、技能、能力、气质、性格、兴趣、动机等个人特征，他们是以一定的质量和速度完成工作或活动的必要基础。

（七）作品分析法

作品分析法又叫产品分析法，是对调查对象（明确总体和样本）的各种作品，如笔记、作业、日记、文章等进行分析研究，了解情况，发现问题，把握特点和规律的方法。该方法可用于智商测试，通过这种方法，可以了解人的知识、技能、技巧、对事物的态度、智力、能力的水平等。

通过分析其他作品（比如书法、绘画、言论等），也可以深入地了解幼儿的精神世界，比如兴趣、爱好、理想、知识面等都可以从中反映出来。此外，从作品的内容和质量中往往也能分析出智商和个性品质特点。我们还可以通过分析观察完成作品的过程来分析、了解幼儿。

作品分析法需要有明确的目的和计划，对要分析的作品要确定范围和分析的重点。作品分析法多用于个案研究或群体的心理品质和个性特征等方面的研究。

在研究心理活动时这是一种常用的方法。此法还有一种特别的意义，即它的作用可以超越时间和空间的局限。

（八）合作性行为研究法

合作性行为（cooperation behavion）是指群体成员一起活动以实现共同目标的行为。合作性行为有三层心理上的含义：第一是相互帮助，参与合作的所有成员的行为是可以互相替代的。第二是相互鼓励，成员们彼此为完成任务而产生彼此肯定的情绪。第三是相互支持，合作中群体成员的行为能促使群体更接近共同目标时，则其他成员会接受并支持他的行为。

一言以蔽之，合作（ cooperation behavion）是指群体成员一起活动以实现共同目标的行为。这些目标通常是无法通过个人努力而实现的。在合作条件下，彼此之间表现为团结协作、亲密友好的关系，这是个体间协调作用的最高水平的行为。

（九）社会生态学研究法

社会生态学是研究动物和人类的社会组织及社会行为与生态环境之间关系的学科。20 世纪 20 年代初美国学者 R. E. 帕克等人最早提出。60 年代后，其研究发生革命性变化，由注重自然生态转变为侧重社会生态，逐渐形成独立学科。主要研究方向有三：（1）从社会生物学的角度，研究生物的社会行为，研究方向偏向行为科学。研究表明，动物的社会组织，包括群体的大小、雌雄的性配比、婚配的方式，以及各种社会交往的形式、保卫领地和防御捕猎者等，都是适应生态环境压力的结果。（2）从社会学的角度，研究社会文化与生态环境的关系，着重研究土地利用、土地利用模式变化和空间组合。（3）从人类生态学（亦即人与自然关系）的角度，研究社会与自然界的相互作用。其中两个方向研究内容主要有人口与环境、资源开发和利用、社会生态系统、城市生态系统、社会生态系统、社会生态理论等。基本研究方法有描述法、分析法、计量法和数模法等。

（十）跨文化研究法

跨文化研究（Cross-cultural studies），也称“比较文化研究”。它指通过对不同文化的比较，揭示在不同社会条件下，人们的社会行为和心理特征及其发展规律的异同，从而为把握社会心理现象中的普遍性提供认识依据的一种方法和活动。社会心理学、社会学、人类学中常用的一种实验方法，指以不同文化背景下的个体或群体为对象的研究。

以上方法彼此不是分割和孤立的，在一项具体研究中，往往综合使用其中的两种或者几种。

第二章 幼儿心理发展的基本理论

第一节 影响幼儿心理发展的主要因素

一、遗传和生理成熟

遗传是一种生理现象，是指双亲的身体结构和功能的各种特征通过遗传基因传递给下一代的现象。遗传的生物特征或称遗传素质，主要是指那些与生俱来的有机体的构造、形态、感官和神经系统等方面的解剖生理特征。

生理成熟是指机体生长发育的程度或水平，也称生理发展。遗传和生理成熟是心理发展的物质前提和基础，这里遗传是一个相对恒久的参数，而生理成熟程度则对着被研究对象的不同发展阶段是个变数。这主要体现在以下三个方面。

（一）遗传是心理发展的物质前提

遗传素质为幼儿的身心发展提供了可能性。健全的四肢是动作技能发展的前提，完善的发音器官是口语发展的前提，发育良好的大脑和神经系统是智慧发展的前提。先天失明的幼儿不能发展视力，先天聋哑的幼儿不能发展听觉和口语，无脑畸形儿不能产生任何心理活动。由此可见，没有正常人的遗传素质，就没有正常人的心理，遗传是幼儿心理发展的物质前提。

（二）遗传素质的个别差异为幼儿发展的个别差异提供了最初的可能性

正常的幼儿都具有人类的遗传素质，但由于不同的个体在高级神经活动类型、感受器官的结构和机能上的遗传素质等方面存在差异，致使有些幼儿易于发展成为安静型的人，有些易于发展成为活泼好动的人，有些易于发展成为有才能的音乐家，有些则易于发展成为优秀的体育运动员。总之，神经类型的特点对于幼儿性格的形成具有一定的制约性，感官的结构和机能上的差异常常影响幼儿某些才能的发展。

（三）生理成熟在一定程度上制约着心理发展

如果在某种生理结构和机能达到一定成熟度时，适时地给予适当的刺激，就会使相应的心理活动及其机能有效地出现或发展。如果机体尚未成熟，那么，即使给予某种刺激，也难以取得预期的效果。例如，幼儿不能很好地控制自己的行动，这与他们大脑皮层的抑制机能发展水平低、调节机能差相关。

二、环境

环境是指个体体外一切能影响其身心发展的因素，一般来说，环境有自然环境和社会环境两种。自然环境提供个体生存所需要的物质条件，如空气、阳光、水分和养料。社会环境指社会生活条件，如社会的生产发展水平、社会制度、家庭状况、社会气氛、受教育状况。我们这里研究的环境主要指社会生活条件和教育的作用。人类心理发展与动物心理发展有本质不同，动物发展主要依靠本能、生理成熟和直接经验，而人类的发展主要依靠学习、文化传递，依靠教育。人类个体既是一个自然实体，也是一个社会个体。在遗传和生理成熟所提供的可能范围内，环境对个体心理发展的实际水平起决定作用。

（一）环境使遗传所提供的心理发展的可能性变为现实

尽管遗传提供了心理发展的可能性，但如果不生活在社会环境里，这种可能性也不会变为现实。野兽抚养大的孩子虽然具有人类的遗传素质，却不具备人类的正常心理。

（二）环境制约个体心理发展的水平和方向

从宏观上来看，社会生产的发展水平影响国民经济生活水平，影响科学文化和教育水平，从而影响到个体心理发展水平。现代幼儿生活环境多样化和复杂化是前辈在儿时想象不到的。社会生产越发达，需要掌握的知识越多，教育对个体心理发展的促进作用越明显。

三、遗传与环境相互作用

目前，许多研究者都认为，在论述遗传与环境对心理发展的影响时，应以发展的、动态的、联系的观点去分析。某些遗传特性是因进化过程中环境因素的影响而产生的，带有环境影响的痕迹。同样，个体总是基于自己的遗传特质，以自己特有的方式作用于环境的。从这个意义上讲，遗传与环境是相互联系、相互影响的。此外，在不同的个体身上，在不同的发展阶段，遗传与环境的作用也各不相同。

（一）环境影响着遗传物质的变化和生理成熟

现代科学研究证明，胎内环境对胎儿的生长、发育以及出生后的发展有重大影响。如果母亲缺乏营养或有不良生活习惯以及服用药物、受到辐射，都会影响胎儿的发育，从而影响其智力的发展。幼儿出生过程中以及出生之后，营养不良或一些意外因素也可能影响幼儿的生理，继而影响后来的发育。

（二）遗传素质以及生理发展制约着环境对个体心理的影响

环境对遗传起一定的影响作用，但不能从根本上改变遗传因素以及幼儿的生理成熟过程。反过来，遗传的特征对幼儿接受环境的影响起着制约作用，最常见的是幼儿的性别、最初的神经活动类型的特征、某些特殊才能的发展等。这些遗传特征使幼儿从出生起就对外界刺激做出不同倾向的选择性反应，而这又反过来制约着外界环境刺激作用的程度。

总之，对于正常发育的幼儿来说，某些遗传素质为其身心发展提供的可能性，必须在一定的环境影响下才能转化为现实；同时，遗传素质本身会在环境的影响下改变。

第二节 关于幼儿心理发展的基本理论

幼儿心理发展的理论流派反映了特定背景中所出现的对该领域具有重要影响的观点和看法。

一、格塞尔的成熟学说

格塞尔（1880–1961）是成熟学说的代表人物，他研究的兴趣集中于生理成熟、成长和心理发展的同步关系。格塞尔认为，个体的生理和心理发展，都是按基因规定的顺序有规则、有次序地进行。他把通过基因来指导发展过程的机制定义为成熟，心理发展是由机体成熟预先决定与表现的。成熟是推动心理发展的主要动力，没有足够的成熟，就没有真正的发展与变化。

1929 年，格塞尔先对一对双生子 T 和 C 进行了行为基线的观察，确认他们发展水平相当。在双生子出生第 48 周时，对 T 进行爬楼梯、搭积木、肌肉协调和运用词汇等训练，而对 C 则不做训练。训练持续了 6 周，期间 T 比 C 更早地显示出某些技能。到了第 53 周，当 C 达到爬楼梯的成熟水平时，对他开始集中训练，发现只要进行少量训练，C 就赶上了 T 的熟练水平。进一步的观察发现，55 周时 T 和 C 的能力没有差别。

研究结果表明，在儿童没有达到明显的成熟准备之前，经验的训练是收效甚微的。即使在最初的训练中取得了一点成绩，也同样没有多大价值。到了一定的成熟准备期，从未接受过这种行动训练的孩子，只要略加训练就可以迎头赶上。儿童在成熟之前，处于学习的准备状态。所谓准备，是指由不成熟到成熟的生理机制的变化过程，只要准备好了，学习就会发生。决定学习最终效果的因素，取决于成熟。在发展的进程中，个体还表现出极强的自我调节能力。

二、华生的环境决定论

美国心理学家华生（J.B.Watson）是行为主义观的创始人，是把学习理论的原则应用于儿童发展问题研究的最主要的心理学家。

（一）环境决定论的主要观点

华生认为心理的本质就是行为，心理学研究的对象是可观察到的行为。华生否认遗传在个体成长中的作用，认为一切行为都是刺激（S）—反应（R）的学习过程，通过刺激可以预测反应，通过反应可以推测刺激作用。他认为儿童是被动的个体，其成长决定于所处的环境。儿童成长为什么样的人，教育者负有很大的责任。当他读到巴甫洛夫的研究成果后，开始认为经典条件作用的原则不仅适用于动物，人类的大部分行为也服从经典条件作用原理，并致力于儿童情绪的研究。

（二）华生的实验研究

华生认为婴儿出生时只有三种情绪反应：恐惧、愤怒和爱。对婴儿来说只有两种无条件刺激可以引起恐惧，一个是突然的声响，一个是失去支持物（如从高空落下）。但年龄大点儿的儿童对很多事物如陌生人、猫、狗、黑暗等都感到恐惧，对这些事物的恐惧一定是习得的。如一个小孩对蛇的恐惧是因为当他看到蛇时听到了尖叫声，蛇因而成为一种条件刺激。

华生等人以一个 11 个月大的小男孩为被试对象，观察能否通过条件作用让他对小白鼠产生恐惧。实验之初，小孩对小白鼠并不害怕，但经过条件作用后，小孩发生了很大变化。实验过程如下：在小白鼠出现在小孩面前的同时，在小孩的背后用力击打一个物体发出巨响，引起孩子的惊吓反应。反复几次后，当只有小白鼠出现时，小孩也表现出害怕、逃避的反应。几日后，小孩对所有带毛的物体如狗、皮毛大衣等都感到害怕，可见，他的恐惧已经泛化。

华生的研究，在实践上可说是一个主要的应用，是发展了一套对恐惧进行条件作用的方法。这种方法在当代来说即一种行为矫正或称之为“系统脱敏法”。这个研究是针对一个叫皮特的 3 岁小男孩进行的，他是一个健康活泼的孩子，但对兔子等动物感到害怕。华生为消除幼儿恐惧采用如下程序：首先，在皮特喝下午茶时，将关在笼子里的兔子放在距离皮特较远且不会对他产生威胁的地方。第二天，将兔子拿到较近的距离，直到皮特感到一丝不安。接下来的每一天，兔子都被移近一点儿，但在实验者的关照下，并不会给皮特带来太多的麻烦。终于，皮特可以做到一边吃东西一边与兔子玩。用同样的方法，心理学家消除了皮特对其他物体的恐惧。

基于经典条件作用理论，华生对养育孩子也提出了独到的见解。他认为父母应避免拥抱、亲吻婴儿，因为这样做很快就会让婴儿把看见父母与纵容的反应联系起来，就不会学习离开父母独自探索世界。他主张把孩子当成小大人般对待，用良好的方式训练他们，从小养成好的习惯。

三、斯金纳的操作性条件反射学说

从学习理论的观点看，经典条件作用似乎只限于对某些反射或先天的反应进行条件作用。对于人们是如何学习复杂的技能及进行主动的学习，经典条件作用很难进行解释，于是心理学家开始研究其他形式的条件作用。斯金纳就是其中最有影响的一位。同华生一样，他也是一位行为主义心理学家，但他研究的条件作用并不是巴甫洛夫式的。在斯金纳看来，巴甫洛夫所研究的反应其实是一种应答，是由刺激自动引起的，大多数这样的应答都是简单的反射。斯金纳感兴趣的是操作性的行为，是对环境的主动操作。个体在环境中可能有多种反应，哪些行为保留下来或更可能再次发生，取决于行为发生之后所得到的强化。

为了研究操作性条件作用，斯金纳发明了一种实验装置，叫作斯金纳箱。动物在里面可以自由活动，当它无意中压了杠杆时，会得到食物作为奖励。以后，动物就会更经常地挤压杠杆。他将反应的比率作为测量学习的指标，当反应受到强化时，它发生的比率也会增加。

斯金纳认为，操作性行为在人类生活中比应答性行为扮演更为重要的角色。如读书并不是由某一具体刺激引起的，而在于读书曾给我们带来的结果。如果读书得到的是奖励，如好成绩，人们就更可能投入这种行为。因此，行为是由其结果决定的。操作性行为的保持及取消与强化有直接关系，因此如何对行为进行强化就显得至关重要。

形成操作性条件作用应注意以下原则。

第一，强化与消退。可充当强化的事物有很多，有些强化如食物或祛除痛苦叫作一级强化，它们本身就带有强化的属性。有些强化如成人的微笑、表扬或注意则是条件性强化。它们的效能取决于与一级强化的连接频率。当行为得不到强化时，就会渐渐消退。如有些孩子的讨厌行为仅仅是为了得到成人的注意，如果对这些行为不予注意，这些不受欢迎的行为就会逐渐消失。

第二，及时强化。对反应及时给予强化，它才会保留下来。这一点对教育孩子有特别重要的意义。对好的行为及时表扬，这种行为再次发生的可能性就高。如果强化延迟了，行为将不会得到加强。

第三，操作性行为的获得。操作性行为并不是按照“全或无”的法则进行的，通常是逐步学会的。儿童的行为获得也是如此：当儿童的行为向正确的方向发展时，就会得到强化、肯定，并对他提出进一步要求，每取得一定的进步都会得到强化。通过这种方式，儿童最终掌握了完全正确的行为。

第四，强化的时间安排。人们的日常行为很少受到连续强化，大多都是间歇强化，如并不是每次看电影都会感到赏心悦目。间歇强化的不同安排会有不同的效果。一种安排是固定间隔式，即每隔一段时间给予一次强化，这种安排下的反应速度是相当低的；一种安排是固定比率式，即反应每达到一定的次数会获得奖励，这种安排能带来较高的反应速度。但这两种安排在有机体得到强化后都会表现出一个反应安静期，仿佛他们知道距下一次强化还远着呢！这种安静期可以通过不定期强化或不定比率强化得到避免。前者是将奖励的时间间隔进行灵活变动，后者是将能够得到奖励的反应次数设为可变的。这两种情况下反应的速度都相当快，之所以能保持反应是因为奖励随时都可能来。间歇强化形成的行为要比连续强化获得的行为更不易消退。当我们希望教会学生一个好的行为时，最好由连续强化开始，但是要想使行为保持下去，最好使用间歇强化。

前面提到的强化都是正强化，强化意味着提高了反应的速度或可能性。正强化是通过给予一些正面的，如食物、表扬、注意的方式加强了行为。但负强化和惩罚的存在是有意义的。负强化是通过去掉某些不好的、不愉快的刺激令反应得到增强，如学生为了避免受到教师的批评而认真学习，教师的批评就是负强化。惩罚与负强化不同，惩罚不是为了增强而是试图去掉某些行为反应。当发生了某些不好的行为后，给予不愉快的刺激，这就是惩罚。但是惩罚往往不一定有效并可能会带来一定的负面的结果，原因如下：首先，惩罚往往是将不良行为压抑下去，但并没有教导出新的行为，儿童并没有因惩罚而学会更有建设性的行为。其次，惩罚易使人产生怀恨心理，对惩罚者心怀不满，并常常表现出攻击行为。再次，在成人眼里是惩罚，在儿童眼里可能变成奖励，如儿童做出不良行为，可能就是为吸引成人的注意，成人加以惩罚，正是对儿童的注意，儿童不但不会改变行为，反而变本加厉。

斯金纳的操作条件理论在实践中主要应用于行为矫正和程序教学。在行为矫正方面，对不良行为给予惩罚或不予注意，对好的行为给予奖励，坏的行为就会逐渐消退，而好的行为就会渐渐保留。

四、弗洛伊德的精神分析理论

弗洛伊德是奥地利著名的精神病学家，精神分析学说的创始人。1895 年，他和布洛伊尔（J.Breuer）合著的《癔病研究》一书的出版，标志着精神分析学派的诞生。弗洛伊德与达尔文、哥白尼齐名，被认为是推动人类认识自身的世界级大师。

（一）弗洛伊德的人格结构和动力观

在学习弗洛伊德的儿童心理发展理论之前，有必要先了解精神分析理论产生的社会历史背景，以及他对人格结构和人格动力的看法。一方面，在弗洛伊德学医的时候，正是科学史上发现细菌病源作用的时候，人们十分热衷对疾病原因的寻找。弗洛伊德积极探讨精神疾病的原因，他受“催眠术”和“谈疗法”的影响，以催眠和回答探究问题的方法开始研究。另一方面，19 世纪的奥地利帝国，宗教气氛十分浓厚，社会禁欲非常严重，两性关系得不到正常发展，许多精神病症源于性的压抑，促使弗洛伊德从性心理方面研究精神病的根源和对个性发展的影响。

在弗洛伊德早期的著作中，他将人格划分为意识（conscious）、前意识（preconscious）、潜意识（unconscious）。后来，他又从另一角度将人格划分为本我（id）、自我（ego）、超我（superego）。

意识由个人当前知觉到的心理内容组成，是人能认识自己和认识环境的心理部分。在人的注意集中点上的心理过程都是意识的。从弗洛伊德的人格结构示意图中可以看到，如果说人的心理是漂浮在海上的冰山，那么意识是露出海面的一小部分，仅仅是冰山一角，而心理的绝大部分则是隐藏于海面下的潜意识。

前意识是指在潜意识和意识之间，我们加以注意便能觉察到的心理内容。正因为前意识的内容可以转变为意识，有的学者认为前意识是意识的一部分。然而从前意识到意识的转变难度受联想强度和心理内容本身的影响。从某种意义上讲，前意识扮演着稽查者的角色，它除去不合适的（比如痛苦的、羞耻的）潜意识内容，并把它们压抑回潜意识。

潜意识是精神分析理论的一个重要概念，指个人不可能觉察的心理现象。在弗洛伊德的理论中，潜意识有着特殊的意义。弗洛伊德认为，潜意识是人的心理结构中最低级、最简单的因素，包括以性为中心的本能冲动以及出生之后的各种欲望。尽管人们意识不到潜意识的内容，但它实际支配着个人的思想和行为，本我由原始的本能能量组成，完全处于潜意识之中，包括人类本能的性的内驱力和被压抑的习惯倾向。遵循着“快乐原则”，寻求满足基本的生理要求。好像一个被宠坏的孩子——想要干什么，就要干什么；要何时得到，就得何时得到。

自我由本我发展而来，它一部分处于意识之中，一部分处在潜意识之中。由于本我不能直接接触现实世界，为了使个人与能真正满足其需要的经验发生联系，必须通过自我的介入。因此，自我是本我和外部世界之间的中介。自我是理智的，其活动遵循现实原则，调节外界与本我的关系，使本我适应外界要求。它可以用于消除满足本能之外的其他目的，发展如感知、注意、学习、记忆、推理和想象等特质。自我是人格的实际执行者。

超我由自我分化而来，是理想化的自我。超我大部分属于人格的潜意识部分，它像一个道德监督者，告诉人什么是道德的，什么是不道德的。超我在幼儿5岁左右时开始发展，包括自我理想和良心两个部分，分别掌管奖与罚。自我理想是因奖励而内化了的经验，当儿童再次产生或想要产生这些行为时，就会感到骄傲和自豪；良心是儿童因惩罚而内化了的经验，当儿童再次产生或想要产生这些行为时，就会感到内疚或羞愧。

（二）心理性欲发展阶段说

弗洛伊德把人看成一个复杂的能量系统。存在于潜意识中的性本能是人的心理的基本动力，是决定个人和社会发展的永恒力量。弗洛伊德所指的"性"，不仅包括两性关系，还包括儿童由吸吮、排泄和身体某些部位受刺激而产生的快感。在人的生活中，性的能量被称为力比多（即性力，泛指一切身体器官的快感），它既可以直接表现为性欲，也可能被压抑在潜意识中，还可能转化为艺术、科学、哲学等高级文化活动。因此，在弗洛伊德的眼中，心理的发展也就是性的发展，即一个人人格的发展和适应都源于于人体有关部位的变化和发展。在人的发展过程中，相继有不同的身体部位成为力比多的活动和兴奋中心，这些部位就叫作性感区。据此，弗洛伊德将儿童心理发展划分为五个阶段，称为心理性欲阶段。

这五个阶段是：口唇期（0～1岁）、肛门期（1～3岁）、性器期（3～5岁）、潜伏期（5～12岁）、生殖期（11或13岁开始）。

1. 口唇期

这一时期，力比多的区位在口唇部位，婴儿会时时将手指头或其他东西放到嘴里吸吮，即使他并不饥饿。口唇期又分为初期和晚期。在口唇初期（出生至8个月），快感主要来自嘴唇和舌的吸吮与吞咽活动。在口唇晚期（8个月至1岁），此时婴儿长了牙齿，快感主要来自撕咬和吞咽等活动，从出生到成年以后，出现的因吸吮或咬东西（如吸奶嘴、吃指头、咬铅笔、嚼口香糖等）的愉快，或抽烟、喝酒、贪吃等，都是口唇快感的延续。

2. 肛门期

这一时期，力比多的区位在肛门。排泄过程和排泄后肛门区域（包括尿道口）的感觉使儿童产生愉悦。儿童以排泄或玩耍粪便为乐。这一时期，应对儿童进行便溺训练，使儿童学会控制排泄过程，以符合社会的要求。

3. 性器期

这个时期的儿童注意到两性器官上的差异，抚摩生殖器（手淫）可产生快感。这一时期的性感区是生殖器。前生殖器期还指幼儿对异性的父母一方的恋爱。在弗洛伊德看来，男孩的爱情对象是自己的母亲，由于爱母便仇父。男孩对母亲的性爱称为恋母情结（oedipus complex）；女孩的爱情对象是父亲，把母亲作为多余的而置于一边，称为恋父情结（electra complex）。儿童希望自己取代同性父母一方。由于儿童惧怕自己同性父母一方的惩罚，便必须压抑这种情结，而被迫与他们认同。此时，超我便产生了。继而在认同同性父母一方的过程中，形成与各自性别相符的价值观和性格。

4. 潜伏期

这个时期，一方面由于超我的发展，另一方面由于儿童活动范围的扩大，儿童的性欲被移置为替代性的活动，例如学习知识和体育活动等。其性欲对象为年龄相仿的同性别者，并有排斥异性的倾向。总之，6 岁以后，儿童很少再有性欲的表现，性欲的发展呈现出一种停滞或退化现象。

5. 生殖期

这是性本能发展的最后阶段。个体在经历短暂且风平浪静的潜伏期后，青春期的惊涛骇浪就来临了。女孩约 11 岁，男孩约 13 岁开始，随着性的成熟，性的能量像成人一样涌动出来，生殖器成为主要的性感区。此时性欲对象不再是儿童时期的同性朋友，而是异性，而且希望与之建立两性关系。在本阶段，青少年努力摆脱成人的束缚，想要建立自己的生活，就不免与成人产生摩擦。生殖期持续时间最长，从青春期直至衰老。

弗洛伊德认为，人在个性发展方面的许多差异都是由于上述各个发展阶段的不同情况造成的。在力比多的发展过程中，儿童在某一阶段如果得到过多满足或受到过多挫折，就会在其人格中留有该阶段的特定印记，造成儿童在某一阶段的固着或退化。任何一个心理活动都与另外的心理活动有因果关系；所有的心理活动都是持续的；现在的心理特征或病症可以追溯到过去，追溯到幼儿期。

波林（E.G.Boring）曾对弗洛伊德在心理学史上的地位做了高度评价。他认为，从弗洛伊德身上，我们看到一个具有伟大品质的人，他是一个思想领域的开拓者，思索着用一种新的方法去了解人性，谁想在今后三个世纪内写出一部心理学史而不提弗洛伊德的姓名，那就不可能自诩为一部心理学通史。弗洛伊德对整个心理学领域的影响巨大。首先，弗洛伊德的精神分析理论开拓了心理学的研究范围。在弗洛伊德以前，心理学的研究从未涉及潜意识领域。虽然潜意识这个概念并不是弗洛伊德最先提出的，但是他大胆地将其引入心理学，作为心理学的研究对象，并赋予它新的意义，激发和推动了对动机、儿童性欲、梦的一系列研究。其次，弗洛伊德的理论第一次强调早年经验对个体毕生发展的重要作用，使得儿童发展中的家庭关系的重要性得以凸显。弗洛伊德认为，生命的最初几年是人格形成的最重要的时期，人的常态行为和变态行为都可以从其早期经验中找到依据。“弗洛伊德的学说使人们首次开始认真地研究儿童以及在他们身上发生的事情……如果没有精神分析，今天儿童的哺育方法就会截然不同。”

然而，弗洛伊德的理论由于以下几个原因而遭到批评。第一，他过分强调了性在人的发展中的作用，忽略了社会、文化、意识、教育对人的重大作用，以及遗传因素和社会生活条件对人格的影响。第二，弗洛伊德的理论是建立在成人性压抑问题的基础之上的，它的形成有其特殊的时代背景。因此，该理论的应用范围十分有限。

五、埃里克森的人格发展观

埃里克森是美国精神分析医生，同时也是美国现代最有名望的精神分析理论家之一。埃里克森在精神分析中的主要贡献是他的自我发展理论（theory of ego development）和心理社会同一性理论（theory of psychosocial identity）。

与弗洛伊德不同，埃里克森认为，人格的发展包括有机体成熟、自我成长和社会关系三个不可分割的过程，经受着内外部的一切冲突。其发展顺序按渐成的固定顺序（即有机体的成熟程度）分为八个阶段，每一阶段都存在着一种发展危机（developmental crisis）。危机的解决标志着前一阶段向后一阶段的转化。顺利地渡过危机是一种成功的解决，反之是一种不成功的解决。成功的解决有助于自我力量的增强和对环境的适应；不成功的解决则会削弱自我的力量，阻碍对环境的适应。埃里克森划分的心理社会发展阶段如下。

1. 第一阶段：婴儿期（0 ~ 1.5 岁）

本阶段发展任务为：满足生理上的需要，发展信任感，克服不信任感，体验希望的实现。

如果母亲对婴儿给予爱抚和有规律的照料，婴儿将在生理需要的满足中，体验到身体的康宁、环境的舒适，从而感到安全，产生信任感；如果母亲的爱抚和照料有缺陷，婴儿将产生不信任感。埃里克森认为一定比率的不信任感有利于儿童躲避危险，但是信任感应当超过不信任感。这一原则也适用于其他阶段。

如果成功解决了本阶段的发展危机，儿童的人格中便形成了希望的品质，这种儿童敢于冒险，不怕挫折和失败，容易成为易于信赖和满足的人。如果危机不能成功解决，儿童的人格中便形成了恐惧的特质，这种儿童胆小懦弱，易成为不信任他人、苛刻无度的人。

2. 第二阶段：儿童早期（1.5 ~ 3 岁）

本阶段发展任务为：获得自主感，克服羞怯和疑虑，体验意志的实现。

自主性意味着个人能按自己的意愿行事的能力。此时的儿童控制自己的大小便，反复使用"我""我的"等字眼，凡事想亲力亲为，表现出强烈自主的意愿。但是，成人（尤其是教养者）不可能允许儿童为所欲为，而是要按照社会的需要来要求他们。如果儿童受到过于严格的训练和不公正的对待，就会产生羞怯和疑虑。因此，明智的父母对儿童的态度应当掌握好分寸，既要给儿童足够的自主空间，又要在不伤害儿童自尊心的前提下给予其必要的节制。

本阶段危机的成功解决，将会在儿童的人格中形成意志品质。埃里克森认为，所谓意志，就是进行自由选择和自我抑制的不屈不挠的决心。如果不能成功解决危机，则形成自我怀疑的人格特征。顺利度过本阶段，对于个人今后对社会组织和社会理想的态度将产生重要的影响，有利于个人为未来的秩序和法治生活做好准备。

3. 第三阶段：学前期或游戏期（3 ~ 6 岁）

本阶段发展任务为：获得主动感，克服内疚感，体验目的的实现。

埃里克森认为，顺利度过前两个阶段的儿童已认识到自己是人，在这一阶段中，他们面临的问题是他们能成为什么样的人。他们充满想象力，其行为也更具目的性和主动性。在日常生活和游戏中，他们积极地检验各种限制，确定什么是允许的，什么是不允许的；这一阶段的儿童表现出对性别差异强烈的好奇心和求知欲，甚至幻想两性生殖器相互接触的情景。当儿童认识到他们的行为或计划是注定要遭到成人的禁止时，就产生了罪疚感，而后便以一种新的形式控制自己的思想和行为。这也就是弗洛伊德所说的超我的产生。

在本阶段中，如果父母鼓励儿童的主动性和想象力，他们便会发展较多的主动性和进取精神，获得“正视和追求有价值的目的的勇气”。如果儿童的想象力和创造性表现受到成人的嘲笑或挖苦，他们就会产生愧疚感，丧失自信心。

4. 第四阶段：学龄期（6 ~ 12 岁）

本阶段发展任务为：获得勤奋感，克服自卑感，体验能力的实现。

在本阶段中，儿童进入学校，学习文化知识和基本技能。在学习过程中，一方面，儿童努力追求着自身的完善，促生了勤奋感；另一方面，儿童在努力追求的过程中伴随着一种害怕失败的自卑感。因此，勤奋感对自卑感便构成了本阶段的发展危机。

学业的成功、家长和教师的认可、同伴的接纳都可以使儿童产生勤奋感。勤奋感占优势的儿童，在生活和学习中常常能体验到“灵巧和智慧在完成任务时的自如运用”，即能力的实现。如果儿童的表现不能合乎家长和教师的期望，本身不被同伴接纳就会对自己感到失望，体验到自卑感或无能感。

5. 第五阶段：青春期（12 ~ 18 岁）

本阶段发展任务为：建立新的自我同一性，防止同一性混乱，体验忠实的实现。

青少年因为生理的急剧变化，以及新的社会冲突和要求，而变得困扰和混乱。本阶段的发展危机是同一性对同一性混乱。这里的同一性是一个内涵非常丰富的概念，主要是指一个人知道自己是怎样的一个人——包括过去的、现在的、将来的自己。了解自己的需要、理想和责任，清楚自己的社会角色，以及运用自己的方式把握事件时的内在自信等各方面的协调整合。

显而易见，同一性的建立是一个毕生发展的过程，然而同一性的发展在青春期出现了危机。如果青少年在本阶段未能建立自我同一性，就会产生同一性混乱或消极的同一性（获得一定的社会文化所不予认同的、令人反感的角色）。很多青少年往往痛苦地发现他们不能迅速准确地做出决断，无力持续承担义务，于是他们便进入了“合法延缓期”，以缓冲他们强烈的内心冲突。在这期间，他们需要为日后的发展做充分的准备，比如接受高等教育或职业教育、服兵役、经历各种性质不同的社会工作等，这些都是青少年寻求同一性的方式。

在自我同一性的形成过程中，青少年会体验到忠诚的实现，即尽管会遇到不可避免的矛盾，但也会忠于自己的内心誓言。这样，青少年最终能忠诚地献身于社会和职业。

6. 第六阶段：成年早期（18 ~ 25 岁）

本阶段发展任务为：获得亲密感，避免孤独感，体验爱情的实现。

经历了第五阶段，青年男女需要在自我同一性的、巩固的基础上获得共享的同一性。埃里克森认为，只有建立起良好同一性的青年才能建立与异性伴侣的亲密关系。当两个人愿意共享和调节他们生活中的一切重要方面时，便获得了真正的亲密感。如果一个人未能确保自己的同一性，就会在与伴侣的交往中过分关注自己，不能忘我地关心对方，因而难以产生真正的感情共鸣，导致孤独感。

青年如果能成功解决本阶段的发展危机，那么就会形成爱的品质；如果不能成功解决本阶段的发展危机，就会导致乱婚。

7. 第七阶段：成年中期（25 ~ 65 岁）

本阶段发展任务为：获得繁殖感，避免停滞感，体验关怀的实现。

在本阶段中，个体已经建立家庭，他们的兴趣开始扩展到下一代；而且也非常关心各自在工作和生活中的状态。在埃里克森看来，他们进入了繁殖相对停滞的时期。这里的"繁殖"是一个意义相当广泛的词，不仅指生儿育女，关怀、照料下一代，还指创造新事物和产生新思想。埃里克森更侧重于后者。有的人即使没有孩子，但是他们在其专业领域充分发挥自己的智慧和力量，最终有所作为，亦能获得繁殖感。

8. 第八阶段：成年晚期（65 岁以后）

本阶段发展任务为：获得完善感，避免失望和厌倦感，体验智慧的实现。

这是人生的最后阶段，发展危机是自我整合相对失望。随着时光流逝，老年人发生了一系列变化，如身体机能逐渐衰退，离开了工作岗位，社会角色的转变，收入减少，亲友、配偶的相继离去……因此，老年人需要做出一系列生理、心理和社会的重大调整，以适应这些变化。

埃里克森认为，拥有幸福生活，对自己持满意态度的人，当他们回首往事的时候，自我是整合的，体验到生活的美满和人生的完善，能以一种"超脱的态度对待生活和死亡"，即智慧的实现。而那些在人生的旅途上留下太多遗憾和空白的人，则因无法重新选择而体验到深深的失望和厌倦。当老年人感到失望和厌倦时，应当面对现实，从另一角度去总结自己的人生，努力获得自我整合感。

在有关精神分析人格发展理论中，埃里克森的理论更具实质性的进展。首先，埃里克森的人格发展渐成说不再过分强调弗洛伊德本能论和泛性论，而是强调自我与社会环境的相互作用，重视家庭、社会对儿童教育的作用。这无疑是精神分析学派的一大进步。其次，埃里克森在弗洛伊德理论的基础上增添了三个成人期的新阶段，把发展界定为终身的任务，还将弗洛伊德的理论每一阶段的内涵扩大，给出了新的解释。最后，埃里克森在对各阶段相互关系的解释上体现了一定的辩证思想。总之，埃里克森的理论较以往的发展理论更全面、更丰富，把精神分析学说的发展观提升到了一个新的高度。

六、皮亚杰的发生认识论

皮亚杰（Jiaget,J.1896 ~ 1980）是 20 世纪世界上最著名的心理学家之一，他的学说在 20 世纪 80 年代前后才被介绍到中国来的。目前他已成为我国心理学界和教育界、哲学界所熟知的著名学者。他原本是学动物学的，但从青年时代起，便对哲学和心理学产生浓厚的兴趣。25 岁时，他开始了专业性的心理学研究，探讨的目标是寻找心理学与生物学之间的逻辑内在联系。他和他的同事设计了 50 多种灵巧的实验，为研究儿童早期的智力发展开辟了新的途径。

皮亚杰通过研究把从婴儿到少年的认知发展区分为感知运动阶段、前运算阶段、具体运算阶段和形式运算阶段。

（一）感知运动阶段（0 ~ 2 岁）

在这一阶段，婴儿通过一系列先天性条件反射，如摇头、摆手、抓握等这类极简单的动作，发展了感知运动图式，逐渐地把自己和环境区分开来，形成了对客体的最初反映和表象记忆。感知式的发展为以后的认知发展奠定了基础。

（二）前运算阶段（2 ~ 7 岁）

这一阶段的儿童已经掌握了口头语言，但他们使用的语词或其他符号还不能代表抽象的概念，他们的思维仍受直觉表象的束缚。皮亚杰用“前运算”一词来描述这一思维发展阶段的特征。所谓“运算”，系皮亚杰从逻辑学中借用的一个术语，指借用逻辑推理将事物的一种状态转化为另一种状态。例如 5+3=8，可以说 8 是由 5 和 3 转化而来的。这一时期的儿童在思维上都有着不可逆性的特点。可逆性是指改变人的思维方向，使之回到起点，前运算的儿童不会这样思维。例如问一名 4 岁的儿童：“你有兄弟吗？”他回答：“有。”“你兄弟叫什么名字？”他回答：“吉姆。”但反过来问：“吉姆有兄弟吗？”他则会回答：“没有。”

（三）具体运算阶段（7 ~ 11 岁）

这个阶段的儿童虽缺乏抽象逻辑思维能力，但他们能够凭借具体形象的支持进行逻辑推理这个阶段出现的标志是守恒观念的形成。所谓守恒是指儿童认识到客体在外形上发生了变化，但其特有的属性不变。此时他们的思维具有可逆性。

（四）形式运算阶段（11 ~ 15 岁）

这一阶段的儿童不仅能认识真实的客体，还能考虑非真实的、可能出现的事件。这种能超越时空的、对假设性因素的考虑，是思维发展中的一个很大的进步。此时的儿童能够进行假设—演绎思维，即不仅从逻辑考虑现实的情境。而且考虑可能的情境（假设的情境），也能运用符号进行抽象思维，同时还能进行系统思维，即在解决问题时，能分离出所有有关的变量和这些变量的组合。

七、班杜拉的社会学习论

班杜拉是社会学习理论的重要代表人物。他在美国心理学界建树甚丰，在社会科学方面的学识跨越许多领域，被誉为“现代的多面手”。1980 年他获得美国心理学会“杰出科学贡献奖”。班杜拉认为，在社会情境下，人们仅通过观察别人的行为就可以迅速地进行学习。当通过观察获得新行为时，学习就带有认知的性质。

在班杜拉（1965）的一个经典实验中，他让 4 岁儿童单独观看一部电影。在电影中，一个成年男子对充气娃娃表现出踢、打等攻击行为。影片有三种结尾，班杜拉将孩子分为三组，分别看到的是结尾不同的影片。奖励攻击组的儿童看到的是在影片结尾时，进来一个成人对主人公进行表扬和奖励。惩罚攻击组的儿童看到另一成人对主人公进行责骂。控制组的儿童看到进来的成人对主人公既没奖励，也没惩罚。看完电影后，将儿童立即带到一间有与电影中同样的充气娃娃的游戏室里，实验者透过单向镜对儿童进行观察。

结果发现，看到榜样受到惩罚的孩子表现出的攻击行为明显少于另外两组，而另外两组则没有差别。在实验的第二阶段，让孩子回到房间，告诉他们如果能将榜样的行为模仿出来，就可得到橘子水和一张精美的图片。结果，三组孩子（包括惩罚攻击组的孩子）模仿的内容是一样的。说明替代性惩罚抑制的仅仅是对新反应的表现，而不是获得，即儿童已学习了攻击的行为，只不过看到榜样受罚，而没有表现出来而已。

班杜拉认为观察学习包括四个部分。

（一）注意过程

如果没有对榜样行为的注意，就不可能去模仿他们的行为。能够引起人们注意的榜样常常是因为他们具有一定的优势，如更有权力、更成功等。

（二）保持过程

人们往往是在观察榜样的行为一段时间后，才模仿它们。要想在榜样不再示范时能够重复他们的行为，就必须将榜样的行为记住，因此需要将榜样的行为以符号表征的形式储存在记忆中。

（三）动作再生过程

观察者只有将榜样的行为从头脑中的符号形式转换成动作以后，才表示已模仿行为。要准确地模仿榜样的行为，还需要必要的动作技能，有些复杂的行为，个体如不具备必要的技能是难以模仿的。

（四）强化和动机过程

班杜拉认为学习和表现是不同的，人们并不是把学到的每件事都表现出来。是否表现出来取决于观察者对行为结果的预期，预期结果好，他就会愿意表现出来；如果预期将会受到惩罚，就不会将学习的结果表现出来。因此观察学习主要是一种认知活动。

八、维果茨基的发展观

（一）心理发展的实质

维果茨基将心理机能分为两种——低级心理机能和高级心理机能。低级心理机能指感觉、知觉、不随意注意、形象记忆、情绪、冲动性意志、直观的动作思维等，这些都是生物进化的结果。高级心理机能是指观察（有目的的感知过程）、随意注意、逻辑记忆、抽象思维、高级情感等，这些都是人类历史发展的结果。儿童是在特定的文化氛围中成长的，而文化就其本源来讲，是人的社会生活和社会活动的产物。一切文化的东西都是社会的。

维果茨基认为，心理的发展是一个人的心理（从出生到成年）在环境和教育的影响下，在低级的心理机能的基础上，逐渐向高级的心理机能的转化过程。维果茨基明确提出，社会交互作用对人的认知发展起着重要作用。举一个儿童的指示性手势形成的例子：最初的时候，这些手势仅仅是婴儿对远处物体的无意义的抓握动作。然而，当他人对这些动作做出了某些反应（如把物体递到婴儿手里）后，这些无意义的动作就成为有意义的行为。因此，一切高级心理机能乃是内化了的社会方面的关系，是个性的社会结构的基础。

（二）心理机能的社会起源和发展过程

维果茨基在《高级心理机能的发展》一书中提出了“两种工具”的观点。一种是人与自然交往中的工具，即物质工具；另一种是人与人交往中的工具，即心理工具（人类语言和符号）。物质工具使人脱离了动物世界，心理工具的使用充当着人的心理发展的中介环节，使人的心理机能发生了质的变化，从低级上升到高级的阶段。因此，儿童心理发展不再受生物规律所制约，而受社会规律所制约。

维果茨基认为，心理的发展起源于人与人之间的相互关系。儿童在与成人的交往过程中掌握了心理工具，从而在低级心理机能的基础上形成了高级心理机能。各种心理机能之间的重新整合，又引起儿童心理新的质变。换句话说，高级心理机能就是人的社会活动和交往形式不断内化的结果。

由于人从出生到死亡都处于一定的社会历史文化背景中，不断与社会发生交互作用，所以在维果茨基看来，心理的发展贯穿着人的一生。这个过程如此复杂，以至不能简单地用发展阶段来描述。

（三）教学与发展

第一，最近发展区。所谓最近发展区是指儿童的现有发展水平和在成人的指导下或与有较高能力的同伴的合作中所能达到的解决问题的水平之间的差异。换句话说，就是儿童能在成人的指导下或同伴的合作中完成独自无法完成的任务。最近发展区将儿童的已知领域和能知领域联系起来，有效的教学就发生在最近发展区。

最近发展区是一个动态的概念。儿童某一阶段的最近发展区可能成为下一阶段的现实发展水平，而下一阶段又有新的最近发展区。儿童今天需要别人的指导或合作完成的事情，将来某一时间就可能会独自解决。

第二，教学应当走在发展前面。这是维果茨基关于教学和发展关系的核心论断。这里的教学并非狭义的课堂教学，而是广义的教学，指能获得知识、技能的一切教学活动。维果茨基是第一个明确提出教学在儿童心理发展中发挥主导作用的人。他认为，童年期的教学只有走在发展前面对发展加以引导，才是好的教学。其最重要特征便是教学创造着最近发展区，引导并推动儿童一系列内部的发展过程。如果离开教学，发展是根本不可能实现的。

第三，最佳学习期限。维果茨基认为，任何教学都存在最佳的时期。对这个时期的任何或早或晚的偏离，对儿童的智力发展将会产生不良影响。在最佳学习期内，实施相应的教学，会对儿童的认知发展有更大的效果。维果茨基强调教育的主导作用，强调儿童心理发展对教学的依赖关系，对我们有重要的指导作用。

维果茨基的理论为意识的研究注入了新的生命力。维果茨基既反对传统心理学把意识与心理等同的观点，又反对行为主义把意识排斥在心理学研究之外的观点。他主张，意识是高级心理机能的一种系统，意识和各种心理机能是两种不同质的反映形式。意识只适用于人，是人特有的反映形式；心理既适用于人，又适用于动物，是人和动物共有的反映形式。

维果茨基关于教育应当走在发展前面的观点，集中体现了他的“社会—文化历史”的发展观，在教学实践中极富指导意义。维果茨基与其他的“社会—文化历史”学派心理学家和教育学家们开展了一系列长期的教育研究，为推动教学改革和促进儿童智力水平发展做出了积极的贡献。

维果茨基开创了以唯物主义为指导思想的心理学理论体系。维果茨基的“社会—文化历史”发展理论无疑是相对心理的生物学文化论的一大进步，在建立马克思主义理论指导下的苏联心理学体系中起到了重要的历史性作用，但是他却忽视了在心理形成中生物因素的研究。

第三章 幼儿早期发展的生理基础

第一节 幼儿的生理发展

一、神经系统的成熟奠定心理发展的基础

神经细胞也称为神经元，是神经系统的基本结构和功能单位，整个神经系统的活动是由一系列神经元的活动来实现的。神经元种类众多，比如负责接收外界消息的感觉神经元，负责将神经冲动传至效应器的运动神经元，负责联络感觉神经元与运动神经元的中间神经元。众多的神经元构成了错综复杂的神经系统。

（一）0～3岁神经元的发育

神经系统的发展微观上来说即神经元的发展，主要体现在三方面——神经元数量的变化、神经元结构的发育以及神经纤维的髓鞘化。

1. 神经元数量的变化

在胎儿期，胎儿的机体不断发育成熟，神经元也不断分裂分化，到了出生之后到达顶峰，大约有800亿个。但是到了出生以后，神经元的数量并没有简单增加而是慢慢减少，这源于出生后一些多余的、不接受刺激的神经元会逐渐消亡。

2. 神经元结构的发育

神经元在胚胎时期就发育成熟，出生后在结构上不断发育，主要表现在以下方面：神经元细胞体的增大；树突的增大增多；神经纤维也不断延展，末端膨大，并与其他神经元之间形成突触相互联系。

其中第三点对心理的发展尤为重要。突触是神经元与神经元之间相互连接的结构，即通过一个神经元的突起或胞体与另一个神经元发生接触，形成“突触”并完成不同神经元之间信息的传递。突触的形成往往和建立新的感觉刺激相关，并有赖于经验的影响，特别是刺激反复的出现。

3. 神经纤维的髓鞘化

神经元的主要结构包括细胞体、树突和轴突三部分。其中，轴突是从细胞体发出的一根较长的分支，它是圆柱形的细长突起，主要功能是传导神经冲动给另一神经元或所支配的细胞上。髓鞘则是包裹在轴突的周围具有绝缘作用的结构。可防止神经冲动向周围扩散，以保证传导的准确

性，是个体行为分化的重要物质条件。

（二）神经系统兴奋与抑制机能的发展

兴奋与抑制是神经系统的主要机能。兴奋是机体代谢、功能从相对静止或相对较弱的状态转变为活动状态，转变为强的活动状态的过程。抑制是与兴奋对立的状态，其表现为神经细胞兴奋的减弱或消失，通过抑制，大脑皮质的信号化活动不断地得到纠正而逐渐达到完善，使反应更加精确有效。因而，抑制过程也是积极的神经过程。兴奋与抑制之间可以交替转换，也可以相互诱导。

作为大脑皮质基本神经过程之一的抑制的发展，是与心理发展息息相关的心理机能。抑制可分为非条件性抑制和条件性抑制。非条件抑制又称内抑制，是外界客观环境造成的抑制，包括超限抑制和外抑制。而条件性抑制又称内抑制，主要包括消退抑制和分化抑制。条件抑制（内抑制）是以条件反射为基础的过程，是由婴幼儿自己习得的。它的出现标志着幼儿可以摆脱环境限制依靠自己的经验控制自身的情绪、行动等。这也是自我控制的基础，对于调节与控制自身的心理行为，保证行为稳定性有重要意义。

（三）第一信号系统向第二信号系统转换

巴甫洛夫认为，大脑皮质最基本的活动是信号活动，即外在引起兴奋与抑制的刺激都是"一种信号"，他将其区分为两大类：一类是现实的具体的刺激，如声、光、电、味等刺激，称为第一信号；另一类是现实的抽象刺激，即语言文字，称为第二信号。它们发生反应的皮质机能系统分别称为第一信号系统与第二信号系统。而人类相比于动物最大的区别就是人类拥有第二信号系统，而动物没有。

0 ~ 3 岁幼儿在发展的过程中逐渐习得了语言，并发展出第二信号系统，从此 0 ~ 3 岁幼儿不仅对具体的刺激如食物、声音有反应，更会对语言这一抽象化的符号有反应。例如，0 ~ 3 岁幼儿能在听到母亲的命令时停止玩耍，母亲的话就是作为第二信号在条件反射的基础上建立起来的。通过第二信号系统的活动，产生对现实的概括化，出现了抽象思维，并形成概念、进行推理，不断扩大认知能力。从而更深刻地认识自然，认识世界，发现并掌握它们的规律。

二、大脑皮层的功能定位

神经系统分为中枢神经系统与周围神经系统，周围神经系统遍布于身体各处，负责接收与传导来自中枢神经系统的信号，中枢神经系统则是神经活动的控制中心，包括脑和脊髓。脊髓是中枢神经系统的低级部位，大脑则是中枢神经系统的最高级部位和心理活动的主要器官。在心理学研究中，大脑具有特别重要的研究价值，心理活动严格意义上说是脑的机能。

人脑的结构主要包括大脑两半球、小脑、中脑、间脑（丘脑、下丘脑）、脑桥和延脑。人脑的结构是高度复杂、完善和精密的物质。脑的每个部分各有其不同的结构与功能。其中大脑两半球是统一调节生理活动和心理活动的最高神经中枢。它的不同区域的功能有所不同，按照功能的不同，目前一般都将大脑皮质分为几个大的功能区。

（一）感觉区

皮质感觉区包括躯体感觉中枢、视觉中枢、听觉中枢、嗅觉中枢和味觉中枢。感觉区接受来自各种感觉器官的神经冲动，并对这些信息进行整合加工。躯体感觉中枢位于中央沟后面的一条狭长区域内，它接受由皮肤、肌肉和内脏器官传入的感觉冲动，产生触压觉、温度觉、痛觉、运动觉和内脏感觉等。

（二）运动区

皮质运动区主要位于中央前回，其主要功能是发出动作指令，支配调节身体的姿势、位置及身体各部的运动。运动区与躯干、四肢运动的支配关系也是左右交叉、上下倒置的，而与头面部运动的关系是双侧的、正置的。身体不同部位在运动区所占面积的大小不决定于各部位的实际大小，而取决于它们动作的精细复杂程度，如手指在运动区就占了很大面积。

（三）语言区

大脑皮质内主管语言活动的神经中枢称为语言区或语言中枢。对一般人来说，语言区主要位于大脑左半球，由左半球较广泛的区域组成。到目前为止，所发现的语言区主要有：运动性语言中枢，也叫布洛卡区。它控制说话时的舌头和颚的运动。听觉性语言中枢，也叫威尔尼克区，与理解、记忆口头语言有关。阅读中枢也叫视觉性语言中枢，位于角回，与视觉中枢配合理解书面语言。书写中枢，则位于额中后部，与运动中枢的某些部分配合协调书写文字。

（四）听觉区

因听神经交叉不完全，听觉也带有双侧性。若两半球听觉中枢受损，即使耳朵功能正常，人也将完全丧失听觉而全聋。

（五）联合区

人类大脑皮质除了有上述明显不同的功能区外，还有范围更广、具有整合或联合功能的一些脑区，即皮质联合区。联合区是大脑皮质上发展较晚的区，它和各种高级心理活动有密切关系。动物进化水平越高，联合区在皮质上所占面积就越大。人类皮质联合区约占皮质总面积4/5左右。联合区不接受任何感受信息的直接输入，也很少直接支配身体的运动。它的主要功能是对信息的整合加工，信息加工的高级阶段大都在联合区进行，一些高级心理活动都与它有关。

三、大脑皮层发育成熟与0～3岁幼儿发展的关系

0～3岁婴儿心理的发展实际上是自身神经系统特别是脑的成熟与外在的环境刺激、社会经验相互作用的过程：一方面大脑的相关脑区的成熟是很多“成就”取得的前提与基础；另一方面，0～3岁幼儿的表现与行为通过练习与外在强化而进一步发展与重塑，也促进了神经生理水平更趋于成熟。

一个理想的学习环境是允许他们在一个安全和舒适的环境中探索与游戏。幼儿不需要一个刻意的教学环境来提高智力或思维技巧，他们需要的是专心听讲，按照流程与他们交谈，并且对他们的表现做出积极回应和参与，以保持他们的兴趣。怎样与幼儿交谈来有效促进语言能力的发展？

对幼儿来说，对话是很重要的刺激，研究表明和幼儿的交谈会提升其词汇量。它的刺激会传递至大脑的听觉、语言、社会情绪中心。此时的孩子刚刚出现表达性言语的萌芽，在交谈中你需要借助线索，理解他们说了什么；你可以倾听，做出目光接触，尽可能做出回应。

下面将分月龄介绍大脑皮层成熟与 0 ～ 3 岁幼儿发展的关系。

（一）0 ～ 2 个月

刚刚出生的幼儿，心理活动还处在较低的水平，这个阶段的感知觉发展迅速。

0 ～ 2 个月大脑细胞已经能通畅传导和接受关于触觉、听觉、运动觉的信息，味觉、嗅觉和对光的敏感度也很快得到发展。具体看来，触觉上，新生儿对被触摸是很敏感的，特别是在嘴、手掌附近的触觉；视觉上，能看到 3 米范围内的物体，尽管成像仍然比较模糊，同时，他们的视线可以被移动和鲜艳物体所吸引；在听觉上，幼儿表现出对人的说话声感到好奇，他们不仅能听得见，还会把头转向声音发出的方向。

因此，给予幼儿一些感觉上的刺激对于大脑的发展十分有帮助。例如：多抱一抱孩子，给孩子一些爱抚，温柔地触摸孩子的头部或皮肤；在照料幼儿时，比如在换尿布或者喂奶时，与幼儿说说话，让孩子听一听各种音质、各种旋律的声音；抱着孩子时正对孩子的脸，与孩子目光对视，或者有意识地将固体的、色彩鲜艳的玩具在孩子眼前移动，鼓励孩子能将视线跟随物体移动。对幼儿发出的一些信号保持敏感性并做出回应，例如，如果幼儿把奶瓶推走说明他并不感到饥饿或者他需要休息一下。

（二）2 ～ 6 个月

2 ～ 6 个月的幼儿，在前 2 个月感知觉发展的基础上，感知觉进一步发育并趋于成熟。

在视、听觉方面，幼儿的脑区继续发育成熟，也基本接近成人。幼儿的视觉更加敏锐，不仅可以追随移动的物品，与照料者对视，还发展出深度知觉，视觉占据个体感觉输入的 70% 以上，视觉的发展帮助他们认知周围的世界，这也有助于他们脑细胞发展和彼此的连接。在触觉方面，触觉是该阶段重要的感觉资源，或者说是一种“感觉营养”。这个阶段的幼儿一方面活跃于触摸与探索物品之间，通过触摸幼儿会认识到周围的世界，分化出自己与他人。另一方面，被触摸能帮助幼儿建立起一种信任感。在养育者怀中的感觉，让幼儿感到他是安全的、安逸的、舒适的。

日常生活中，家长常常认为刚出生的婴儿不会说话，什么都听不懂，因此忽视了与婴儿的语言交流。但这一时期的婴儿正处于辨调的关键期，家长通过不同情绪的语言表现，可以帮助婴儿建立最初的言语知觉。如果经常不与婴儿交流，可能会错过婴儿的这一敏感期，造成未来语言发展上的问题。

因此父母要善于把握日常对话练习的机会，如父母可以时常对婴儿说“宝宝，你好，我喜欢你”，以此激发婴儿发音的兴趣，为其未来的语言发展奠定一个良好的基础。

（三）6 ～ 12 个月

到了 6 ～ 12 个月，幼儿的大脑进一步发育，各个脑区开始出现髓鞘化，发展上也表现出一个个里程碑式的进步。除了在运动领域表现出巨大的飞跃——从能够坐起到学会爬，从能扶着站起到迈出行走的第一步。其认知、语言、社会性这些心理发展的核心领域也都有巨大发展。

6个月以后，婴儿的大脑各个感觉通道已经趋于成熟，且联合区开始发展，具有综合各感觉通道信息的能力，并开始以他独特的方式“学习”，建构关于外界环境的物理知识。例如，幼儿会一直重复着将玩具丢在地上，家长一直帮他捡起，请不要对此感到厌烦，这正是幼儿学习的方式一重复，他从一次的丢东西的过程中感受了重力，熟悉了不同玩具落地的声音，也锻炼了动作技巧。在一次次的重复中，他的大脑回路也一遍一遍地被激活。

而在社会性与情绪发展方面，相比于之前建立在生理需求满足与否上的基础性情绪之外，幼儿开始建立起一些社会性情绪，例如，当幼儿处在陌生的环境或接触到陌生人时，会感到焦虑不安或者啼哭不止。这其实是“亲子依恋”发展的正常表现。依恋的发展，建立了幼儿与照料者之间的情感连接，也伴随着对陌生环境的焦虑，更有助于建立情感上的信任感和安全感。有质量的母乳喂养有助于建立亲子依恋，母子眼神的交流、积极情感的互动，以及肌肤的接触，这些都为孩子提供了社会性心理刺激，解除了孩子的皮肤饥渴，同时也解除了0 ~ 3岁幼儿焦虑心理的产生。

（四）12 ~ 18个月

到了12个月以后，幼儿大脑的各脑区继续发育成熟，心理机能也不断提高。0 ~ 3岁幼儿大脑中分管记忆的结构——海马体（Hippocampus）开始崭露头角，幼儿不但可以回想起来几个小时内的，一天内的事情，甚至记得更久前的经验和事件。记忆的逐渐成熟直接导致了延迟模仿（Deferred Imitation）的出现，这意味着0 ~ 3岁幼儿的学习不仅发生在当下，更有潜力学习他们之前所看到的其他人的行为。

在运动领域，该阶段的幼儿运动技能愈加成熟，刚开始走路时，幼儿的脚步是僵硬而笨拙的。到了2岁时，他们的脚步更加稳健，更加有协调性。并且他们能更好地导航周围的环境，不再像原先那样会被绊倒。这巨大的进步得益于大脑运动中枢的髓鞘化，髓鞘化使大脑和脊髓的运动传导通路更好的传导、控制和协调运动，更好地走路。训练也会有利于幼儿学步的协调能力，通过不断的练习有助于加强肌肉和提高平衡性。

（五）18 ~ 24个月

18 ~ 24个月的幼儿大脑进一步发展，各领域的能力也不断加强。认知领域象征能力的出现和运动领域的精细运动机能的发展是重要的里程碑。

在认知上，当孩子到了两岁左右，随着认知经验的不断积累，额叶相关脑区的不断发展，他们开始能够用符号替代他所认识的人或物，即“象征能力”。比如，他们开始能通过照片认出他们的家庭成员，但并不会和他们本人混淆。同样，你也会发现他们会玩假装游戏一对着电话玩具说你好，假装吃一个玩具苹果。但值得注意的是，这个阶段的孩子的学习仍然是通过直接操作的经验。例如，关于把红色和蓝色混合起来会变成紫色的知识，通过书本或口述教给孩子，比不上让他自己动手来操作。因此，这个阶段的孩子还不适合接受“教育”或参与一些早教课程。相反，生活是最好的教育，在日常照料中给孩子提供尽可能丰富的环境刺激、运动机会或者鼓励孩子进行假装游戏就是十分有价值的早教课程。

而在运动领域，幼儿的粗大运动能力已经非常卓越，在运动控制上获得自信，释放他们的能量，从而能够使他们发展新的运动技能，比如跑、跳、攀爬、投掷，并在原有的技巧水平上，大脑的神经回路变得更加协调，肌肉不断发育完善，也在过程中逐步提升成就感。除了这些粗大动作，这个阶段的幼儿开始出现精细动作。比如，幼儿使用蜡笔时，他们便在使用精细动作能力，精细动作能力依靠的是手指、手掌或者手腕上的小肌肉。这些小肌肉比大肌肉发展缓慢，但是在不断地提高及控制和协调能力。通过精细动作的训练，不断地刺激脑中的运动系统，包括训练他们的肌肉运动能力的机会。在生命的第二年，大脑的运动系统不断地被髓鞘化所影响，髓鞘化能够帮助神经传导和接收信息更加高速而准确，所以运动的脑回路慢慢地变得更善于控制和协调运动。训练也是提高精细运动的控制和协调能力的重要途径，幼儿练习得越多，回路就会发育塑造得越快。

（六）24 ~ 36 个月

到了两岁以后，大脑的各领域都趋于成熟，原有的能力发展不断完善。在认知上，随着幼儿知识经验的积累，他们感兴趣的问题越来越多，热衷于探索周围的世界，“是什么”是这个阶段孩子的口头禅。当幼儿接受这些新知识时，他们脑中的前额叶正在不断激活，并建构他们脑中的知识地图。

在运动领域，由于受到髓鞘化的影响，幼儿掌握的运动技能不断提高，并且他们变得对精确的任务十分感兴趣，比如说给自己穿衣服、自己吃饭、拿一杯饮料、用画笔或剪刀做一些工艺品、丢掉或捡起皮球、用脚跳、踩自行车等。当幼儿被训练他们刚出现的运动技巧时，他们这些运动会强化大脑的细胞并发展出更强的相互的连接。所以，家长需要为幼儿提供尽可能多的空间和机会，为他们的运动技巧和大脑的发育提供支持。除此之外，到了 18 个月大概 50% 的孩子都会出现稳定的优势手，4 岁时这个比例上升到 90%，这和大脑功能的单侧化相关。

2 ~ 3 岁的幼儿还容易出现攻击性行为，当他们的要求达不到满足时，咬人、抓人、踢人都是他们的惯用伎俩。其实，孩子到了 2 岁以后除了基本的“喜怒哀惧”，逐渐发展出一些更高级的情绪，比如说害羞、焦虑、自豪，这些情绪是建立在高级的社会认知基础上的。因此幼儿常常体会到不可名状的消极情感，例如犯错被发现时感到羞愧。但由于其大脑“抑制系统”功能的不完善，语言表达能力也十分局限，所以他们会用攻击的方式表达羞愧、气愤、沮丧的情绪，父母要学习去解读这些情绪，以及制止他们的这些行为，传达给幼儿一些规则，帮助幼儿将不良情绪导向正确的方向。

第二节 幼儿的动作发展

一、动作发展的意义和规律

动作是个体具有一定动机和目的并指向一定对象的运动。在运动学中，动作主要被视为在一定的时间和空间限定下，肢体、肌肉、骨骼、关节协同活动的模式，既指由多个部分共同构成的完整活动模式，也指某一部分的特定活动模式。

动作技能也叫操作技能或运动技能。日常生活中的写字、绘画、跳舞、弹唱、游泳、体操、骑车、开车等，都属于动作技能的范畴。心理学家一致认为，动作技能是一种习得的能力，受内部心理活动的控制。动作技能往往与知觉不可分，因此有人把知觉和动作联系起来，称之为“知觉—动作技能”。

（一）0 ~ 3 岁幼儿动作发展的意义

动作是人类最基本、也是最重要的一个发展领域，是建构幼儿早期智慧大厦的砖块。有关研究表明，动作和运动在幼儿早期心理发展中起着十分积极的作用。动作发展对心理发展的重要意义虽然存在着助长与诱导之争，但可以肯定的是，动作和动作发展使得幼儿在与客体不断的相互作用中构建客体意识，并在这个基础上有了自我意识的发展。

0 ~ 3 岁幼儿动作的发展对其心理发展的重要意义表现为以下几方面。

1. 动作发展是 0 ~ 3 岁幼儿心理发展的来源和必备工具

随着发展心理学研究的深入，对个体心理发展内在机制问题的探讨越来越深入。通过研究个体早期的动作发展规律，特别是动作在早期心理发展中的组织与建构功能，以及动作给个体所带来的各种认知、社会交往与情感经验的内在作用中可以发现，个体早期动作在心理起源与发展中有着极为重要的作用。从发生认识论的角度看，感知的源泉和思维的基础是动作。对个体而言，动作具有保障生存与促进发展的双重价值。幼儿通过动作与物质环境交互作用，可以获取物理经验和数理逻辑经验，通过与社会环境的交互作用，可以获得社会经验来认识人的主观世界。可以说，没有动作，幼儿心理就无从发展。

2. 动作发展是 0 ~ 3 岁幼儿心理发展的外部表现

幼儿动作的发展反映着心理的发展，通过动作发展的研究，可以了解幼儿心理发展的内容和水平。人类的动作虽然极其复杂、灵活与可塑，但在发展早期，个体的动作相当贫乏，需要较多的时间去习得人类特有的各种适应性动作，并使动作日益丰富、分化、整合，不断提高作用于外界的有效性，从而更好地适应环境。在这个意义上讲，动作可视为个体早期的外显智力。

3. 动作发展促进了 0 ~ 3 岁幼儿认知的发展

皮亚杰、布鲁纳等认为，动作可以为个体提供认知经验，丰富认知对象，使个体有更多的机会从事物的外在表现中鉴别出本质的特征，进而获得对事物本质的认识。动作是幼儿认识世界的工具之一，随着动作的不断复杂化，幼儿对于世界的认识也越来越清晰。另外，随着动作的发展，幼儿的认知方式也在发生变化：幼儿通过爬行获得了运动经验，促进了感知觉的发展，独立行走和抓握等动作的发展促进了幼儿空间认知能力的提高，而手部动作在幼儿与环境的相互作用过程中则发挥着重要的中介作用。因此，幼儿的早期动作的发展促使幼儿的认知结构不断高级化、复杂化。

4. 动作发展促进了 0 ~ 3 岁幼儿社会交往能力的发展

随着动作能力的发展，幼儿与周围人的交往从依赖、被动逐渐向具有主动性转化。动作技能的发展可以诱发幼儿语言交流和社会交往能力的发展。在幼儿还不会说话时，他伸手指向某一物体，并做出抓握动作，以表示“我想要”。随着抓握动作的不断重复，幼儿每当做出抓握动作就表示“我想要”的意思。这种抓握动作成了一种语言符号，表达了特定的意义，从而促进了言语交流的形成，也让幼儿实现了与周围人的交流和交往。

0 ~ 3 岁幼儿动作的发展好与不好，在某种程度上可以促进或延缓其心理发展水平，因此应注意从早期开始对 0 ~ 3 岁幼儿进行动作训练。应充分保证幼儿的游戏和户外活动时间，使他们获得充分的运动和感知经验，并在此基础上自然掌握更加复杂的动作技能和提高运动协调能力，实现感觉运动系统机能的平衡发展，最终实现幼儿的生理、心理与社会性等方面的和谐健康发展。

（二）0 ~ 3 岁幼儿动作发展的类型

0 ~ 3 岁幼儿的动作可分为无条件反射性动作和随意动作两种类型。

1. 无条件反射性动作

无条件反射性动作是指幼儿与生俱来、不学就能的先天性反射动作。个体最初的动作是一系列先天的无条件反射。新生儿借助无条件反射实现与所处环境的平衡，从而维持生存。这些无条件反射动作虽然会随着婴儿的生长发育逐渐消失，但是它们是个体形成大量灵活的人类特有的条件性动作的自然前提，对幼儿适应后天的环境具有积极的作用。例如，当新生儿的头部转向一侧，他便将头转向这一侧的胳膊，并屈另一只胳膊，做出击剑式动作的强直性颈部反射。这一动作不仅可以产生较好的哺乳姿势，而且是幼儿条件定向反射的开端，也是一些成熟的技能性动作的组成部分。

2. 随意动作

随意动作（包括粗大动作和精细动作），是在神经系统的调节下，由人的主观意识控制和调节、具有一定目的和指向的动作。它是个体后天学习得来的复杂的机能系统，属于条件反射的性质。例如穿衣、吃饭、走路等。随意动作是意志行动的基础，没有随意动作，意志行动就无法实现。

（1）粗大动作

粗大动作指的是身体和四肢的运动，主要包括由头颈部肌肉群、躯干部肌肉群以及四肢肌肉群参与控制的抬头、抬胸、翻身、坐、爬、站、走、跑、跳、钻、攀登、下蹲等动作。幼儿粗大动作的发展主要表现在身体姿势的发展和位移能力的发展方面。

（2）精细动作

精细动作是个体主要凭借手和手指等部位的小肌肉或小肌肉群的运动，在感知觉、注意等心理活动的配合下完成特定任务的动作能力。0 ~ 3 岁幼儿的精细动作主要包括抓握动作的发展、双手协调动作的发展、手眼协调动作的发展，表现在抓、放、捏、伸够、画画、剪贴、折叠、书写等方面。

（三）0 ~ 3 岁幼儿动作发展的规律

大多数幼儿动作技能的发展呈现相同的顺序并出现在大致相同的年龄，虽然每个幼儿动作发展的方式及速度会有个体差异，但是一般都会按照一定的发展顺序和规律进行。

0 ~ 3 岁幼儿动作发展的顺序和规律主要有以下五种。

1. 从整体动作到分化动作

幼儿最初的动作是全身性的、笼统的、泛化的。例如，新生儿任何一个部位受到刺激或者有什么需要时，都是一边哭喊一边全身乱动，不论是愤怒的哭，还是高兴的笑，也不论是想吃奶，还是想睡觉，一般都表现为四肢乱动和全身性的反应。随着年龄的增长，幼儿的动作才逐渐发展分化为局部的、准确化和专门化的动作。

2. 从上部动作到下部动作

幼儿首先发展的是与头部有关的动作，例如喜怒哀乐的面部表情、追随性的转头、觅食活动等，然后是抬头、俯卧，以及俯撑、翻身、坐、爬、站立、行走等动作。幼儿的动作是按照从上至下的顺序发展而来的。

3. 从大肌肉动作到小肌肉动作

幼儿首先发展的是躯体大肌肉动作，如头部动作、躯体动作、双臂动作、腿部动作等，然后才是手部小肌肉群的精细动作以及手眼协调动作等。

4. 从中央部分动作到边缘部分动作

幼儿最早出现的是头部的动作和躯干部分的动作，然后是双臂和腿部有规律的动作，最后才是手的精细动作。这种发展趋势可称为“近远规律"，即靠近头部和躯干的部位先发展，然后是延展至远离身体中心的部位动作。

5. 从无意动作到有意动作

婴幼儿动作的发展越来越多地受心理和意识的支配，呈现出从无意动作向有意动作发展趋势。

0 ~ 3 岁幼儿动作的发展是心理发展的源泉和前提，是心理发展的外部表现。动作发展不仅使得幼儿在与客体不断的相互作用中构建客体意识，并在这个基础上有了自我意识的发展。而且，动作的发展也促进了幼儿空间认知能力和社会交往能力的发展。为了使 0 ~ 3 岁幼儿的动作能够得到更好的发展，成人应当积极创造良好的环境和条件，提供充足的营养，有意识、有计划地鼓励和帮助幼儿进行体格锻炼，来促进幼儿动作能力的良好发展。

二、粗大动作的发展

（一）0 ~ 3 岁幼儿基本姿势的发展

姿势的发展使人能保持身体平衡，并在环境中维持一个特定的身体方位。姿势控制涉及神经系统、骨骼和肌肉系统以及感觉系统之间的连续且动态的相互作用，它是很多动作技能发展的条件。0 ~ 3 岁幼儿的姿势主要包括躺、翻身、坐、爬、站等。

1. 躺

正常情况下，新生儿除了吃奶之外，几乎所有时间都处于睡眠状态，因此躺姿是新生儿的基本姿势。大部分新生儿的躺姿是仰卧，这种姿势可使幼儿全身肌肉放松，对幼儿的心脏、胃肠道和膀胱的压迫最少，同时也减少了幼儿猝死的概率。

但是，仰卧时，因舌根部放松并向后下坠，会影响呼吸道的通畅，因此应密切观察新生儿的躺姿和睡眠情况。观察时可将视线与幼儿脸部高度平齐，由侧面观看幼儿的脸部，如果发现其鼻尖及下巴均在最高点（而不是额头在最高点），就是理想的仰躺头部姿态。这种姿位称为“闻嗅姿位”，就是好像幼儿在用鼻子寻嗅某种东西的气味一样。这时，鼻尖部位在身体的最前突位，是上呼吸道保持最顺畅的姿态。

从医学的角度看，侧卧最符合人体的生理需要，对幼儿的身心健康最有利。侧卧位既对重要器官无过分地压迫，又利于肌肉放松，即使溢乳也不致呛入气管，因此是一种应该提倡的新生儿睡眠姿势。

但是由于幼儿的头颅骨骨缝没完全闭合，且异常娇嫩，生长发育又十分迅速，因此，长期一个姿势的仰卧或侧卧，也可能使幼儿出现头部扁平或扁头综合征，即头骨发育不对称，头睡偏了。这种情况不仅会影响幼儿的外观形象，而且还可能对其心理和智力产生影响。因此应注意经常为新生儿翻身，变换体位，时常变换其睡眠姿势和方向，不要长时间朝着一个方向仰躺。如果出现了扁头现象，可以根据扁头的具体部位选择合适的睡眠姿势，及时进行矫正。

2. 抬头

根据动作发展的顺序和规律，头颈部动作是最先发展的，新生儿还不会抬头，慢慢地才学会左右转头、竖直抬头和俯卧状态侧抬头。

幼儿抬头动作的发展是一个很自然的过程。婴儿出生后可以俯卧，但新生儿颈部的骨骼发育还不能支撑起自己的头部，幼儿颈部的肌肉弹性也比较弱，没有足够的承托力，因此，婴儿俯卧时还不能自己主动抬起头，只是本能地挣扎，头也会摇摇晃晃不稳定。到 2 个月时才能稍稍抬起头和前胸部，3 个月时才能够把头立稳。在幼儿 4 个月时，脖子能够基本支撑起头部。有些幼儿因为颈部肌肉弹性较弱，抬头姿势的发展会迟缓一些，但不一定会影响幼儿的正常发育。但是如果到了 5 个月还不能稳住头部，最好去医院做检查。

在幼儿的脖子不能支撑住头部之前，成人不要过于焦急地让其抬头。也不要过早、刻意地进行抬头练习，应该顺应幼儿的自然发育规律。

4个月以内的幼儿，头部不能很好地稳住，因此在抱姿上有比较严格的要求，关键是托住幼儿的头颈部。正确的抱姿应该是横抱：将婴儿的头放在左臂弯里，肘部护着婴儿的头，左腕和左手护住婴儿的背和腰部，右小臂从婴儿身上伸过护着婴儿的腿部，右手托着婴儿的臀部和腰部。成人的臂弯就好像一个小枕头，护住幼儿的背部和脊椎，双手交握时正好在幼儿的臀部形成一个重要的支撑点。如果需要竖着抱，一定要用手轻轻托住婴儿的脑后部和颈部，防止幼儿因为头部摇晃而扭伤颈部。随着幼儿的逐渐长大，抱姿的变化一般是从横抱开始，慢慢过渡到增加角度的斜抱、背贴胸口的竖抱，最后才能是托住臀部的竖抱。

3. 翻身

翻身是继幼儿抬头挺胸动作后的又一个新动作，是幼儿人生中最早的“大型”自主运动。对幼儿来说，翻身不是件容易的事情，通常是在他身体各部分的发展到足以支撑他翻身时，才能够轻松地自主翻身。翻身是运动技能发展的源头，学会了翻身，接下来幼儿将慢慢学会坐、爬、行走、跑、跳等动作，逐渐完成生长发育的各个步骤和过程。

翻身可以使幼儿更加积极地拓展自己的兴趣范围，用和大人一样的视线来看这个世界。当他能够翻过身来趴着抬头看周围世界的时候，他能看到的是完全不同于以前仰卧时看到的另一种新鲜世界。而且，当幼儿能够比较容易地把周围的东西拿到手时，那种兴奋、好奇是“无与伦比”的。因此，翻身对于幼儿来说是一次巨大的飞跃，它标志着幼儿的身体机能和智力的发展迈上了一个新的台阶。

按照“三翻六坐七八爬”的规律，多数幼儿会在三个月左右开始学会翻身，但幼儿翻身的时间因人而异，翻身的状况也是由多方面因素所决定的。有的幼儿在3个月之前翻过一次之后再也不翻了，直到隔了很长时间才又继续翻；还有的幼儿因为被突然翻过去的状态吓了一跳，之后就有点“懈怠”了；有的幼儿会省略掉翻身而直接就开始能坐或是能站了；也有的幼儿能站立之后才开始学会翻身；还有的幼儿因为太胖而翻身困难；有时候幼儿累了，翻到一半就侧卧着不动了，像是等着大人去帮他……因此，幼儿不会翻身并不一定代表他的身体发育和行为发展出现了障碍，成人要谨慎、科学地对待。

4. 坐

坐是幼儿继翻身之后的另一个具有标志意义的基本动作。会坐以后，幼儿扩大了自己的活动范围，能够接触到许多过去够不到的东西。因此，坐对于幼儿心理的整体发展来说，具有重要意义，尤其是对于感知觉和触觉的发展，具有重要促进作用。

幼儿学会坐，是和他的神经系统、骨骼发育以及肌肉协调能力等密切相关的。刚出生时，幼儿的脊柱几乎是直的。3个月左右，幼儿出现了第一个生理弯曲—颈部脊柱前凸，即颈椎向前凸起，开始支持幼儿抬头和自如的转头活动。到了6个月左右，幼儿出现第二个生理弯曲—胸部脊柱后凸，即出现胸椎向后凸起，开始支持坐的动作。

虽然幼儿出生时就可以扶着坐，但真正能够独立坐着则要等他能控制头部以后才能真正实现。大约从第 4 个月开始，幼儿的颈部和头部肌肉开始迅速变得强壮，不仅趴着的时候能把头抬起来，而且甚至能够用胳膊撑起身体，使胸部离开地面。到 5 个月时，幼儿可以初步坐着，通常会靠着椅背或沙发呈现半躺半坐的姿势，身体微微向前倾，并以双手在两侧辅助支撑。从 6 个月左右开始，幼儿开始学会独立的坐姿，但有时会倒向两边，需要大人帮他才能重新坐起来。7 个月左右时，幼儿就能自己坐稳或从趴位自己坐起来了。坐着时还可以腾出双手来做其他的事情，或扭转身体去拿自己想要的东西。到了八、九个月时，幼儿的坐姿基本已经没有问题了。

5. 站立

站立是人类生命中的一个重要里程碑，而且是很多后来出现的动作技能的基础。如行走、跳跃等，都依赖站立的姿势。站立是走的前驱期，幼儿在学会了站立和行走之后，其活动力会比之前增加好几倍。同时，站立不仅标志着幼儿运动机能的发展，也是幼儿智力发展的重要条件。当幼儿能够站起来时，他的视野更加广阔，探索的欲望更加强烈，尝试的机会更多。因此，站立有利于幼儿感知觉、注意、记忆、思维等多方面的发展。

幼儿会站的前提是双侧脚跟能轻松着地，并能平衡身体自主的晃动。一般来说，五六个月的幼儿，在成人的扶持下可以站立，七八个月的幼儿可以在成人拉着手的情况下站立片刻或者扶着身边可以利用的东西站立。进入 10 个月以后，幼儿的身体平衡能力飞速发展，多数幼儿能够自己扶住东西站立。11 个月时，多数幼儿已经能够独自站立、弯腰和下蹲，并开始练习扶物行走或抓住成人的手，在成人的牵引下蹒跚学步。1 岁以后，幼儿就能自己独立向前迈步行走了。

（二）0～3 岁幼儿位移能力的发展

位移能力是人的基本运动技能之一，是指爬、走、跑、跳、滑动等能产生位置移动的运动技能。

1. 爬行

爬行是幼儿生长过程中的一个重要环节，是幼儿降生后的第一次全身协调运动，更是幼儿的一种综合性的强体健身活动。

爬行在成人看来很简单，但幼儿爬行是在感官信息、手、眼以及脚的协调配合下，运用胳膊及手腕的力量支撑起上半身，并调动手部、腿部、臀部等不同的肌肉群，借助上肢和下肢的交替协调运动才能有效完成的。因此爬行可以锻炼躯干以及四肢的肌肉，促进幼儿的肌肉、骨骼、神经、大脑的发育，使幼儿的运动、神经等系统得到充分锻炼，增强全身动作的灵活和手脚动作的协调。同时，充分的爬行可以为幼儿认识周围世界打下良好的生理、心理基础。

Adolph 等对 15 名 1 岁以内的幼儿进行了纵向追踪研究，他们把幼儿的动作与成人的高效率动作相比，发现幼儿最初的动作不受主观意识的控制，需要大量的爬行和行走经验才能对环境的变化做出适应性的反应。同时，随着动作的不断发展，幼儿不断增加对新环境的适应力，从而提高了认知的发展。他们还对 29 名健康幼儿从他们开始爬行的第一周到开始行走为止进行了纵向研究，发现随着爬行经验的丰富，婴儿的判断日渐准确，探索活动也更加有效。

2. 行走

行走是用双脚来移动位置的运动技能，是人类最重要的和最有意义的物种独特性之一。直立行走是人类独有的姿势，是人类在智慧上领先其他动物的第一步。走路对幼儿来说是个重要标志，是幼儿动作发展的一个里程碑。走路正常，说明他的骨骼、肌肉发育以及平衡、协调能力都是正常的。而且，行走使幼儿的躯体移动从被动转为主动，使活动具有了一定的主动性。同时，直立行走解放了幼儿的双手，并使幼儿的眼、手配合的动作大大增加，这对幼儿的脑发育和认知发展都有着良好的促进作用。

幼儿 1 岁左右学会站立后，腰部向前方的生理弯曲逐渐成熟，这个生理弯曲的形成，支持了幼儿直立行走的姿势。直立行走扩大了幼儿主动活动的范围，扩大了幼儿的生活空间，增加了与周围人交往的机会。行走也扩大了幼儿的视野和认知范围，使得幼儿接受的刺激越来越多，见识更加增多。

一般来说，一周岁左右的幼儿基本上能开始蹒跚独步。但也有些幼儿直到16个月才能自己走。11 ~ 16 个月会走都属于正常现象。14 个月左右的幼儿可以熟练走路，能够蹲下再起来，有的甚至能够倒退一两步拿东西。15 个月左右的幼儿可以自由地行走，而且大部分幼儿都能够走得比较熟练，他们喜欢边走边推着或拉着玩具玩。18 ~ 24 个月的幼儿能够用脚尖走步，但不稳。2 ~ 2.5 岁的幼儿行走能力有了很大进步，他们能向不同方向走、曲线走、侧身走，还能上下楼梯。有些幼儿还能倒退行走，但步伐不稳，容易摔跤。如果幼儿从学走路开始就出现跛行，可能是单侧髋关节脱位，需要马上去医院检查。

3. 跑

3 岁以内幼儿的跑实际上是在走的基础上，加大步伐和频率的一种行动方式。跑也是幼儿智能发展的标志之一。跑意味着幼儿四肢肌肉及腰腹肌肉的力量以及身体的爆发力的进一步增强，意味着幼儿可以提高运动速度，并能够参与到年龄较大的幼儿的玩耍中。跑还能刺激幼儿前庭器官的发育，促进幼儿感觉综合功能的发展和平衡能力的提高。

4. 跳

0 ~ 3 岁幼儿的跳表现为双脚离开地面，身体向上腾空的动作。19 ~ 24 个月的幼儿，开始能在原地做并足跳跃动作，还可以原地跳、向前跳等。2 岁半时，幼儿能单脚原地跳，还能从楼梯末级跳下。

2.5 ~ 3 岁时，能双脚离地腾空连续跳跃 2 ~ 3 次，能跨越一条短的平衡木。3 岁左右的幼儿能双脚交替上下楼梯，还能并足跳远。

幼小幼儿在蹦跳时，容易失去平衡而摔倒，成人一定要注意适当地给予保护，也要创造条件让幼儿发展跳跃技能。

（三）促进 0 ~ 3 岁幼儿粗大动作发展的方法和策略

0 ~ 3 岁幼儿粗大动作的发展对其身体和心理的发展具有重要意义。因此，一定要采取适当的方法和策略来进行训练，有效地促进幼儿动作技能的发展。

1. 以幼儿为中心，按照幼儿的动作发展规律和实际发展水平进行训练

幼儿的生理发育有一定的规律和特点，而且每个人的发育水平不同。因此，成人应根据幼儿的发展水平和特点选择适当的练习内容，不要过分超前或滞后。还要考虑幼儿在动作发展方面的个人差异，动作训练要因人而异，使训练有针对性。每次练习还要注意时间和次数，不要盲目追求运动量和运动强度，以免让幼儿的骨骼、肌肉受损。训练过程要循序渐进，动静交替，繁简搭配。

2. 在幼儿情绪良好的情况下进行训练

无论是哪种动作的练习，都应该选择幼儿情绪良好时进行。如果在幼儿身体不适、困倦、情绪不佳的状态下训练，会使幼儿感到害怕、紧张、厌烦。幼儿情绪不佳时，最好选择一些安静而平和的游戏，使幼儿感到平静和舒适，例如说歌谣、拍手等。还可以利用色彩鲜艳、丰富的玩具或其他有趣的东西来吸引幼儿，并及时给予幼儿鼓励。

3. 选择安全、适合的训练空间和适宜的穿着

适宜的运动空间对幼儿进行粗大动作训练是十分必要的。可以根据居住条件，为幼儿准备适当的运动空间。如果是在床上，则要注意在床边最好安装护栏，旁边有成人看护，周围移除不需要的东西，周围不要有硬的尖角和小东西、小物件，最好将所有的角上套上护垫，以免幼儿翻身时碰伤或误食。并根据需要准备被子、枕头、软垫子、玩具等，让幼儿在床上安全地“摸爬滚打”。如果是在地面上，则需要在地面上铺上软硬、厚度合适的地毯、地板或席子，让幼儿做翻、滚、爬行等各种练习。但是一定要让幼儿远离电源插座，远离其他危险物品和环境。除此以外，还需要在窗户、露台和门廊上安装护栏、挡板和安全防护网，防止幼儿从高处坠落。如果是在室外，则需要选择宽阔、安全、明亮的地方进行，例如相对柔软的平地、草地，坡度、梯度较小的台阶等，让幼儿在自然环境中愉快地练习。

练习时，还要为幼儿选择合适的上衣、大小合适的裤子和舒适的鞋子，以免因为穿着不当而影响幼儿的活动。

4. 教幼儿学习初步的自我保护

大一些的幼儿，成人可以教给他们必要的安全常识，提高幼儿的自我保护意识和能力。例如，正确的运动姿势，避让和躲闪他人，远离危险品和危险环境等。

三、精细动作的发展

（一）0～3岁幼儿抓握动作的发展

抓握动作是最基本的手部动作之一，是各种复杂动作的基础。幼儿大约在两三个月时开始出现抓握动作。起初是使用整个手臂，由肩、肘部运动开始，逐渐发展到用拇指，再发展到用四个手指和拇指的指尖进行抓握。幼儿从不成熟的抓握模式发展到成熟的“对指抓握”模式，大约在周岁时接近完成。

幼儿用手抓握物体，使手成为一个重要的认知器官。幼儿通过抓握、抚摸来主动探索和认识周

围事物。而且为其知觉的发展以及表象和概念的建立奠定了基础。物体的许多属性，诸如冷暖、软硬、轻重、质地等，都是通过抓握、触摸才能获得的感性经验。成年时对事物的知觉就是依靠这些早期积累的经验，使整体知觉得以迅速实现。同时，幼儿在抓握摆弄物体时，“够不着、够得着”这样的实践经验是他们理解远近距离、发展空间知觉的基本条件。在摆弄物体时，反复同一动作总是引起同样效果，这就使幼儿获得了关于实际动作跟直接效果之间的因果关系的认识，这种因果关系的认识使幼儿对自己的行动后果产生预见性，并在此基础上开始形成有目的的意志行为。在反复做某种动作而达到预期结果的时候，就会使幼儿认识到自己是发出动作的主体，并因动作达到预期结果而对自己的能力产生自信心和满足感，这是以后幼儿形成自我认识的途径之一。

（二）0 ~ 3 岁幼儿抓握动作的发展特点和规律

抓握动作的发展是一个比较复杂的过程，受大脑视觉中枢、手的运动中枢的联合支配。幼儿抓握动作的发展表现为以下几个过程和趋势。

1. 由无意抓握发展到随意抓握（主动抓握）

正常情况下，新生儿的手呈现拇指在手心的握拳状，手还不能主动地张开，也不会抓住物件，即使抓住了物件也会不经意地扔掉。当成人用手指触碰他的掌心时，他就紧紧握住成人的手指，这是一种先天性的抓握反射。2 ~ 3 个月的幼儿，当成人把大小合适的东西放到幼儿的手心时，他就能抓住并在手里握较长的时间，好像舍不得放手的样子。3 ~ 4 个月时，抓握反射消失，幼儿的双手从握拳状变为双手张开状，手掌大部分时间都是半开着，而不再像以前那样呈握拳状。之后开始出现无意识抓握，即碰到什么就抓什么，碰不到时手就自由挥舞，这标志着幼儿抓握动作的开始。4 个月的幼儿，吃奶时能用手扶住奶瓶，还经常把手指或拳头放在嘴里吸吮，并且当成是一种快乐的享受。有时还能无意中抓住身边的衣服玩。随着年龄增长，到了 5 个多月，幼儿的抓握动作逐渐由无意抓握发展为随意抓握，表现为拇指和其余四指对立的抓握动作，以及抓握动作过程中的手眼逐渐协调，这标志着幼儿手部动作发展的一个重大飞跃。

2. 由手掌的尺侧（小拇指侧）抓握发展到桡侧（大拇指侧）抓握

幼儿开始抓握时，往往是用手掌的尺侧（小拇指侧）握物，然后逐渐向桡侧发展（大拇指侧），最后发展为用手指握物。5 ~ 6 个月的幼儿，手的动作明显灵巧了，能够抓住近处的玩具，但仅限于大把抓握。8 个月的时候，他可以用拇指、食指和中指 3 个手指把小的东西（葡萄、糖果、花生米、小块积木等）拿起来。9 ~ 10 个月的时候就可以用拇指和食指对捏，拿起这些物体或者颗粒物。

幼儿拇指与其他四指的分化通常在 5 ~ 6 个月期间出现，但会因营养、健康、教养方式等环境因素而有所提前或滞后。

3. 由不成熟的抓握模式（全手掌抓握模式）发展为成熟的对指抓握模式

不成熟的抓握模式是指拇指向下或在与手背平行的高度弯曲取物的模式，即用中指对掌心一把抓。在上肢动作未分化阶段，幼儿往往采取此种模式抓握。手的抓握动作有了进一步的发展之后，幼儿才逐渐学会用拇指与其余四指对捏的方式，并在抓握过程中，逐步形成眼和手，即视觉和运动觉联合的协调运动。同时，5个月左右的幼儿开始具备根据物体大小选择使用单手或双手来抓握物体的能力，抓握动作中的手指随物体尺寸增大而增多，而且受物体形状影响。

（三）促进0～3岁幼儿抓握动作发展的方法和策略

抓握能力是幼儿手部精细活动的第一步，抓握动作对促进幼儿的手和手臂神经、肌肉的发展十分重要。进行抓握动作训练时，成人应该注意以下几点。

1. 创造条件，利用生活中的各种机会和各种物品对幼儿进行抓握训练

光滑、细柄的玩具、成人的拇指或食指等都是训练幼儿抓握动作的好“玩具”。最初，成人可以用玩具或物体去轻轻地触碰幼儿手的各个部位，引导幼儿出现主动的抓物动作，让他们发现自己的手，产生抓握的感受。然后逐步让幼儿抓一些软硬、粗细、凉热、方圆、大小不同的物体，让他们感受物体形状、特征的不同。还可以将带响的、容易抓握的玩具挂在幼儿床边合适的位置，吸引幼儿向左、右、上方、前方去抓握。当幼儿轻而易举地抓到玩具时，可以逐渐提升玩具的高度和距离。还可以逐渐通过让幼儿自己捏东西吃、拿取物品、填塞、套杯子、捡拾各类物品、敲敲打打、堆叠物品、翻书、撕纸、涂鸦画画、套圈圈、串珠子、使用汤匙和筷子、搭积木、扣扣子、盖瓶盖等方式进行手部抓握动作的训练。

2. 和幼儿愉快互动，用游戏等方式提高幼儿的练习兴趣

成人在训练幼儿进行抓握时，要选在幼儿情绪愉快时进行。可以用愉悦的声音或语言引起幼儿的兴趣，然后和幼儿一起进行抓握练习。例如，成人可以将自己的食指或拇指放在幼儿的手心轻轻挠，让他抓握，并轻轻摇动幼儿的手向他问好；婴儿会抓后，成人可把手指从幼儿的手心移到手掌边缘，或者用玩具碰碰他的手背，吸引幼儿转动手腕抓握，提高幼儿的手腕、手指的灵活性。

成人还可以与幼儿一起玩各种抓握“游戏”，来提高幼儿的练习兴趣。例如“捉迷藏”游戏：在幼儿脸上盖一块手绢或干净的面巾纸，成人在旁边说话，引导幼儿自己用手移开手绢或面巾纸。开始时可抓住幼儿的手帮助他将手绢移开，以后逐渐减少帮助，促使幼儿自己用手抓住手绢移开。幼儿成功后，成人应报以微笑、亲吻、拥抱以示表扬，使幼儿保持继续游戏的兴趣。

练习抓握动作的游戏很多，成人应注意运用娱乐的方法保持幼儿的兴趣，让幼儿在愉悦中达到练习的目的。

3. 根据幼儿的发展水平和能力来选择训练内容，注意环境的安全性

开始练习抓握动作时，一定要让幼儿抓一些大小、形状适合的物品，然后再逐渐抓握一些方块、圆球类的物品，要按照幼儿手的大小和抓握能力来选择训练内容。练习内容和方式要由易到难，让幼儿逐渐提高抓握能力。

让幼儿抓握的物品和玩具要安全，不要太过尖利、棘手，温度要适宜。周围环境不要有插座、热水瓶、刀具等危险品。

4. 不要强制纠正幼儿的左利手或右利手

幼儿是左利手还是右利手，成人都不要过多干预，更没有必要迫使幼儿纠正，两手同时并用更有助于左右大脑的发育。成人不可强求幼儿使用左手或右手，否则可能会引起幼儿口吃、阅读困难等一系列心理障碍。

第三节 幼儿成长的生态系统

按照生态发展观来看，幼儿的发展是一个渐成过程，幼儿的发展变化是生态环境系统适应性调节的必然结果。著名心理学家布朗芬布伦纳将影响幼儿的生态系统进行了划分，由小到大（也是由内到外）分别是：微系统（microsystem）external、中系统（mesosystem）、外系统（externalsystem）以及宏系统（macrosystem），对幼儿的影响也从直接到间接。

微系统（microsystem）是指对幼儿产生最直接影响的环境，与幼儿的关系最为密切，包括父母、集体、同伴、社区环境等。例如，一个友善、专心的幼儿可能会博得成人积极、耐心的反应，而一个易分心的幼儿更可能受到约束和惩罚。当这些彼此交互的作用随时间的流逝而反复发生时，它们就对幼儿发展产生了持久性的影响。

中系统（mesosystem）是指个体与其所处的微系统及微系统之间的联系或过程，它将微系统进行了有效的整合。例如，幼儿的学业进步不仅取决于他在班级中的活动情况，而且还受父母对学校生活的参与度和幼儿自己在家中继续学习程度的影响。

外系统（externalsystem）包括邻居，父母的职业，工作场所，传媒，社会福利制度等，幼儿并没有直接参与其中，但该系统也会对幼儿产生影响。外系统的支持可以是正式的，如灵活的工作日程安排、父母双方照料幼儿的带薪假期、幼儿生病时父母的病假等；也可以是非正式的。如父母的人际网络（能为他们提供帮助的朋友和家庭）。

宏系统（macrosystem）包容着微系统、中系统及外系统，是一个文化系统，涵盖社会的宏观层面，如伦理、价值观、传统文化等，看似与幼儿之间的距离遥远，但或许会产生一些根源性的影响。

另外，在生态系统理论中：还有第五个维度——是用于解释成长的时间维度。在成长的过程中，幼儿会选择和创造他们自己的环境和经验。而幼儿选择、修正和创造环境与经验的方式又取决于他们自身的身体、智力、人格特点和环境机遇。

从生态系统理论上来说，一个人的身心是否健康，并非只有个体原因，还与其所处的生态系统有关。教师应主动了解幼儿成长的家庭生态系统。如果教师能够按照幼儿习惯的方法处理问题，那么处理过程相对也会顺利一些。

对于父母而言，要学习了解幼儿身心成长规律，明确影响幼儿发展的因素，从自身做起，注意言传身教，其中“身教”更重于“言传”。

幼儿是敏感的个体，幼年时与主要的照料者建立了依恋关系，构建了一个最可信赖的微系统。随着他的成长，微系统逐步扩展，甚至打破重建，幼儿必须努力去适应生活状态的转变，如入托、入园、幼小衔接阶段等。此时，是系统最不稳定的时期，最容易引发幼儿的各种心理问题，同时也是成人干预介入的最佳时机。

幼儿的性格形成有遗传因素的影响，也与早期教养模式、交往方式有关，无论什么类型的性格都各有利弊。父母和教师可以尽量做到，让活泼的幼儿能静下来，让比较内向害羞的幼儿多参与活动，多与同伴互动。在此过程中，只要幼儿能适应，就会慢慢有所改观。迅速矫正是无法做到的，也会给幼儿带来痛苦，所以必须尊重幼儿的个体差异。3 ~ 6 岁幼儿发展的个体差异很大，要根据不同孩子的特点因材施教，孩子越是低龄，这一点越是重要。

不少教师和父母往往过于急功近利，迫切希望早出人才，过于鼓励人与人之间的竞争而不是合作，在某种程度上是在破坏幼儿成长的生态系统。要改变幼儿，首先要改变他所处的环境。教师和父母应该让他们在幼儿园和家庭环境中感到快乐，而不是紧张和害怕。在孩子的心目中，教师和父母应是和蔼可亲的、值得信赖的，而不是整天板着脸给他做规矩的人。

第四章 发展中的幼儿心理与教育

第一节 幼儿认知发展与教育

一、幼儿感知觉的发展

感知觉是人生最早出现的认知过程，在幼儿的认识结构中，感知觉始终占据主导地位。本节将分别介绍幼儿感觉和知觉的含义及其发展，其中感觉主要包括视觉、听觉与触觉，知觉主要包括空间知觉、时间知觉。此外，感知觉的培养也是本节讲述的内容之一。

（一）感知觉的含义

感觉和知觉是一切比较复杂的高级心理活动的基础，是人认识世界的开端，是一切知识的源泉。感知觉是人生最早出现的认识过程，2 岁前幼儿主要依靠感知觉认识世界，在 3 ~ 6 岁幼儿的心理活动中，感知觉仍占优势。

1. 感觉的含义

感觉是人脑对直接作用于感觉器官的刺激物的个别属性的反映。它包括视觉、听觉、味觉、嗅觉、肤觉（触觉、痛觉、温觉等）、动觉、平衡觉等。客观事物具有许多个别属性，这些个别属性在人脑中的反映就是感觉。例如，我们可以通过眼睛反映物体的颜色，这属于视觉；通过耳朵反映物体发出的声音，这属于听觉；通过鼻子闻一闻物体发出的气味，这属于嗅觉；通过手去接触、感受物体的温度或软硬程度，这属于触觉……感觉是最简单的心理过程，是各种复杂心理过程的基础。

感觉在人类的生活中具有非常重要的作用。首先，感觉是人们认识世界的开端。通过感觉，人们既能认识外界事物的颜色、明度、气味、软硬等属性，也能认识自己机体的状态，如饥、渴等，从而有效地进行自我调节。借助感觉获得的信息，人们可以进行更复杂的知觉、记忆、思维等活动，从而更好地反映客观世界。其次，感觉是维持正常心理活动的重要保障。实验表明，在动物个体发育的早期进行感觉剥夺，会使动物的感觉功能产生严重缺陷；人类无法长时间忍受全部或部分感觉剥夺，感觉剥夺会使人的思维过程混乱，出现幻觉，注意力不能集中，甚至还会有严重的心理障碍。

2. 知觉的含义

知觉是人脑对直接作用于感觉器官的事物的整体反映。知觉是以感觉为基础产生的，受经验的影响。日常生活中，我们通常是以知觉的形式来反映事物的。例如，我们看到的红色，要么是红旗的红色，要么是红花、红衣、红车等的红色，总是一种整体的反映；对于听到的声音，我们总是知觉为言语声、流水声或汽车声等有意义的声音。

与感觉相比较，知觉又具有不同于感觉的特征：第一，知觉反映的是事物的意义，知觉的目的是解释作用于我们感官的事物是什么，尝试用词去标记它，因此知觉是一种对事物进行解释的过程。第二，知觉是对感觉属性的概括，是对不同感觉通道的信息进行综合加工的结果，所以知觉是一种概括的过程。第三，知觉包含有思维的因素。知觉要根据感觉信息和个体主观状态所提供的补充经验来共同决定反映的结果，因而知觉是人主动地对感觉信息进行加工、推论和理解的过程。

3. 感觉与知觉的关系

感觉和知觉都是对直接作用于感觉器官事物的反映，如果事物不再直接作用于我们的感觉器官，那么我们对该事物的感觉和知觉也将停止。感觉和知觉都是人类认识世界的初级形式，反映事物的外部特征和外部联系。要想揭示事物的本质特征，光靠感觉和知觉是不行的，还必须在感觉、知觉的基础上进行更复杂的心理活动，如记忆、想象、思维等。

感觉和知觉之间存在着不可分割的联系，知觉是在感觉的基础上产生的，它们都是认识过程的初级阶段。一方面，通过感觉，我们认识事物的属性，通过知觉，我们才对事物有一个完整的印象，从而知道它的意义。因而，感觉是知觉的基础，没有感觉就不会有知觉；知觉是感觉的深入，感觉越是丰富精细，知觉就越是正确完整。另一方面，不存在孤立的感觉和知觉。事物的个别属性离不开整体存在，就如同我们不可能离开花朵去独立欣赏花的形状和颜色，当我们感受客观事物的个别属性时，其实已经知觉到事物的整体了。因此，纯粹孤立的感觉是不存在的，感觉存在于知觉之中。

（二）幼儿感觉的发展

在现实生活中，单纯的感觉很少见，它往往和知觉一起发挥作用，因此这两个不同范畴的概念通常被合称为感知觉。但为了研究的方便，在本节中我们将二者分别加以阐述。许多研究采用创新的方法发现，新生儿、婴儿在视觉、听觉、触觉等方面具有非凡的能力，一些能力甚至在胎儿期就发挥功能了。

1. 视觉的发展

无论对于成人还是幼儿，视觉都是最为重要的获取外部信息的感觉通道。在婴儿的所有感觉器官中，眼睛是最活跃、最主动、最重要的感官，眼睛对光线的反映产生了视觉，视觉为幼儿提供了大量重要的信息。

（1）视觉集中

视觉集中是指幼儿将视觉集中在一定对象上的现象。新生儿的视觉调节机能较差，刚出生时眼睛不能停留在任何物体上，在出生后的2至3周内，双眼协调比较困难，有时可见暂时性的斜视或轻度的眼球震颤，视觉的焦点也很难随客体事物的远近变化而变化，这说明幼儿集中的视觉活动还未形成。出生3周后，婴儿开始将视觉集中在物体上。视觉集中现象在婴儿出生后2个月表现得比较明显，婴儿对鲜艳明亮的物体，尤其是对人脸容易产生视觉集中。这时的婴儿开始用眼睛缓慢追随物体的水平运动，3个月时能追随物体做圆周运动，这种能力在头6个月中一直持续提高。

随着幼儿的视觉机能日趋完善，视觉集中的时间和空间距离都逐渐延长。如第3至5周的幼儿注视物体的时间只有5秒，第3个月时可以达到7 ~ 10分钟；第3至五5周视觉集中的距离只有1 ~ 1.5米，到3个月时能达到4 ~ 7米。而且，从第五六个月起，幼儿开始能够注视远距离的物体，如街上行驶的汽车、建筑物上的霓虹灯等。

幼儿视觉集中的性质也在发生着变化。最初幼儿的视觉集中主要是由外部刺激物的新异性、强度等引起的，约在第三个月，幼儿能够主动搜寻视觉刺激物，这时已具有自觉的性质了。

（2）视敏度

视敏度是指视觉精确地辨别对象形状和大小的能力，即通常所说的视力。通常人们认为小孩的视力比成人好，这是不客观的。事实上，幼儿的视力要弱于正常的成人，视敏度是随年龄的增长而发展的。

视敏度是依靠眼球晶状体变化来进行调节的。新生儿的晶状体不能变形，难以对视觉对象进行有效聚焦。两个月后，幼儿开始能够对晶状体进行调节，到第四个月时，晶状体的协调合成功能已经趋于成熟。随着晶状体功能的不断完善，幼儿的视敏度逐步提高。相关研究表明，新生儿在20英尺（6.096米）处才能看到视力正常的成人在150 ~ 290英尺（45.72 ~ 88.392米）处看见的东西，两岁幼儿的视敏度才基本接近成人水平。

（3）颜色视觉

颜色视觉指视觉区别颜色细微差异的能力，也称辨色力。这种能力并非幼儿天生具有的，它有一个逐步发展的过程。在新生儿的视觉世界里，只有黑、白、灰3种颜色，他们还不能感知其他色彩。一般认为，三四个月的婴儿才开始具有最初的颜色视觉，具备了辨别彩色与非彩色的能力。这一观点得到了相关研究的证实：有人用“颜色偏爱法”给幼儿呈现两个亮度相等的圆盘，一个是彩色的，另一个是灰色的，结果发现3个月的婴儿对彩色圆盘的注视时间比灰色圆盘多一倍，由此断定他们已能够区别两种不同的颜色。“颜色视觉很可能是幼儿早期心理装置中的一个重要成分。”通过研究婴儿视网膜上的颜色视觉感受器发现，新生儿一出生就带有全套三色（蓝、绿、红）的感受器。从第四个月起，幼儿开始对颜色有分化反应，相对于冷色，暖色更能引发幼儿的兴奋，尤其是红色，幼儿表现出明显的偏爱。

婴儿期的幼儿开始能够正确辨别各种基本的颜色，如红、黄、蓝、绿，但他们不能很好地区别各种颜色的色调，如深蓝和浅蓝，大红和粉红等。到了幼儿期，幼儿区别颜色细微差别的能力逐步提高。4 岁开始认识一些混合色，5 岁基本能够区别各种色调的明度和饱和度，这种能力在 6 ~ 7 岁又有较快的发展。

幼儿的颜色视觉存在性别差异。一般来说，女孩的颜色辨别能力要优于同年龄组的男孩。另外，色盲是颜色视觉方面的一个重要缺陷，色盲患者约占总人口的 3% ~ 4%，幼儿教育工作要充分考虑色盲幼儿的特点，采取措施，创造适合他们的教育。

2. 听觉的发展

听觉对幼儿认识和适应外部世界起着重要作用，从接受的信息量上来讲，是仅次于视觉的感觉通道。新近研究表明，处于妊娠期第 20 周的胎儿已经具备听觉能力，25 周的胎儿能对声音刺激做出身体运动的反应，并伴随生理指标的变化而变化。新生儿不仅能够听见声音，而且还能区分声音的音高、音响和声音的持续时间，连续不断的声音对婴儿可以起到抚慰或镇静的作用。

3. 触觉的发展

触觉是幼儿认识世界的重要手段，尤其是 2 岁以前，触觉在幼儿的认知生活中具有不可替代的作用。幼儿出生后就有灵敏的触觉反应，一些无条件反射，如吸吮反射、防御反射、抓握反射等，都有触觉活动的参与。幼儿特别敏感的部位有嘴唇、手掌、脚掌、前额和眼帘。早期幼儿主要是通过口腔和手的触觉来探索外部世界的，口腔触觉出现较早，在 1 岁之前，甚至在此后相当长的一段时间内，口腔触觉都是幼儿认识客体的重要手段。比如，6 个月以后的幼儿，往往把抓住的东西放进嘴里；1 ~ 2 岁的幼儿，从地上捡起的物体，也要往嘴里送。相对于口腔触觉，手的触觉发挥着更为重要的作用。早期手的触觉是一种无意的触觉活动，出生 5 个月左右，幼儿能够伸手抓住东西，手的触觉能够同视觉活动相协调，探索活动具有了更为有意的性质，这是幼儿认知发展的重要里程碑。此后，幼儿积极主动的触觉探索活动是在 7 个月左右发生的，当幼儿学会了手眼协调之后，他会把东西握在手里，进而不停地去摆弄物体。这时的幼儿开始具备触觉定位能力，当物体刺激皮肤某处时，手可准确地抚摸被刺激的地方。进入幼儿期后的幼儿更加喜欢摆弄玩具和物体，在这些活动中，幼儿逐渐认识了物体的光滑、软硬等属性，同时这些活动也进一步促进了触觉能力的发展。

（三）幼儿知觉的发展

人的知觉是一个主动的过程，当我们知觉到某一事物的时候，我们会根据自身的知识经验对它做出解释，并用词（概念）的形式把它标示出来。幼儿知觉的发展是与其年龄的增长、知识经验的日益丰富密切相关的。

1. 空间知觉

空间知觉是一种由视、听、触和动觉整合而成的复杂知觉，它是物体的形状、大小、远近、方位等空间特性在人脑中的反映。幼儿的空间知觉不仅依赖于丰富的表象，还有赖于掌握相关的表示空间关系的词。空间知觉包括形状知觉、大小知觉、深度（距离）知觉和方位知觉等。

（1）形状知觉

幼儿早期就具备了对物体形状和几何图形的分辨能力。美国心理学家范茨在婴幼儿形状知觉的辨别和偏好方面做出了较大贡献。他专门设计了“注视箱”，让幼儿躺在注视箱内的小床上，眼睛可以看到挂在头顶上方的物体。观察者通过注视箱顶部的窥测孔，记录幼儿注视不同物体所花的时间。该实验假定：看相同的两个物体要花同样长的时间，看不同的物体所花的时间就不同。这样就可以根据幼儿注视两样不同的物体所花费的时间是否相同来判断早期婴儿能否辨别形状、颜色，以及婴儿喜欢看什么，不喜欢看什么，也就是视觉偏好。实验对象为 1 ~ 15 周的幼儿，研究者给被试呈现复杂性不同的几对模式图，结果发现，幼儿对各模式图注视的时间存在显著差异，复杂程度越高的图形，注视的时间越长。幼儿注视时间最长的是靶心图和线条图，其次是棋盘图和正方形图、十字图和圆形图、2 个三角形，对于最后一对形状相同的三角形，注视的时间大致相等。而且，在这几对图中，幼儿注视靶心图的时间明显超过线条图，注视棋盘图的时间明显超过正方形图。由此，研究者认为，幼儿天生偏爱观察复杂的模式。

幼儿的形状知觉能力发展很快。根据我国已有的研究，幼儿在 3 ~ 7 岁，由于年龄的增长，正确认识图形的百分率逐步提高，而完成任务（配对、指认、命名）所用的平均时间逐渐减少。一般小班幼儿能够辨认圆形、三角形、正方形和长方形；中、大班幼儿能够进一步认识梯形、半圆形、菱形、椭圆形、六角形等平面图形，以及球体、正方体、长方体等立体图形。

研究表明：（1）3 ~ 6 岁幼儿辨认物体平面形状的能力随年龄而增高。认识形状的种数逐渐增多，正确辨认的百分率逐年提高；（2）幼儿辨认形状时，配对最容易，指认次之，命名最难。辨认形状的关键在于掌握形状名称；（3）幼儿掌握形状由易到难的顺序是：圆形、正方形、三角形、长方形、半圆形、梯形、菱形、平行四边形。根据这一结果，研究者建议，幼儿教育工作者要依据幼儿形状知觉的发展特点，提出循序渐进的教学目标，适时适当地指导幼儿学习掌握各种图形。

（2）大小知觉

所谓大小知觉是个体对外界物体大小的反映，包括对物体长短、面积、体积大小的知觉。对事物的大小知觉会受到诸多因素的制约，这是由于人所感知的信息具有不同的性质和联系，而人的识别辨认能力又受到多种心理发展水平和经验的影响。所以，大小知觉也存在差异。考察幼儿的大小知觉能力，有利于推动知觉理论在原有基础上向纵深发展，更有利于推进和完善幼儿感知觉的发展进程。

20 世纪 80 年代初，我国学者杨期正对幼儿的大小知觉进行了实验研究。实验选取 3 ~ 6 岁的幼儿为被试，让幼儿分别比较常玩的纸鸟的大小，正方形和三角形的面积以及一系列面积不等的正方形的大小。结果显示：（1）3 岁幼儿已能辨别图形大小，辨别能力随年龄的增长而提高；（2）3 岁幼儿不能判断不相似图形的大小，如正方形和三角形的大小，这在整个学前期都很困难；（3）幼儿辨别大小的方法是按照目测到比较相应部分再到借助中介物的顺序发展的。

国外的类似研究同样揭示了幼儿大小知觉的能力随年龄增长而提高的趋势。苏南诺娃以积木为实验材料，让幼儿比较其大小，结果发现，4 ~ 5 岁幼儿需要借助手的触觉，即用手去摸积木边缘，或把积木叠放在一起才能辨别其大小；大多数 6 ~ 7 岁幼儿能单凭视觉对积木的大小做区分。研究还发现，在完成任务的过程中，借助触觉来判断大小的幼儿随年龄的增长而减少，如果以此类幼儿的数量与该年龄组幼儿总数的比例为指标，那么，4 岁幼儿为 80%，5 岁幼儿为 50%，6 岁幼儿为 34.5%，7 岁幼儿为 20%。此外，如果不允许视觉参加，单凭触觉去辨别积木的大小，4 ~ 5 岁幼儿多把积木叠放到一起进行同时比较，而 6 ~ 7 岁幼儿多是按先后顺序一个一个触摸积木，进行即时比较。

幼儿大小知觉能力的发展和教育是密切相关的。家长和幼儿教育工作者要重视对这种能力的培养，通过日常生活和游戏，如搭积木等活动来促进幼儿大小辨别能力的发展。

（3）深度知觉

深度知觉是个体对立体物体或两个物体前后相对距离的知觉，包括立体知觉和距离知觉。深度知觉是以视觉为主的多种分析器协同活动的结果，视网膜虽然是一个两维的平面，但人不仅能感知平面的物体，而且还能产生具有深度的三维空间的知觉。这主要是通过双眼视觉实现的，此外，凭借自己的经验和有关线索，单眼观察物体也可以产生深度知觉。

（4）方位知觉

方位知觉是指对物体空间关系的位置和对个体自身在空间所处位置的知觉。如前、后、左、右、上、下、里、外、中间等方位词所标志的空间相对关系。

皮亚杰的早期实验曾发现，由于左右空间关系的相对性比较突出，7 ~ 8 岁幼儿掌握起来都比较困难。我国心理学家朱智贤曾重复了皮亚杰的研究，得到了大体一致的结论。根据研究结果，他把幼儿对左右关系的认识划分为三个阶段：第一阶段（5 ~ 7 岁）：幼儿比较固定化地辨认自己的左右方位。例如幼儿能正确辨别自己的左右，但不能辨认对面人的左右。第二阶段（7 ~ 9 岁）：幼儿初步地、具体地掌握左右方位的相对性。这一阶段的幼儿能够以他人为基准辨别左右，但这种认识往往依赖自身的动作或表象，在辨别两个物体的左右关系时仍常犯错。第三阶段（9 ~ 11 岁）：幼儿比较概括地、灵活地掌握左右概念。幼儿逐步突破了左右关系的相对性，能够稳定指出物体之间的左右空间关系。

根据以上研究成果，我们可以推知，幼儿空间方位辨别的发展顺序为：先是上与下，然后是前与后，最后是左与右。

2. 时间知觉

时间知觉是个体对客观事物运动过程的先后和时间长短的辨认，即对客观现象的顺序性和延续性的反映。时间是非直观性的，人没有专门的感知时间的分析器，对时间的认识具有较强的主观性，这些特征决定了幼儿认识时间的艰巨性。幼儿对时间的认识受多种因素的影响，在现实生活中，幼儿是借助与其生活关系密切并重复发生的实际活动以及连续事件来逐渐认识时间关系和时间概念的，时间知觉的发展和成熟则相对较晚。

我国心理学工作者对幼儿的时间认知发展进行了大量实验研究，发现在整个学前期幼儿认识时间单位的能力较差，但总趋势是随年龄增长而提高的。在时间顺序知觉的发展上，幼儿首先感知一日之内早、中、晚的时序，然后掌握一周之内的时序，最后掌握一年之内季节的时序。研究发现，4 岁幼儿认知一日之内的时序还很困难，5 ~ 6 岁幼儿已能掌握一日之内和一周之内的时序，但对一年之内的时序认知有困难。在掌握时间关系方面，幼儿最先理解的是明天，其次是后天，而后是昨天、大后天、前天、大前天。另外，幼儿对时钟的掌握顺序是：先认识整点钟，再认识半点钟，然后才是对分钟的掌握。在幼儿时间知觉的发展过程中，幼儿首先理解的是时序的固定性，然后才能理解时序的相对性。

时间知觉的发展水平与幼儿的生活经验密切相关。有规律的幼儿园生活能帮助幼儿建立一定的时间观念，应该说生活制度和作息制度在幼儿的时间知觉形成和发展中起着极其重要的作用。幼儿常以作息制度作为时间定向的依据，如“早上就是上幼儿园的时候”“下午就是午睡起来以后”“晚上就是爸爸妈妈来接我们回家的时候”等。所以，执行作息制度，有规律的生活都会有助于发展孩子的时间知觉，培养时间观念。当然，以认识时间为内容的教学也会对幼儿时间知觉的发展起到积极作用。

（四）幼儿感知觉的培养

感知觉的发展和培养集中体现在幼儿观察力的成长上。观察是有目的、有计划的一种比较持久的知觉，是人从现实世界中获得感性认识的主动、积极的活动形式，是知觉的高级形式。观察是人们学习知识、认识世界的重要途径，观察的全过程与注意、思维等密切联系。观察力的高低决定着个体观察水平的高低，观察力是分辨事物细节的能力，是在长期系统训练的基础上形成并发展起来的，是智力结构的重要组成部分。

1. 明确观察目的与任务

观察的效果如何，往往取决于任务是否明确，观察的任务越明确，观察的效果就越完整、清晰。而在观察目的性不强的情况下，幼儿会东张西望，不知所措，得不到收获。例如，组织幼儿认识瓶子，先出示各种形状、颜色及花纹等新奇、漂亮的瓶子，吸引幼儿用眼睛去看和欣赏；其次让幼儿用手摸摸、拿拿，感觉瓶子的温度、轻重等；再用小棒敲打瓶子，让幼儿听听发出的不同声音，进一步了解瓶子的不同材质；最后让幼儿闻闻瓶子里东西的气味。整个活动过程中，要把观察的目的一步一步呈现出来，让幼儿学会多种感官参与，达到观察的效果。

2. 激发幼儿观察的兴趣

“兴趣是最好的老师。”幼儿有了兴趣，观察才能被更好地激发，而且幼儿天生就有强烈的好奇心。为了激发幼儿的观察兴趣，应尽可能给他们创造丰富多彩的环境，为他们提供生动有趣的观察条件，把握时机，正确引导幼儿去观察，去发现。

3. 教给幼儿观察的方法

孩子并不是天生善于观察的，幼儿观察的条理性差，所以，教会幼儿观察的方法，让幼儿学会有目的地、自主全面地、细致地观察事物是很有必要的。

（1）比较法

比较法是指对两个或两个以上的事物或现象，比较它们的不同点和相同点，让幼儿进行分析、比较、判断、思考，从而正确、细致、完整地认识事物。这种方法实际通过思维来观察，有助于发展幼儿的观察力和思维能力。

（2）顺序法

顺序法是指按一定的顺序来进行观察的方法。有从远到近、从整体到局部、从局部到整体、从上到下、从明显特征到不明显特征等顺序。

二、幼儿注意的发展

注意是心理活动中意识的指向与集中，是各种心理过程所共有的特性。注意对幼儿的心理发展具有重要作用，注意的发展水平会影响幼儿记忆的发展水平、智力的高低、意志力以及人际关系等。因此，在学前阶段，幼儿注意的发展应当引起足够的重视。

（一）注意的含义

人生活在客观环境中，每一瞬间都有无数的刺激作用在人的身上。但人在某个特定时刻，不可能对所有刺激都做出同样清晰的反映，而只是把心理活动指向并集中于某些对象。美国心理学家詹姆斯指出：“注意是心理以清晰而又生动的形式对若干种似乎同时可能的对象或连续不断的思维中的一种的占有。它的本质是意识的聚焦、集中，意指离开某种事物以便有效处理其他事物。”

心理活动对一定对象的指向和集中叫作注意。注意是一种心理状态。指向性和集中性是注意的两个特点。所谓“指向”，是说心理活动在每一瞬间有选择地反映一定的事物；“集中”则是使这一事物在人脑中得到最清晰和最完全的反映。

注意的指向性是指人在某一时刻心理活动选择了某些事物而同时离开其他事物。人对自己心理活动所指向的对象反映得最完整、最清晰，而对其余的事物则往往印象模糊。例如，幼儿集中玩游戏时对爸爸妈妈说的话往往听不见。学生上课认真倾听和思考老师所讲的问题，那么，老师所讲的内容就会被学生清晰感知，而其他则成为背景，变得模糊不清。同时，由于心理活动的指向性不同，人从外界获取的信息也就不同。

注意的集中性不仅指在同一时间内各种有关心理活动聚集在其所选择的对象上，也指这些心理活动“深入”该对象的程度。我们平时说的“注视”“倾听”“凝神”就是指人的视觉、听觉和思维活动深入集中于某一对象。例如，雕刻艺术家在进行精细而复杂的象牙雕刻时，他的注意高度集中在雕刻的关键部位和自己手的雕刻动作上，与雕刻无关的人和物，都落在他的意识中心之外。注意高度集中常使人消耗大量的体力和精力，人在高度集中自己的注意时，注意指向的范围会缩小，这时他对自己周围的其他一切往往视而不见，听而不闻。

从这个意义上可以说，注意的指向性和集中性是密不可分的。如果说，注意的指向性是指心理活动朝向某个对象，那么，注意的集中性就是指心理活动在一定方向上的强度或紧张度。心理活动的强度越大，紧张度越高，注意也就越集中。

（二）幼儿注意的发生与发展

新生儿已经出现了注意，这时的注意主要是最初的定向反射性的注意，也是无意注意的最初形式。出生后第一年，无意注意迅速发展，直到 3 ~ 6 岁，幼儿的注意仍以无意注意占优势。下面我们将分阶段介绍幼儿注意的发生、发展过程。

1. 幼儿注意的发生

（1）定向性注意的发生

新生儿已具备了注意的能力，它们基本上是先天的、无条件的定向反射。当新生儿及婴儿处于适宜的觉醒状态，外来的新刺激或环境中特别明显的刺激会引起新生儿及婴儿的全身反应，这种反应被称为定向反射。定向反射表现为新刺激所引起的复合反应，包括血流、心率、汗腺分泌、胃的收缩和分泌、瞳孔扩大、脑电图变化等。

（2）选择性注意的萌芽

婴儿早期相对短暂而微弱的心理反应经常不易为人们注意到，对婴儿的精细观察，经常是借助仪器在实验条件下进行的。许多研究发现，新生儿已具有选择性注意的能力，他们将视线固定在外部世界的某种对象上，显示出对图形比对杂乱刺激点或线条更容易集中；对线条分明、边缘清晰的图形比对过于复杂的图形的注视时间更长；对人的面孔的注视比对几何图形的注视时间更长。

利用眼动仪记录新生儿视觉搜索运动的轨迹，证明新生儿已经具备对外部世界进行扫视的能力。当面对不成形的刺激时，无论是在黑暗中还是在有光线的情况下，他都会以有组织的方式进行扫视，物体的运动、声音大小、节奏和声调的变化，都会吸引并维持新生儿的注意。

2. 幼儿注意发展的趋势

新生儿已经出现了注意现象，随着幼儿的成长和各种经验的积累，注意也在不断发展。注意活动的性质和对象的变化发展过程，主要表现为如下三种趋势：

（1）无意注意的发生发展早于有意注意，且在学前阶段占有优势

幼儿注意的发展与神经系统的发展联系密切，由于幼儿大脑两半球皮层的兴奋和抑制的产生和转移比较迅速，而且言语能力不突出，第二信号系统的抑制作用较弱，幼儿容易受外界新鲜刺激吸引，因此，无意注意的发生发展较早，且在学前阶段占优势。同时，随着幼儿接触环境的变化，接触事物的增多，无意注意对象的范围不断扩大，无意注意逐渐稳定。

到幼儿前期，由于言语能力的发展和有意识认知活动的进行，幼儿出现了有意注意的萌芽。有意注意是由脑的高级部位特别是额叶控制，而额叶的发展又比脑的其他部位迟缓。因此，到幼儿期由于额叶的发展才促进了有意注意的发展，同时也增强了幼儿心理活动的能动性。

（2）定向性注意的发生早于选择性注意

外来的新异刺激会使新生儿把视线转向刺激物或停止呼喊，这就是最初的定向性注意。这种反应一般是不必通过学习就能具有的，而且在幼儿出生以后乃至成人后的活动中都不会消失。例如，突然出现强烈的刺激总会引起人们本能的注视反应。只是这种定向性注意虽总会产生，但会随着年龄增长而逐渐降低其所处的地位。相反，选择性注意却逐渐成为幼儿注意发展的主要表现。注意的选择性主要表现在幼儿对注意对象的选择偏好上，主要呈现三个趋势：在幼儿发展过程中，注意的选择性由倾向于刺激物的物理特点转向刺激物对幼儿的意义；选择性注意的范围逐渐扩大；从更多注意简单的刺激物发展到更多注意较复杂的刺激物（如由注意颜色的鲜艳程度转向注意事物满足幼儿需要的程度）。

（3）幼儿注意的发展与认识、情感和意志的发展相联系

幼儿注意的发展伴随着认知、情感和意志水平的提升。从信息加工的观点来看，认知的发展就是人的信息加工系统不断改进的过程，幼儿认知发展的主要特点是具体形象性和不随意性占主导地位，抽象逻辑性和随意性初步发展。注意的发展本身就是认知发展的一部分，其他认知层面的进步是注意发展的结果，又是注意发展的原因。幼儿认知的发展推动了个性的初步形成和社会性发展，幼儿自己对周围事物的探索以及成人有意识地对幼儿进行认识活动的训练都与其注意的发展相辅相成。幼儿的注意，往往带有情绪色彩，情绪因素影响了注意的指向性，例如，当课堂上教师讲课生动有趣、表情丰富、热情洋溢时，幼儿在集中注意听课的过程中也会表现出相应的兴奋性情绪。相反，如果教师的讲课枯燥无味，只重知识的传授，而没有神采来吸引幼儿，幼儿就会很容易被其他的刺激吸引，从而分散注意力。但是，随着年龄的增长，幼儿注意的情绪特点会减弱。意志具有引发行为的动机作用，但比一般动机更具有选择和坚持性，意志力的进步能够进一步保持幼儿认知过程中的注意集中性。

3. 幼儿注意的发展

（1）婴儿注意的发展

虽然新生儿能参与外部世界，但在出生头 3 个月中，这种技能仍受到很大限制。随着神经系统的迅速成熟，这种限制逐渐减少。到了 3 个月，婴儿已能清醒且较长时间清醒着，睡眠—觉醒周期更加规律，搜索活动的机会增多。20 世纪六七十年代，研究者采用感觉偏好法广泛开展了婴儿注意选择性的研究，并总结出 1 ~ 3 个月婴儿注意选择性的主要规律与特点：（1）偏好复杂的刺激物；（2）偏好曲线多于直线；（3）偏好不规则的图形多于规则的图形；（4）偏好轮廓密度大的图形多于密度小的图形；（5）偏好具有同一中心的刺激物多于无同一中心的刺激物；（6）偏好对称的刺激物多于不对称的刺激物。

3 ~ 6 个月左右的婴儿，在身体运动机能的成熟方面，虽仍受到限制，但足以提供进一步探索外部世界的可能性。奥尔森、费尔德等的研究结果可概括如下：（1）婴儿头部运动自控能力加强，扫视环境更加容易，更加精细和稳定，从而扩展了获取信息的能力；（2）婴儿的视觉注意更加

发达，视觉搜索平均时间变短，更加偏好复杂的和有意义的视觉图像；（3）婴儿增长了对外部世界的好奇心、探索和学习的驱动力；（4）对物体的观察和操作能力的发展，提高了注意的质量，如控制注意的稳定性提高；（5）大量新信息扩展了婴儿的基础知识，尤其在社会性事件方面更为明显。

6 ~ 12 个月婴儿注意的发展呈现以下特点：（1）6 个月以后，婴儿觉醒时间的增长是大脑成熟的标志。此时的婴儿会花费更长的时间去探索事物，获得更多新信息，这推动了他们的学习和记忆的发展。同时，婴儿有更多机会去玩要和进行社会交往，他们经常处于警觉和积极探索状态；（2）独立地坐、爬行、站立和到 12 个月开始试图行走，使得婴儿活动的范围和视野明显扩大，注意的范围更加广泛。婴儿运动能力的发展使得他们的注意已不仅集中在视觉方面，而是从更多感觉通道和更多活动方式中表现出来，他们通过抓取、吸吮、倾听、操作和运动等活动更广泛地选择自己注意的对象；（3）婴儿注意的选择性受经验的支配。6 个月以后，婴儿对熟悉的事物更加注意。这在社会性方面更加突出，比如，婴儿对母亲特别注意。

1 岁以后，言语和认知的系列发展促使婴儿注意更进一步发展。1.5 ~ 2 岁幼儿的表象开始发生，从此，幼儿的注意开始受表象的影响。当眼前事物和已有表象或事实与期待之间出现矛盾或较大差距时，婴儿会产生最大的注意。言语的发生发展使幼儿注意的范围又增加了一个重要而广阔的领域。1.5 岁以后，幼儿开始集中注意在玩玩具、看书、看图片、念儿歌、听故事、看电视等活动上，为幼儿的记忆和学习活动提供了更为广阔的、新颖的和丰富的认知世界。2 岁以后，幼儿在活动中注意的时间逐渐延长，注意的事物逐渐增多，范围也越来越广。例如，幼儿已能注意到家的附近有一所幼儿园，幼儿园里有好玩的玩具，有许多小朋友每天上幼儿园。2.5 ~ 3 岁，幼儿注意力集中的时间有所延长，最多能集中注意 20 ~ 30 分钟。注意和认知过程相结合，使幼儿获得了更多的知识，并开始注意观察日常生活中的事物。

（2）幼儿注意的发展

1）无意注意占优势

3 岁前幼儿的注意基本上都属于无意注意，3 ~ 6 岁幼儿虽然仍以无意注意为主，但与 3 岁前幼儿相比，其无意注意已有了高度发展。其特点具体表现为以下两点。第一，刺激物的各种物理特性仍然是引起幼儿无意注意的主要原因。新颖的形象、鲜明的色彩、强大的声音及刺激的突然或显著的变化，都容易引起幼儿的无意注意。比如，电视、电影、幻灯和各种活动的玩具都是容易吸引幼儿无意注意的对象。空中的飞鸟、天上的浮云、夜晚穿梭在白云中时隐时现的月亮，也都因活动多变而吸引着幼儿的注意。随着幼儿经验的丰富和认知能力的发展，能够发现许多新奇事物和事物的新颖性，新颖性是引起幼儿无意注意的重要因素。第二，与幼儿兴趣和需要密切相关的事物，逐渐成为引起幼儿无意注意的原因。随着年龄增长，幼儿的活动范围不断扩大，生活经验也比以前丰富，逐渐对一些事物有了自己的兴趣和爱好，这时凡是符合幼儿兴趣的事情，都容易引起幼儿的无意注意。

2）有意注意初步发展

幼儿期，处于有意注意发展的初级阶段，其发展水平低，而且不稳定，需要在成人的组织和引导下逐步发展。幼儿有意注意的发展表现出以下特点：

①幼儿的有意注意受大脑发育水平的限制。有意注意是由脑的高级部位控制的，大脑皮质的额叶部分则是控制中枢之所在。额叶的成熟，使幼儿能够把注意指向必要的刺激物和有关动作，主动寻找所需要的信息，同时抑制对不必要的刺激的反应，即抑制分心。额叶在幼儿大约7岁时才达到成熟水平，因此，幼儿期有意注意开始发展，但远远未能充分发展。

②幼儿的有意注意受外界环境的影响。到了3岁，幼儿要进入幼儿园，幼儿园的集体生活要求幼儿要遵守各种行为规则，学会听从成人的语言要求，完成各种任务，集体承担一定的责任和义务，所有这些都需要幼儿形成和发展有意注意。因此，各种生活制度和行为规则是使幼儿有意注意逐步发展的主要因素。

③幼儿逐渐学习一些注意方法。保持有意注意需要克服一定困难，因此有意注意要有一定的方法。幼儿在成人的教育和培养下，逐渐能够学会一些有意注意的方法，如为了看书，用手指着；为了避免别人的干扰，把自己的椅子移开，等等。

④幼儿的有意注意是在一定活动中实现的。幼儿有意注意的发展水平比较低，同时受其整个心理发展水平的制约，幼儿的有意注意需要依靠活动来维持。把智力活动与实际操作结合起来，让注意对象成为幼儿的直接行动对象，使幼儿处于积极的活动状态，有利于有意注意的形成和发展。

4. 幼儿注意品质的发展

注意本身可以表现为各种不同的品质，主要包括注意的广度、注意的稳定性、注意的分配和注意的转移4种品质。在学前阶段，幼儿注意的品质随其年龄的增长以及教育的影响而不断发展。

（1）注意的广度不断扩大

注意广度是指在同一瞬间所把握的对象的数量，也是注意范围的大小。注意的广度与幼儿年龄有一定关系，并且还和幼儿原有的经验以及思维的发展有关。幼儿期以前的幼儿与幼儿期的幼儿相比，注意广度非常狭窄，这也和他们与周围世界交往经验少有很大关系。但是，随着年龄的增长，经验的丰富以及学习活动和生活实践的锻炼，幼儿注意的广度会逐渐扩大。教师在教学中若能注重知识的形象化、具体化，并能将知识有规律地呈现，将会有助于扩大幼儿注意的广度。

（2）注意的稳定性不断提高

注意的稳定性是指集中并持久地注意所做的工作或事物，它是把握对象时间的长短，也是顺利完成某项活动的保证。幼儿对新异的刺激、生动有趣的对象注意的时间较长，对乏味枯燥、不能让其产生兴趣的对象则难以持久注意。此外，知识经验和性格等都影响幼儿注意的稳定性，如知识充实、性格内向的人，注意容易稳定。

（3）注意的分配能力不断增强

注意的分配是指同一时间内把注意集中到不同的对象上。幼儿，尤其是婴儿期和幼儿前期的幼儿，对注意的事物不熟悉、不理解，因此不善于分配自己的注意。幼儿中晚期，幼儿注意的分配能力逐渐提高，成人有意训练培养可以帮助幼儿提高注意分配的能力。

（4）注意的转移能力不断发展

注意的转移是指有意识地调动注意从一个对象转移到另一个对象上，它反映了注意的灵活性。有的幼儿注意转移比较容易，有的则比较困难，或者在某种条件下幼儿注意转移较容易，有些条件下则较困难，这是因为注意转移的难易程度受到以下两个因素的制约。

第一，受客体特点的制约。当幼儿处于游戏之中时，教师在一边强调事后任务就不容易把幼儿的注意转移过来。但如果教师拿着一个很有新意的玩具展示给幼儿，则容易转移幼儿的注意力。

第二，受个体神经活动特点的影响。个体的神经类型不同，或者个体的气质类型不同，都会造成注意转移的个体差异。有的幼儿兴奋抑制的转换比较灵活，有的则比较迟缓。

（三）幼儿注意品质的培养

俄国教育家乌申斯基说："注意是我们心灵的唯一窗户，意识中的一切必须要经过它才能进来。"注意是人的心理活动的开端，是获得知识的窗口，没有对事物的注意，就不可能有对事物的认识。所以幼教工作者或家长应该在学前期（通常指 3 ~ 6 岁）就重视幼儿注意的培养，为其今后能够更有效地学习提供充分的保障。

1. 培养幼儿主动集中注意

由于幼儿很难保持长时间的有意注意，他们仍以无意注意为主，任何新奇多变的事物都能引起他们的注意，因此，教师既要充分利用他们的无意注意，又要培养和激发他们的有意注意，通过有意注意和无意注意的转换维持注意的持久性。在教育教学中，可以运用多变、新颖的游戏来吸引幼儿，同时，对他们提出明确的要求，使他们能主动集中注意。

2. 培养幼儿专注的习惯

叶圣陶先生曾经说过："教育就是培养习惯。"俗话说："积千累万，不如养成好习惯。"由此可见培养习惯的重要性。首先老师要以身作则，做一件事时要持之以恒，有始有终。其次，在幼儿活动时，不要轻易打扰、打断孩子的活动。当孩子专心致志、全神贯注的时候，不要在旁边大声说话，不要随意指派他去做别的事。因为，这是在保护幼儿"集中注意力"的品质。

3. 增加挑战性，吸引幼儿注意

一些经过努力能够胜任的挑战，更能激起幼儿的学习兴趣，吸引幼儿的注意力。遵循这种规律做适度控制，小幅度由低到高增加难度，让幼儿有一个调整适应的过程。音乐游戏《传铃鼓》，开始时让幼儿学习动作拍手转花，然后让他们坐成一个圆圈，并把左手手掌向上平放在左腿上，接着进行拍手转花拍手（在最后拍手时拍右面小朋友的左手），待小朋友能熟练掌握这个动作后，再发给幼儿人数一半的铃鼓，按照节奏把拍手改成传铃鼓，进行传铃鼓游戏，这个游戏要求层层递进，在学会一个规则后再进行下一个规则的学习，到最后完成难度颇高的游戏，直到最后顺利定成他们的兴奋劲就别提了，他们是在翻越一座座小山才到达这个顶点的，怎能不兴奋异常呢？这个游戏一方面要求孩子们注意力高度集中，另一方面要求他们要做好同伴间的动作配合，如有一个动作错了，则全盘皆输，所以对培养孩子间互相协作也是非常有利的。

三、幼儿记忆的发展

俄国生理学派和心理学中的自然科学流派的奠基人谢切诺夫曾说："如果没有记忆，个体将永远处于新生儿状态。"学前期幼儿的心理处于正在形成和初步发展的过程中，在此阶段，记忆起着重要的作用，幼儿的记忆与知觉、想象、思维、语言及其情感、意志等的发展密切相关。

（一）记忆的含义与分类

记忆是人脑保持信息和提取信息的过程。记忆对幼儿心理发展具有重要的作用，它影响着幼儿知觉、想象、思维、言语以及个性特征的形成与发展。

1. 记忆的含义

记忆就是个体对其经验的识记、保持和再现。从信息加工的观点来看，记忆就是对输入信息的编码、储存和提取的过程。记忆与感知不同，感知是人脑对当前直接作用于感觉器官的客观事物的特征或属性的反映，而记忆是人脑对过去经验的反映。所谓过去经验，是指过去对事物的感知，对问题的思考，对某个事件引起的情绪体验，以及对动作的操作等。这些经验都可以以映像的形式存储在人脑中，在一定条件下，可以从人脑中提取出来，这个过程就是记忆。

记忆是一个复杂的心理过程，从"记"到"忆"包括识记、保持、再现三个基本环节。识记是识别和记住事物，从而积累知识经验的过程。整个记忆过程从识记开始，识记是记忆过程的第一步，是保持的必要前提。保持是巩固已获得的知识经验的过程，它不仅是巩固识记所必须的，而且也是实现再现的重要保证。再现就是在不同的情况下恢复过去经验的过程，包括再认和回忆。再认是指经历过的事物再次出现时，能够重新识别和辨认。回忆是指经历过的事物不在面前时，在头脑中重新浮现出来。再认和回忆是恢复过去经验即提取信息的两种形式。再认相当于决策过程，而回忆则包括搜寻过程和决策过程。

2. 记忆的分类

记忆有很多种类。根据不同的划分标准，可以分成不同的种类，如下表 4–1 所示：

表 4–1 记忆的种类

划分的依据	具体的种类
根据记忆的内容划分	形象记忆；情绪记忆；运动记忆；逻辑记忆
根据记忆时意识参与的程度划分	外显记忆；内隐记忆
根据信息加工处理的方式划分	陈述性记忆；程序性记忆
根据信息的编码、存储和提取的方式及信息存储的时间长短的不同划分	感觉记忆；短时记忆；长时记忆

（二）幼儿记忆的发展

记忆是人类的复杂心理过程之一，它与感知觉、想象、思维等心理过程一样，随着年龄的增长而不断发展变化。在幼儿发展的不同阶段，记忆过程的各个环节、不同的记忆方式都有各自阶段的特征。

1. 婴儿的记忆发展

婴儿已经出现有意识记忆，而且记忆的保持时间明显增长，记忆的提取形式—再现开始出现并进一步发展。

（1）有意识记的出现和发展

婴儿期之前的记忆主要是不随意记忆，婴儿末期有意识记开始萌芽，幼儿可以根据成人提出的一些非常简单的要求进行识记。该领域的研究者做了如下试验：让婴儿在实验者离开的这段时间里帮助实验者记住哪一个杯子里藏有玩具小狗，实验者布置完任务后借故离开了实验室，结果发现，3 岁婴儿想出一个办法来记，他们不停看着那只杯子，并用手摸杯子；2 岁婴儿则东张西望，不会有意识记。

（2）识记保持的时间增长

与乳儿期相比，婴儿期记忆发展最为明显的表现是记忆保持时间明显加长。乳儿期阶段的记忆最多能够保持几天，而婴儿期记忆最长可保持几个月。1 岁左右的婴儿能够回忆几天或十几天前的事情，2 岁左右的婴儿记忆可以保持几个星期。如，把婴儿熟悉的东西藏起来，过了一些日子之后，婴儿会去寻找。

（3）再现的发生与发展

根据信息加工理论的观点，记忆的提取过程包括再认和再现。从其发生情况来看，再认最先出现，再现出现较晚。再认先于再现发生，是由于二者的活动机制不同。再认依靠的是感知，回忆依靠的是表象。感知是幼儿自出生以后就已经具有或开始发展的，而表象则在 1.5 岁至 2 岁才开始形成。另外，感知的刺激是在眼前的，可以立即引起记忆痕迹的恢复；而表象的活动，还有待幼儿在头脑中搜索。

（4）记忆对象增加

婴儿记忆的对象明显增加了，1 岁左右的婴儿能够记住自己常用的东西（如奶瓶、玩具等）和部分小朋友的名字，2 岁时不但能够记住小朋友的名字，还能够背诵简单的儿歌。同时，婴儿的记忆富有情绪色彩，特别容易记住那些使他们愉快的事情和那些引起他们强烈消极情绪的事物。

2. 幼儿的记忆发展

与前几个阶段相比，幼儿的记忆水平有了很大提高，短时记忆和长时记忆方面都得到了较快的发展。在短时记忆方面，记忆的容量逐渐增大；从长时记忆方面来看，识记的有意性与理解性，记忆的保持时间以及再认与再现能力等方面都得到了不同程度的提高。

（1）幼儿记忆容量的发展

记忆容量是衡量短时记忆能力的指标，国内外研究者对此已经进行了大量研究。研究资料表明，幼儿期幼儿记忆容量得到了很大的发展，其发展趋势是先快后慢：3岁3.91个组块，4岁5.14个组块，5岁5.69个组块，6岁6.10个组块。虽然幼儿记忆容量增长速度较快，但与成年人的记忆容量（7+2个组块）相比仍然存在很大的差距。

（2）幼儿识记的发展

1）无意识记占主导地位，有意识记较为薄弱

3岁以前的幼儿基本上只有无意识记，有意识记虽然已经开始发生，但很少运用。到幼儿时期，虽然有意识记发展起来，但由于幼儿整个心理水平的有意性都很低，因此识记的有意性仍然处于很低的水平，无意识记在幼儿识记中仍然占主导地位。幼儿无意识记占主导地位，主要表现在幼儿无意识记的效果要优于有意识记。

幼儿的识记还很难服从于某一有目的的活动，而更多服从于对象的外部特征，再加上幼儿不能有效利用识记方法，因此幼儿无意识记的效果优于有意识记。例如，有研究者以幼儿为研究对象测查有意识记与无意识记效果的具体情况。研究者 Zinchenko 要求幼儿用15张图片（图片上画的都是幼儿熟悉的东西，如水壶、苹果、狗等）在桌上做游戏，把图上画的东西放到实验桌上相应的地方。游戏结束后，要求幼儿回忆所玩过的东西，即对其无意识记进行检查。另外，在同样的实验条件下，要求幼儿进行有意识记，记住15张图片的内容。实验结果表明，幼儿中期和晚期无意识记的效果优于有意识记。

2）意义识记的效果优于机械识记

研究证明，不论哪个年龄阶段的幼儿意义识记的效果都优于机械识记。曾有研究者对不同年龄阶段幼儿识记无意义音节与单词的效果进行比较，结果发现即使在幼儿阶段，幼儿识记单词的效果也明显优于记不熟悉的无意义音节。

但在实际生活中，人们经常会发现幼儿机械识记的效果要好于意义识记，他们会经常记住那些自己并不理解的、甚至无意义的材料。例如，幼儿背诵唐诗的速度很快，但不理解诗的含义。心理学家通常认为，这种现象的出现具有两种原因：其一，识记材料性质和学习形式引起了幼儿的兴趣，如诗歌的韵律、游戏活动等；其二，幼儿按照自己的理解来领会材料的意义，突出那些容易理解的部分。

在整个幼儿期，无论是机械识记还是意义识记，其效果都随着年龄的增长而有所提高，而且两种识记效果的差距逐渐缩小。这是因为幼儿机械识记中加入了越来越多的理解成分，机械识记中的理解成分使机械识记的效果有所提高，缩小了与意义识记效果之间的差距。

（3）幼儿记忆内容的发展——形象识记的效果优于语词识记

从识记的内容来看，幼儿阶段形象识记仍然占优势，但是语词识记逐渐发展起来，并且语词识记与形象识记的差距也在逐渐缩小。

形象识记是根据具体的形象来识记各种材料。词语识记是幼儿对词语材料的再认和回忆。一般认为形象识记是较低水平的识记，词语识记是较高水平的识记，但在实际生活中，两种识记对幼儿来说都很重要。在幼儿语言发展之前，其识记内容只有事物的形象，即只有形象识记，在幼儿语言发生后，直到整个幼儿期，形象识记仍然占主要地位。

一般来说，幼儿对形象材料的识记效果优于语词性质材料的识记效果，其原因在于幼儿经验少，第一信号系统占优势，往往需要借助形象来识记，而物体的直观性和形象性也有利于幼儿识记。幼儿阶段语言发展迅速，使他们能够记住非形象性的语词符号，但是效果通常不如形象性材料，而且印象也不深刻。研究者以 3 ~ 7 岁的幼儿作为实验者，探讨了幼儿形象识记和语词识记的效果，结果表明幼儿形象识记的效果优于语词识记的效果。

（4）幼儿再认和再现能力的发展

幼儿很早就具有了再认的能力，并随着年龄的增长不断提高。我国学者沈德立等以幼儿园小班、中班和大班幼儿为被试对象探讨了幼儿再认能力的发展变化。实验者利用速示器给幼儿呈现情节图片和抽象图片，每张图片呈现的时间是 3 秒钟。该项研究发现，不同年龄组幼儿对图片的再认保持量有显著差异，再认水平随着年龄的增长显著发展，而且中、大班的发展速度显著高于小班的发展速度。同时，研究还发现，再认能力的差异不仅表现在保持量上，还表现在反应时间的长短上，年龄越大反应时间越短。

幼儿再认能力随着年龄的增长而提高，具体表现在年龄较大的幼儿要比年幼幼儿在再现时对外在线索的依赖更少，再现的效果也优于年幼幼儿。

（5）幼儿元记忆的发展

元记忆是关于记忆过程的认知活动，即对什么因素影响人的记忆过程与记忆效果，这些因素是如何影响人的记忆以及各因素之间又是怎样相互作用等问题的认识。元记忆的发展是指幼儿对自己的记忆过程的认识或意识的发展。美国心理学家弗拉维尔首次使用元记忆这个概念，并对元记忆进行了研究。元记忆主要包括元记忆知识、元记忆监控和元记忆体验三方面，而学前时期元记忆主要表现在元记忆知识和元记忆监控两方面。

弗拉维尔认为元记忆知识主要包括三方面：关于记忆主体的知识、关于记忆任务的知识和关于记忆策略的知识。记忆主体的知识是指主体对自我记忆的认识与了解。幼儿关于记忆主体的知识是随着年龄增长而发展的，幼儿对自己记忆能力的估计远远高于真实水平，而学龄幼儿的估计逐渐接近实际，小学四年级之后基本达到了成年人的水平。记忆任务的知识是指个体对记忆材料的难度和不同记忆提取方式难度差异的认识。有关元记忆任务的知识包括个体对材料数量、材料性质、材料结构以及记忆提取方式难易程度的认识四方面。记忆策略的知识是指个体对记忆策略的认识与提取。有关幼儿记忆策略知识的研究指出，幼儿在面对问题时能够说出一种策略，但是策略的有效性却低于学龄幼儿。幼儿提取策略的数量随着幼儿年龄的增长而不断增加。记忆监控是指主体在记忆活动的过程中，将自己的记忆活动作为意识的对象，不断自觉地对其进行积极的监视、控制和调节，元记忆监控主要表现在记忆成绩监控和记忆过程监控两方面。

（三）幼儿记忆的培养

怎样培养幼儿的记忆，是家长和教师普遍关注的问题。记忆力是衡量智力发展水平的一个重要标准。针对幼儿的身心发展特点，培养幼儿记忆时应遵循客观性原则、发展性原则和教育性原则等。人们的记忆存在着极大的个体差异，主要体现在记忆的敏捷性、记忆的持久性、记忆的准确性三方面的品质上。培养幼儿的记忆，主要在于培养记忆的品质。

1. 记忆敏捷性的培养

记忆的敏捷性是指识记速度快慢方面的特征，人在记忆的敏捷性方面存在着明显差别。提高记忆的敏捷性要求在平时要加强锻炼，在记忆时要专心致志并且要充分和已有的知识经验相联系。培养幼儿记忆敏捷性的措施如下：（1）要锻炼幼儿记忆的意识；（2）要训练幼儿的注意力；（3）要引导幼儿运用已有的知识经验。

2. 记忆持久性的培养

记忆的持久性是指识记内容保持时间长短方面的特征，加深对识记内容的理解以及合理地安排复习，做到灵活地运用知识，才能牢固地掌握所学到的知识，使记忆获得持久性。幼儿的记忆以无意识记为主，凡是直观、形象、有趣味、能激发幼儿兴趣和强烈情绪、情感体验的事物，都容易被幼儿识记。针对幼儿的心理特点，多种感官如视觉、听觉、嗅觉、味觉、触觉参与复习活动，强化记忆学过的知识，能获得最好的记忆效果。

3. 记忆准确性的培养

要培养幼儿记忆的准确性，首先要进行认真正确的识记，保证记忆的准确性。同时，对于正确识记的事物，要通过及时有效的复习加以强化巩固。如果有模糊的识记内容，要及时纠正，这样才能有效保证记忆的准确性。一般可以通过找不同训练法、找相同训练法、综合分类训练法等来认识事物的相同和不同之处，从而锻炼辨别能力，提高记忆的准确性。

四、幼儿想象的发展

童年时期的想象是智慧的翅膀，是创新能力的源泉。在幼儿的心理发展过程中，想象的发展是相对比较早的。由于身体和心理的局限，幼儿的需要更多是通过想象来实现的，如幼儿的游戏便是最好的例证。幼儿在他们所进行的想象活动中表现并发展他们所有的心理能力。所以，对幼儿想象发展的研究，不仅可以发现幼儿想象心理的发展特点，而且可以从中了解幼儿其他心理的发展。

（一）想象的含义与种类

1. 想象的含义

想象是人脑对记忆表象进行加工改造形成新形象的过程，是心理活动中具有创造性特点的高级心理机能。通过想象过程创造的新形象就是想象表象，想象表象具有形象性和新颖性的特点。想象虽然是新形象的创造，但它的内容和其他心理过程一样来自客观自然。想象是反映客观现实的各种成分的形象组合的过程，也是人脑反映客观现实的一种形式。

2. 想象的种类

（1）无意想象和有意想象

根据想象活动是否具有目的性，想象可以划分为无意想象和有意想象。

无意想象是一种没有预定目的、不自觉的想象。它是人们在某种刺激的作用下，不由自主地想象某种事物形象的过程。例如，听老师讲故事时，随着老师的讲述，幼儿的头脑中不由自主地浮现出故事的情景。又如，看到天上的白云，马上想到它的形状很像一匹飞奔的骏马；做了一件错事，就觉得妈妈在严肃地望着自己……

有意想象，是根据一定的目的、自觉进行的想象。科学家发明创造，作家创作小说，都是根据任务进行想象，这些都是有意想象。幻想是有意想象的一种特殊形式。

（2）再造想象和创造想象

根据想象内容的新颖程度和形成方式的不同，想象可分为再造想象和创造想象。

再造想象，是根据语言文字的描述或图形、图解、符号等非语言文字描绘，在头脑中形成相应的新形象的过程。

创造想象，是根据自己的创见，独立构建新形象的过程。

再造想象的形象，一般是以前已经存在的，而创造想象的形象则是新的。创造想象具有首创性、独立性和新颖性等特点。

（二）幼儿想象的发生发展

1. 幼儿想象的发生

（1）想象发生的年龄

想象是对头脑中已有的表象进行加工改造，重新组合成为新形象的过程。这个定义已经告诉我们，想象的产生需要两个最基本的条件：第一，头脑中要有相当数量的、具有稳定性的表象储存作为想象活动的对象，即加工材料；第二，要有运用内部的智力动作对已有表象进行加工改造的能力。这两个条件，幼儿初生时均不具备。

婴儿虽然生而具有原始的感知和记忆形式（各种感觉、形状知觉和无意识的形象记忆等），可以获得对某些客观事物的印象。但这种印象往往很不稳定：一方面，基本是事物的具体表象，缺乏一定的概括性；另一方面，保持的时间很短，虽不一定是“稍纵即逝”，但也很难成为想象的加工材料。大约到 1.5 ~ 2 岁时，幼儿才可能形成具有一定稳定性的记忆表象。

作为想象“工具”的内部智力动作，小婴儿更不具备。幼儿最早出现的是以搜寻客观事物信息为主的感知动作。随着手的灵活动作的出现和发展，才开始形成带有解决问题性质的实物操作动作。随着经验的积累，这些外显的实际智力动作可以逐渐“内化”转化为隐蔽在头脑中进行的内部智力动作，继而，这种内部智力动作又可以转化成为外部实际活动的“策划者”和“指挥官”。外部智力动作的形成需要一定的时间，而向内部智力动作的转化更非一蹴而就，大约也是在 1.5 ~ 2 岁时，幼儿运用内部智力动作加工旧表象的能力有所萌芽。综合上述两种情况，可以认为，1.5 ~ 2 岁，幼儿基本具备了想象的基础。

（2）想象发生的表现

幼儿最初的想象基本是记忆表象的简单迁移，加工改造的成分极少，如一个 2 岁左右的孩子正在吃饼干。忽然，他停止咀嚼，对着手中被他咬了一块的圆饼干看了片刻，然后把它高高举起来，并高兴地喊着："妈妈，看，月亮。"这种想象是一种简单的联想，由被咬掉一口的月牙状饼干联想起头脑中储存的关于月亮的形象。

一个 1 岁 8 个月的孩子，左手抱着布娃娃，右手拿起一片塑料雪花片往娃娃嘴里放，同时发出"嗯啊——嗯啊"的咀嚼声。从这一系列动作的性质看，我们可以把它称为初期的游戏，而从其心理机能上，则是原始的想象。看起来这只是妈妈喂自己的记忆表象的再现，但它已经迁移到一个新的游戏情境中了，而且表现出诸多的"代替"功能，娃娃代替自己，自己代替妈妈，雪花片代替圆饼干。这种"代替"，也就在头脑中把某物某人"想象"成他物他人，相似联想、象征性游戏，这都是幼儿想象的初期表现。

2. 幼儿想象发展的一般趋势

幼儿想象发展的一般趋势是从简单的自由联想向创造性想象发展，一般表现在以下三方面：

（1）从想象的无意性，发展到开始出现有意性

想象进一步发展，就可以围绕一定的主题进行。有人记录了一个 5 岁多女孩的绘画过程，画之前女孩说："我想画小猫咪。"她先画了猫头、猫耳朵，再画猫眼，然后在后面画了条地平线，画了些小花和绿草，接着又画兔子，同时说："还画只小兔子，哎呀！不像！不像！像什么啊？像小火车。"但这时又突然想起来："小猫还没有嘴呢！也没画胡子。"边说边画："小猫笑了。胡子翘老高。哎哟！画成红眼睛了，应该是绿眼睛。"这个孩子的想象基本上是围绕主题进行的。虽然有时偏离主题，但能够自动回到主题上来。可见，有意想象是在无意想象的基础上逐渐形成、发展起来的。

（2）从想象的单纯再造性，发展到出现创造性

一般来说，幼儿想象的再造成分很大，创造性成分很小，具体表现为以下几点。

1）幼儿的想象常常依赖成人的言语描述，或根据外界情景而变化

这一方面反映了幼儿想象具有很大的无意性，同时也说明幼儿的想象以再造想象为主，缺乏独立性。如果老师不提示，较小的孩子常常不能独立展开想象，进行游戏。但一般来说，幼儿的想象在游戏中还是比较容易展开的，因为游戏有玩具，玩具的具体形象可以起到引发幼儿想象的作用，符合幼儿以再造想象为主的特点。

2）幼儿想象中的形象多是记忆表象的极简单加入，缺乏新异性

前面讲过，幼儿的想象常常是在外界刺激的直接影响下产生的。他们常常无目的地摆弄物体，改变着它的形状，当改变了的形状正巧比较符合幼儿头脑中的某种表象时，幼儿才能把它想象成

某种物体。由于这种想象的形象与头脑中保存的有关事物的原型形象相差不多，所以很难具有新意性、独特性。

随着幼儿知识经验的丰富和抽象概括能力的提高，幼儿的再造想象中逐渐出现了一些独立创造的成分。他们开始能够独立进行想象，虽然想象的内容还带有浓厚的再现性质，但其中也具有一些独立创造的成分，具有一定的新颖性。

创造性想象也常表现在幼儿提出的一些不平常的问题上，如幼儿问，“如果把天上的星星摘下一颗，安在北京，全中国是不是都不用点灯了”“萤火虫的尾巴上是不是有一个小电灯啊”等。

另外，有的幼儿能够把过去听过的故事，以及过去经验中的各种事物加以综合改造，编成新的故事；看图讲述中能讲出与主题有关，但画面上没有表现出来的情节，这都是创造性想象的表现。但是，总的说来，幼儿想象中创造性的成分还很少，还只是创造想象的初级形式。

（3）从想象的极大夸张性，发展到合乎现实的逻辑性

想象常常脱离现实或者与现实相混淆，这是幼儿想象的一个突出特点。

1）想象脱离现实

幼儿想象脱离现实的情况，主要表现为想象具有夸张性。幼儿非常喜欢听童话故事，因为童话中有许多夸张的成分：什么大人国、小人国，长鼻子公主等，那些和天一样高的巨人，像拇指一样矮的小人，简直能把孩子们迷得不得了，不吃饭、不睡觉也要听故事。

幼儿想象的夸张性是其心理发展特点的一种反映。首先，由于认知水平尚处在感性认识占优势的阶段，所以往往抓不住事物的本质。比如，幼儿的绘画有很大的夸张性，但这种夸张与漫画艺术的夸张有质的不同。漫画的夸张是在抓住事物本质的基础上的夸张，一般具有深刻的意义；幼儿的夸张往往显得可笑，因为没有抓住事物的本质和主要特征，他们在绘画中表现出来的往往是感知过程中给他们留下深刻印象的事物，如人的一双灵动的、富有表情的眼睛；每天穿脱衣服都要触及的扣子等。其次，是情绪对想象过程的影响。幼儿一个显著心理特点是情绪性强。他感兴趣的东西、他希望的东西，往往在其意识中占据主要地位。对蝴蝶有兴趣，画面上就会留给它中心位置；希望自己家的东西比别人强，就会拼命去夸大，甚至自己有时也信以为真。

幼儿的想象，一方面常常脱离现实，另一方面，又常常与现实相混淆。小班幼儿把想象当作现实的情况比较多。比如，游戏时过分沉迷于想象情景中，有的孩子甚至把游戏中的“菜”真吃了。为什么会出现想象与现实相混淆的情况呢？这是由于幼儿认识水平不高，有时把想象表象和记忆表象相互混淆。有些幼儿渴望的事情，经反复想象在头脑中留下了深刻的印象，以致变成似乎是记忆中的事情了。有时候，则是由于幼儿知识经验不足，容易把假想的事情当作真的。中、大班幼儿想象与现实混淆的情况已减少，孩子们听到一些事情后，常问：“这是真的吗？”有些大班幼儿甚至不喜欢听童话故事，希望老师“讲个真的！”说明他们已经意识到想象的东西与真实情况是有区别的。

3. 幼儿想象发展的阶段特点

因幼儿最喜欢想象，所以有人把学前时期看作想象最发达的时期。事实上，幼儿的想象只是处于初级形态，水平并不高。各阶段想象发展的特点如下：

（1）2 ~ 3 岁幼儿的想象

2 岁是想象发展的最初阶段。他们最喜欢想象，一会儿想象自己是解放军战士，一会儿又想象自己成了老师；一会儿把竹竿当马骑，一会儿又把它当成大刀砍“敌人”……这个阶段幼儿的想象具有以下特点：想象过程完全没有目的；想象活动开展之前不能形成想象的表象；想象过程进行缓慢。想象和记忆非常接近，它们之间的界限并不是很明显。幼儿想象的内容不丰富，且依赖于感知的形象，特别是视觉形象。由此可见，想象最初形态是想象开始从记忆中分化出来，其形成和发展需要成人的具体引导。除了依靠幼儿已有的知识经验以外，动作和成人的语言提示起重要的作用，而游戏是一连串的动作和语言活动，又有情绪色彩，更是促进幼儿想象发展的重要形式。

（2）3 ~ 5 岁幼儿的想象

想象在 3 ~ 4 岁时迅速发展，这时期的想象基本上是无意的，是一种自由联想，主要表现为想象活动没有目的，没有前后一致的主题。

4 ~ 5 岁幼儿的想象主要有以下几个特点：第一，想象以无意性为主，表现为想象过程常常伴随着感知形象、外来因素和自己的情绪而变化；第二，想象中出现了有意成分，有意成分主要表现在出现了有一定目的、一定主题的自由联想；第三，想象的目的计划非常简单；第四，想象内容较以前丰富，但仍然零碎。

（3）5 ~ 6 岁幼儿的想象

5 ~ 6 岁幼儿的有意想象和创造想象已经有明显表现。第一，想象的有意性相当明显，大班幼儿在想象活动前已经有明确的主题，整个行动过程中能够有秩序地按计划进行。第二，想象内容进一步丰富，有情节，5 岁以后幼儿的想象内容涉及面比以前宽广得多，幼儿的想象常常涉及天上地下的各种事物，这个年龄的幼儿想象一般都不只是有空泛的命题，还有情节。第三，想象内容新颖程度增加，5 岁以后幼儿的想象内容开始有了较多的新颖性。

学前年龄是幼儿想象发生并迅速发展的年龄，这阶段的发展又有不断发生的质变。单个年龄想象发展的特点并没有明显的界限，同一幼儿身上有不同发展水平的交叉现象，不同幼儿更有明显的个别差异。

（三）幼儿想象的培养

1. 发展幼儿想象的思路

第一，丰富幼儿的感性经验，使他们多获得一些进行想象加工的“原材料”。

第二，启发、鼓励幼儿大胆想象。同时又要加以正确引导，使他们的想象符合客观实际。想象是创造的前提，要从小培养幼儿敢想、爱想的习惯和性格，不要打击幼儿想象的积极性。对他们过分夸张和以假当真的想象要适当加以纠正，切忌故意引逗幼儿信口开河。

第三，积极组织、开展各种创造性活动（如游戏、美工、音乐活动等），提供发展幼儿想象的必要条件。

2. 发展幼儿想象的具体措施

第一，图形想象。拿出一个简单的图形如圆形，让孩子想象它像什么，鼓励孩子说得越多越好，如像钟、像球、像布娃娃的脸、像太阳等。

第二，一物多用。找一些常见的物品，让孩子想象它有什么作用。如拿一支铅笔问孩子："铅笔有什么作用？"孩子会马上回答："能写字、能画画。"此时大人要加以引导："宝宝真聪明，回答得很对。再想一想还有什么作用？"孩子想得越多越好，如能敲鼓、能做蚂蚁过河的小桥、能搅拌水、能当小尺用、能支撑小物品等，这些都是具有发散性和创造性的答案。

第三，画想象画。可以教孩子画一些想象画，这会极大促进孩子的想象力。这种画不能以成人的眼光来衡量画的内容是像还是不像，要让孩子充分表现出他自己的意愿、想法和生活体验，想怎么画就怎么画，把太阳画成黑色，把皮球画成方的都认可。

第四，一事多解。在生活中遇见问题时，父母不要急于包办，可让孩子想几种解决的方法。如外出突然下雨了，没带雨伞，让孩子想出几种不同的回家方法，以免遭雨淋。

第五，讲童话故事。童话故事比较适合幼儿的想象特点，因为它人物不多，内容夸张，情节生动。经常听童话故事的孩子比起那些不听的幼儿，想象力要丰富得多，讲完一个故事，可以让孩子做简单的复述。

五、幼儿思维的发展

当你早晨醒来，推开窗门一看，发现地面上湿漉漉的，你就会得出昨天已经下过雨的结论，这是思维中很常见的一个例子。思维的反映要求间接性、概括性，思维的过程要求严密性，思维的结果要求客观性，这些特征决定了思维过程的复杂性和精确性。思维活动必须以其他认识活动为基础才能完成。幼儿的心理活动中这样的高级认识活动何时具有；人类早期幼儿的思维是一种什么样的面貌，个体的思维是如何由简单向复杂发展的；哪些因素会影响幼儿思维的发展，幼儿思维发展有无阶段性特征等问题都是发展心理学要解决的问题。

（一）思维的特点

1. 思维的含义

一般的心理学著作都是这样解释思维概念的：思维是人脑对客观现实间接的、概括的反映，是以词为中介，通过概念、判断和推理的形式反映事物的本质属性和内在规律。

显然，这是针对逻辑思维而言的。逻辑思维是人类典型的思维形式，在个体身上很晚才完全形成，而且它的形成也非一蹴而就，是一个从无到有，从萌芽到成熟的发展过程。由于幼儿心理学是以个体心理的发生发展规律为研究对象的，因此，它所使用的思维概念必须宽泛一些，应该能包含思维的萌芽以及迈向逻辑思维途中的各种过渡形态。

2. 思维的特点

思维与其他认识过程相比，最根本的不同在于它的间接性、概括性以及解决问题的特征。这是思维最重要的品质。

所谓概括性，指思维是对一类事物本质特征的反映，而不是对个别事物和个别特征的反映。比如，一说到电灯，我们思考时头脑里出现的是电灯的一般表象，而不是某一个台灯、地灯、吊灯、闪光灯等具体形象。人们借助“电灯”这个词，把灯的本质特征概括出来，才能进行思考。思维的概括性表现出不同的水平，幼儿最初的概括水平很低，随着思维的发展，他们才逐渐进行更高水平的概括，幼儿的概括水平越高，越能反映事物的本质联系和规律。幼儿能对事物进行分类，这是在对事物进行概括的基础上实现的。思维的概括性还表现在，思维不仅仅反映一类事物的本质特征，也反映事物之间的本质联系和规律。比如幼儿反复多次看见成人要开灯，就得先接通电源，通过感知只能了解电源和电灯之间的表面联系，而通过思维活动，才能了解电源接通和灯亮这一事物内部的因果联系。

思维的另一个特点是间接性。所谓间接反映，是指思维不是直接的，而是通过其他媒介来反映客观事物。比如上面已提到的“电灯”一例中，教师从灯灭了（思维的媒介）可以推断出，一定是哪个地方的电源出了毛病。由于思维具有概括、间接的特点，因而，通过思维可以认识那些没有直接作用于人的种种事物和事物的属性，也可以考证过去、思考未来。

（二）幼儿思维的发生

幼儿最初对客观事物的概括和间接反映是依靠动作实现的，最初解决问题的方案也是用动作“设计”成的。1 岁左右，幼儿手的动作开始出现了新的功能——运用工具和表达意愿，这两种功能的出现为思维的萌芽提供了直接前提。

1. 表意性动作的间接性

所谓表意性动作，顾名思义，是用动作表达意愿。十一二个月的婴儿都会用手指向成人指出他想要的东西，或者指向他想去的地方。这类司空见惯的动作包含着幼儿对一系列关系的认识和分析：自己的目的是拿取物体或出门玩耍，而依靠自己的力量达不到目的；成人有能力而且会帮助自己。于是用动作表明自己的目的，发出向成人求助的信号。这时，手的动作已不仅仅是获得事物触觉信息的手段，也不仅仅是直接运用物体的工具，而成为一种具有象征功能的类似语言的符号，并使得心理反应具有了初步的间接性。上述行为中所表现出来的心理机能——利用别人的力量达到自己的目的，无论如何也是一种高于感知和记忆的认知能力。

2. 工具性动作的概括性

工具性动作指的是按照物体的结构特征和功能来使用物体的动作。这种动作本身具有一定的概括性：对同类物体使用同样的动作。1 岁以后，幼儿拿到物体不再盲目敲敲打打，而开始按照它们的性质进行活动：推或拉下面带轮子的各种玩具车，喂娃娃或各种动物玩具，把碗和杯子端起来做喝水状，等等。这些动作可以说是一种带有理解性的动作，因为它反映着幼儿对于“类”

概念的朦胧意识。

在以上两类动作发展的基础上，幼儿开始能够用“试误”的方法寻找解决问题的手段。例如，一个物体放在毯子上婴儿够不到的地方。开始，他试图直接拿这个物体，几次尝试均未成功。一个偶然的拉动毯子的动作，使婴儿观察到毯子的运动与物体运动之间的关系，于是婴儿开始有意识地拽拉毯子，直至拿到物体。这里，幼儿不仅通过实际的尝试解决了问题，而且多少积累了一些经验。以后，当他再遇到够取放在桌子中间的玩具之类的任务时，“试误”的次数便会减少，甚至可能迅速地将拉毯子以取物的经验迁移过来去拉台布，或者自己选取一个中介物（如竹竿）为工具，达到目的。这类解决问题的智慧性动作的出现，一般在 1.5 ~ 2 岁，这标志着个体思维的发生。

（三）幼儿的思维形式及特点

动作、形象和词语的关系在幼儿思维中的规律性变化，使得其思维方式呈现出三种不同的形态：直觉行动思维、具体形象思维和萌芽状态的抽象逻辑思维。学前早期以直觉行动思维为主；学前中期以具体形象思维为主；学前末期开始出现抽象逻辑思维的萌芽。这三种水平的思维反映了幼儿思维发展的一般趋势。

1. 直觉行动思维

顾名思义，直觉行动思维是在对客体的感知中，在自己与客体相互作用的行动中进行的思维。动作和感知是思维的工具，活动过程即思维过程。幼儿最早出现的萌芽状态的思维，便是直觉行动思维，这种思维方式在 2 ~ 3 岁幼儿身上表现最为突出。例如，看到水就要玩水，看到别人玩球又要玩球，一旦动作停止，对该动作的思维也就停止了。

直觉行动思维有以下主要特点：

（1）直观性和行动性

直觉行动思维实际是“手和眼的思维”。一方面，思维离不开对具体事物的直接感知；另一方面，思维离不开自身的实际动作。离开感知的客体，脱离实际的行动，思维就会随之中止或者转移。小孩子离开玩具就不会游戏，玩具一变，游戏马上中止的现象，都是这种思维特点的表现。

（2）出现了初步的间接性和概括性

直觉行动思维的概括性除了表现在动作中之外，还表现为感知的概括性。小孩子常以事物的外部相似点为依据进行知觉判断，比如，自己的爸爸是解放军，看到穿军装的年轻人也喊爸爸，要人家抱；有了推动小汽车向前跑的经验之后，凡看到带轮子的东西（如溜冰鞋）就叫“车车”，就要推着玩等，尽管这种概括性反映的只是事物之间简单的、表面的相似处，但毕竟也是对事物之间关系的一种认识，也是对事物特性进行初步比较的结果。

（3）缺乏行动的计划性和对行动结果的预见性

由于直觉行动思维是和感知、行动同步进行的，所以，在思维过程中，幼儿只能思考动作所触及的事物，只能在动作中而不能在动作之外思考。因此，不能计划自己的行动，也不能预见行动的结果。思维不能调节和支配行动是直觉行动思维才有的特点。

（4）思维的狭隘性

直觉行动思维是以幼儿的知觉为基础，以具体动作为工具进行的，思维的对象仅仅局限于当前直接感知和相互作用的事物，因此十分狭窄。而突破这种局限的唯一途径是改变思维的方式，具体形象思维的形成实现了第一次突破。

2. 具体形象思维

具体形象思维是依赖事物的形象或表象以及它们的彼此联系而进行的思维，这是从直觉行动思维向抽象逻辑思维发展的过渡形式。如计算 3+4=7，幼儿不会对抽象数字进行加减，而是在头脑中用 3 根手指加上 4 根手指，或 3 个苹果加上 4 个苹果等进行计算，具体形象思维是幼儿期典型的思维方式。

具体形象思维有以下主要特点：

（1）思维动作的内隐性

直觉行动思维是通过外部展开的智慧动作进行的，是“尝试错误”式的。当用这种思维方式解决问题的经验积累多了以后，幼儿便不再依靠一次又一次的实际尝试，而开始依靠关于行动条件以及行动方式的表象来进行思维，思维过程从“外显”转变为“内隐”。这一转变不是单纯位置的变换，而是质的变化，它意味着思维已从它的原始状态中分离出来而成为“心理”活动。从此，思维开始摆脱与动作同步进行的局面而可以提到行动之前，于是，它开始具有对行动调节和支配的功能，使“三思而后行”成为可能。虽然缜密的思考是逻辑思维的“专利”，但思在前，行在后却是从具体形象思维这里开始的。

（2）具体形象性

具体形象思维虽已开始摆脱与动作同步进行的局面，但还未能完全摆脱客观事物和行动的制约，因为这种思维方式所依赖的形象或表象是对所感知过和经历过的事物的心理印象，事物具体而形象的外部特征影响着幼儿的思考。有人观察到这样一个事例：某幼儿园小班原有 6 张宽面桌子，按纵 2 横 3 的形式摆放着。一天，园里为该班更换新桌，新桌长度约与旧桌相同，而宽度只是旧桌的一半。教师请小朋友想办法将它们摆放成原来的样式。起初，孩子们把桌子拉来拉去，总也摆不好。这时，老师提醒他们想一想新旧桌子的宽度，让他们用手势比画比画，再启发他们想想怎样把新桌摆成和旧桌一样宽。这样一来有的小朋友很快成功地把两张新桌拼到一起，其他孩子也相继完成了任务。这里，帮助幼儿解决问题的既不是实际的尝试动作，也不是抽象的数量关系，而是表象活动，即新桌的形象和旧桌的表象之间的联系。

（3）自我中心性

无论是直觉行动思维，还是具体形象思维，都是一种以自己的直接经验为基础的思维，这就使得幼儿均带有一种“自我中心”的特点。也就是说，处于这类思维水平的幼儿倾向于从自己的立场、观点认识事物，而不太能从客观事物本身的内在规律以及他人的角度认识事物。

所谓自我中心，在瑞士著名幼儿心理学家皮亚杰看来，其实质上是一种在行为或观念上完全以个人为主而不考虑他人的倾向，表现为不良的个性特征，譬如：自私、任性、霸道、自满等。自我中心行为倾向明显的幼儿很难进行角色换位，不能从他人的角度思考、处理问题。按照皮亚杰的认知发展理论观点，“自我中心主义”是个体心理发展的必经阶段，在心理发展的每一阶段，它都由一种形式向另一种形式转变，即更高的形式代替了较低的形式。

自我中心的特点还伴随有其他一些表现：

1）不可逆性

即单向性，通俗地说是指不能翻过来倒过去地考虑问题，不能转换思维的角度。比如，有人问一个小女孩：“你有姐姐吗？”小女孩会回答：“有，我姐姐是安妮。”过了一会儿，再问她：“你们家的安妮有妹妹吗？”她摇了摇头。她只知道从自己的角度看安妮是姐姐，而不知道从姐姐的角度看，自己是妹妹。由于缺乏逆向思考的能力，幼儿很难获得物质守恒的概念，不懂得一定量的物体（如一杯水或一块橡皮泥）虽然形状改变了（被倒进另一粗细不同的杯子或被按扁），但只要不添加或减去，还是可以变回原状的，形状的改变并不影响其量的稳定性。

2）绝对性

由于思维对象的具体性和直观性，思维所能把握的往往是事物的静态，而很难把握那种稍纵即逝的动态和中间状态，缺乏相对的观点。比如，皮亚杰设计了这样一个实验：让幼儿把一组反映小棍从竖立到倒下全过程的照片按顺序排列起来。结果发现，幼儿基本只能摆对起始和终结的两张。思维的绝对性在日常有许多表现，比如，对权威的遵从，对游戏规则的盲目维护，对人物的非好即坏式绝对的评价等。

3）拟人化或泛灵论

自我中心的特点常使幼儿由己推人，自己有意识、有情感、有语言，便以为万事万物也应和自己一样有灵性。因此，他们常有一种独特的看待事物的眼光和一颗敏感、善良、充满幻想的心灵。

4）过渡性

具体形象思维是从感性认识向理性思维的过渡环节。

3. 抽象逻辑思维

抽象逻辑思维是指用抽象的概念（词），根据事物本身的逻辑关系来进行的思维，它是人类特有的思维方式。严格地说，幼儿尚不具备这种思维方式，但学前晚期（5 ~ 6 岁）时，幼儿开始出现这种思维的萌芽。例如，前面我们曾举了“体积守恒”方面的两个实验，说明幼儿往往根据所看到的某些现象来判断橡皮泥和水的体积，大部分幼儿看到泥和水的形状变了，就认为它的体积也变了。实验也发现，大班某些幼儿已能摆脱形象的干扰，做出正确判断，但说不出更多的道理，只知道“这还是原来那块橡皮泥”“这还是那杯水”，水平更高些的，也只会说，“这块大了，但薄了”“这杯子里的水矮了，但杯子粗了”。但还不懂得“底面积乘高等于体积”的道理。所以说，学前晚期，幼儿开始出现的只是抽象逻辑思维的萌芽。

随着抽象逻辑思维萌芽的出现，自我中心的特点逐渐开始消除，即开始“去自我中心化”。幼儿开始学会从他人以及不同的角度考虑问题，开始获得“守恒”观念，开始理解事物的相对性。

（四）幼儿思维发展的理论

皮亚杰的幼儿智慧发展理论，是20世纪最重要的发展心理学理论体系。皮亚杰在讲述思维发展时，往往把思维、认识、智慧作为同义词来使用。幼儿的认识或思维是从哪儿来的？对这个问题，研究者有几种不同的看法。唯心论者或成熟论者认为，思维来自先天的遗传，思维水平的差异是由于人的先天遗传素质不同，思维的发展乃是有机体自身成熟的结果。经验论者认为思维来自对客体的知觉，从思维的内容来说，它来自客体；从思维的形式来说，它来自对客体的抽象，没有客体就没有对客体的抽象，也就没有思维。

皮亚杰提出了与众不同的观点，他认为幼儿的思维不是单纯来自客体，也不是单纯来自主体，而是来自主体对客体的动作，是主体与客体相互作用的结果。所以，人们把皮亚杰的发展理论称为“相互作用论”。皮亚杰认为幼儿思维的发展既是连续的，又是分阶段的，每个阶段都是前一阶段的自然延伸，也是后一阶段的必然前提，发展阶段既不能逾越，也不能逆转。

（五）幼儿思维的培养

思维是认知的核心，学前期是个体思维的发生和迅速发展的时期，应珍视这一时期，打好发展的基础。思维的发展和感知、记忆的发展密切联系，感知、记忆是思维发展的基础，幼儿的感性经验越丰富，思维的发展水平也就越高。因此，不能孤立地去发展幼儿的思维，而应与丰富感性经验、培养发展感知和记忆能力结合起来进行。思维的发展和思维的积极性密切相关，幼儿思维的积极性主要表现在他们好奇、爱提问题，有一种“打破砂锅问到底”的精神，以及好动手，喜欢从事探索活动等。成人应该保护、培养幼儿的这种好奇心和求知欲，注意随时启发幼儿积极思考，使之从小养成勤动脑、善思考的好习惯。思维是在动手动脑解决问题的过程中发展起来的，成人平时要有意识地为幼儿创设一些“问题情境”，让孩子学会独立地去寻找答案，成人则帮助他们分析答案的合理性、可行性，同时给予思维方法上的指导。

1. 创设鼓励创造性思维的环境

创造性的本质就是标新立异、与众不同。心理学的研究指出，有创造性的人往往会因为自己的思想和行动偏离了常规而感到焦虑和不安，幼儿也会如此。所以“心理安全”和“心理自由”是有利于创造性发展的两个条件。幼儿期正是幼儿创造思维能力迅速发展的时期，无论是幼儿园、家庭和社会都要营造一种鼓励幼儿发展创造性的气氛。营造气氛的方式很多，比如不要轻易指责幼儿的好动、好问的行为，不要对幼儿做出更多的限制，要按照心理学中的“强化”原则，多鼓励，少指责等，使幼儿在一种轻松、愉快的环境中充分发挥自己的才智。

2. 通过训练提高幼儿的创造性思维能力

训练的办法有很多，比如，教师可以向幼儿提出一些问题，让他们通过自己的想象和思考来解决。教师可以问幼儿：教室中的画如何摆放更合适？让幼儿想象一下教室中不同的布置会有什么结果。从小培养幼儿的创造性意识，让他们知道任何事物都不是一成不变的。教师还可以用不寻常的办法训练幼儿的感知觉、想象力和思维能力，提出一些假设性的问题。教师可以问：假如世界上没有时钟会怎么样？也可以提一些需要通过发散思维来解决的问题，如木头做的东西有哪些，水有什么用处，等等。鼓励幼儿做多样性、独创性的回答。各种训练要持之以恒，教师要把培养幼儿的创造性作为教育、教学的指导思想，不失时机地对幼儿进行熏陶和培养。

3. 通过创造活动发展幼儿的创造性思维能力

游戏是幼儿期的主导活动，要给幼儿创设游戏的各种条件，如，场地、时间等。在创造性游戏中，教师和成人要注意观察孩子的行为，当好向导。绘画和美术也是提高幼儿创造思维能力的重要活动。在绘画活动中，教师要鼓励幼儿自由创作，小班的孩子还难以事先计划自己的行动，他们有可能画一个圆圈，一会儿说它是个苹果，一会儿说是个太阳。教师要善于以赞赏的态度鼓励幼儿，要让幼儿领受到创作后的喜悦，激发幼儿进一步创作的动机。

第二节 幼儿情感发展与教育

一、幼儿情绪、情感的发生和发展

（一）幼儿几种基本情绪的发生和分化

1. 哭

幼儿出生后，最明显的情绪表现就是哭。哭代表不愉快的情绪。

哭最初是生理性的，以后逐渐带有社会性。新生儿的哭主要是生理性的，幼儿的哭，已主要表现为社会性情绪了。

新生儿啼哭的原因主要是饿、冷、痛和想睡觉等，也有由其他刺激引起的，例如，环境变了会哭，新生儿还有一种周期性的哭，许多孩子每天晚上都要哭一阵子，这种哭是新生儿在表达内在的需要，也可以说是他的一种放松途径。刺激太多也容易引起新生儿啼哭。

婴儿啼哭的表情和动作所反映出来的情绪日益分化。随着孩子长大，啼哭的诱因会有所增加。随着年龄的增长，幼儿的啼哭次数会减少。一方面，婴儿对外界环境和成人的适应能力逐渐增强，从而减少了婴儿的不愉快情绪。另一方面，幼儿逐渐学会了用动作和语言来表示自己的不愉快的情绪和需求，取代了哭的表情。

2. 笑

笑是愉快情绪的表现，幼儿的笑比哭发生得晚。主要有以下类型：

（1）自发性的笑

婴儿最初的笑是自发性的，或称内源性的笑，这是一种生理表现，而不是交往的表情手段。

内源性的笑主要发生在婴儿的睡眠中，困倦时也可能出现。这种微笑通常是突然出现的，是低强度的笑。这种笑主要是嘴周围的肌肉活动，不包括眼周围的肌肉活动。这种早期的笑在 3 个月后逐渐减少。

出生后一个星期左右，新生儿在清醒时间内，吃饱了或听到柔和的声音时，也会本能地嫣然一笑，这种微笑最初也是生理性的，是反射性微笑。

（2）诱发性的笑

诱发性的笑和自发性的笑不同，它是由外界刺激引起的。它可以分为反射性的诱发笑和社会性的诱发笑两大类。

1）反射性的诱发笑

婴儿最初的诱发笑发生于睡眠时间。比如，在婴儿睡着时，温柔地碰碰婴儿的脸颊，或者是抚摸婴儿的肚子，都可能使其出现微笑。

新生儿在第三周时，开始出现清醒时间的诱发笑。例如，轻轻触摸或吹其皮肤敏感区4～5秒，幼儿即可出现微笑。这些诱发性的微笑都是反射性的，而不是社会性微笑。

2）社会性的诱发笑

研究发现，从第五周开始，婴儿对社会性物体和非社会性物体的反应不同，人的出现，包括人脸、人声，最容易引起婴儿的笑，即婴儿开始出现“社会性微笑”。

婴儿三四个月前的社会性的诱发笑是无差别的。这种微笑往往不分对象，对所有人的笑都一样。研究发现，3个月婴儿甚至对正面人的脸，无论其是生气还是微笑，都报以微笑。但如果把正面人的脸变成侧面人脸，或者把脸的大小改变了，婴儿就会停止微笑，4个月左右，婴儿出现有差别的微笑。婴儿只对亲近的人笑，他们在面对熟悉的人脸时比面对不熟悉的人脸时笑得更多。有差别的微笑的出现是婴儿最初的有选择的社会性微笑发生的标志。

3. 恐惧

恐惧的分化也经历了以下几个阶段：

（1）本能的恐惧

恐惧是婴儿出生就有的情绪反应，甚至可以说是本能的反应。最初的恐惧不是由视觉刺激引起的，而是由听觉、肤觉、肌体觉刺激引起的，如刺耳的高声等。

（2）与知觉和经验相联系的恐惧

婴儿从4个月左右，开始出现与知觉发展相联系的恐惧。引起过不愉快经验的刺激也会激起恐惧情绪。也是从这个时候开始，视觉对恐惧的产生逐渐起主要作用。

（3）怕生

所谓怕生，可以说是对陌生刺激物的恐惧反应。怕生与依恋情绪同时产生，一般在6个月左右出现。伴随婴儿对母亲依恋的形成，怕生情绪也逐渐明显、强烈。研究表明，婴儿在母亲膝上时，怕生情绪较弱；离开母亲，则怕生情绪较强烈。可见，恐惧与缺乏安全感相联系。人际距离的拉近或疏远，影响到幼儿安全感的减少与增大。

（4）预测性的恐惧

2 岁左右的婴儿，随着想象的发展，出现了预测性恐惧，如怕黑、怕坏人等。这些都是和想象相联系的恐惧情绪，往往是因环境的不良影响而形成，与此同时，由于语言在幼儿心理发展中作用增强，也可以通过成人讲解及其肯定、鼓励等方式来帮助幼儿克服这一种恐惧。

4. 依恋

依恋是婴幼儿寻求并企图保持与另一个人亲密的身体联系的一种倾向。这个人主要是母亲，也可以是别的抚养者或与婴幼儿联系密切的人，如家庭其他成员。

（1）婴幼儿依恋的特点

有研究认为，婴幼儿依恋突出表现为三个特点：

第一，婴幼儿最愿意同依恋对象在一起，与其在一起时，其能得到最大限度的舒适感、安慰和满足。

第二，在婴幼儿痛苦、不安时，依恋对象比任何他人都更能抚慰他们。

第三，依恋对象使婴幼儿具有安全感：当在依恋对象身边时，他们较少害怕；当其害怕时，最容易出现依恋行为，寻找依恋对象。

（2）婴幼儿依恋的发展

依恋不是突然产生的，而是在婴幼儿同主要照看者在较长时期的相互作用中逐渐建立的。根据鲍尔比（J.Bowlby）和艾斯沃斯（M.Ainsworth）等人的研究，依恋发展可分为四个阶段：

1）无差别的社会反应阶段（出生 ~ 3 个月）

这一时期，婴儿对人的反应最大特点就是不加区别、无差别。婴儿对所有人的反应几乎都一样，喜欢所有的人，喜欢听到所有人的声音，注视所有人的脸，只要看到人的面孔或听到人的声音都会微笑、手舞足蹈、咿呀学语。

2）有差别的社会反应阶段（3 ~ 6 个月）

这一时期，婴儿对人的反应有了区别，对母亲和他所熟悉的人及陌生人的反应是不同的，婴儿对母亲更为偏爱：婴儿在母亲面前表现出更多的微笑、牙牙学语、偎依、接近，而在其他熟悉的人面前这些反应就要相对少一些，对陌生人这些反应更少，但依然会有这些反应。

3）特殊的情感联结阶段（6 个月 ~ 2 岁）

这一时期，婴幼儿对母亲的存在特别关切，特别愿意和母亲在一起，当母亲离开时，哭喊着不让其离开，只要母亲在身边，他们便能安心玩耍，探索周围环境，好像母亲是其安全基地。这一时期婴幼儿出现了明显的对母亲的依恋，形成了专门的对母亲的情感联结。与此同时，婴幼儿对陌生人的态度变化很大，面对陌生人时感到紧张、恐惧，甚至哭泣等。

7 ~ 8 个月时，婴儿形成对父亲的依恋。再以后，与主要抚养者的依恋关系进一步加强，依恋范围进一步扩大。以后，随着其进入集体教养机构，他们还对老师形成依恋情感。

4）目标调整的伙伴关系阶段（2 岁以后）

2 岁以后，幼儿能够认识并理解母亲的情感、需要、愿望，知道她爱自己，不会抛弃自己，这时，幼儿把母亲作为一个交往的伙伴，并知道交往时要考虑到她的需要和兴趣，据此调整自己的情绪和行为反应，这时与母亲的空间上的邻近性就变得不那么重要了。例如，母亲需要干别的事情，要离开一段时间，幼儿会表现出能理解，而不会大声哭闹。

（二）情绪分化理论

下面，介绍几种有代表性的有关早期情绪分化的理论。

1. 布里奇斯的情绪分化理论

加拿大心理学家 K.M. 布里奇斯的情绪分化理论极具代表性。他认为：初生婴儿只有未分化的一般性的激动，表现为皱眉和哭的反应；3 个月时分化为快乐、痛苦两种情绪；6 个月时，痛苦又进一步分化为愤怒、厌恶、害怕三种情绪；12 个月时，快乐情绪又分化出高兴和喜爱；18 个月时，分化出喜悦与妒忌。

2. 林传鼎的情绪分化理论

我国心理学家林传鼎认为幼儿情绪分化的过程可以分为三个阶段：

（1）泛化阶段（0 ~ 1 岁）

这一阶段幼儿的情绪反应比较笼统，而且往往是生理需要引起的情绪占优势。0.5 ~ 3 个月，出现了 6 种情绪，即欲求、喜悦、厌恶、着急、烦闷、惊骇，但这些情绪不是高度分化的，只是在愉快与不愉快的基础上增加了一些面部表情。4 ~ 6 个月，开始出现由社会性需要引起的喜欢、着急等情绪。

（2）分化阶段（1 ~ 5 岁）

这一阶段，幼儿情绪开始多样化，从 3 岁开始，陆续产生了同情、尊重、爱等 20 多种情感，同时一些高级情感也开始萌芽，如道德感、美感。

（3）系统化阶段（5 岁以后）

这一阶段的基本特征是情绪生活的高度社会化。这个时期道德感、美感、理智感等多种高级情感达到一定的水平，有关世界观形成的情感初步建立。

3. 伊扎德的“情绪动机分化理论”

伊扎德是当代著名的情绪发展研究专家。他关于婴儿情绪发展的研究及据此提出的情绪分化理论对当代情绪研究有很大的影响，伊扎德认为：婴儿出生时具有五大情绪：惊奇、痛苦、厌恶、最初步的微笑和兴趣；4 ~ 6 周时，出现社会性微笑；3 ~ 4 个月时，出现愤怒、悲伤；5 ~ 7 个月时，出现惧怕；6 ~ 8 个月时，出现害羞；6 ~ 12 个月时，出现依恋、分离伤心、对陌生人恐惧；18 个月左右，出现羞愧、自豪、骄傲、操作焦虑、内疚和同情等。

（三）幼儿情绪和情感发展的一般趋势

1. 情绪、情感的社会化

幼儿最初出现的情绪是与生理需要相联系的，随着年龄的增长，情绪逐渐与社会性需要相联系。社会化成为幼儿情绪、情感发展的一个主要趋势。

2. 情绪中社会性交往的成分不断增加

幼儿的情绪活动中，涉及社会性交往的内容，随着年龄的增长而增加。例如，某研究发现，幼儿交往中的微笑可以分为三类：第一类，幼儿自己玩得高兴时的微笑；第二类，对教师的微笑；第三类，对小朋友的微笑。这三类中，第一类不是社会性情感的表现，后两类则是社会性的。

3. 情绪表达的社会化

表情是情绪的外部表现，有些表情是生物学性质的本能表现。幼儿在成长过程中，表情日益社会化。

表情的表达方式包括面部表情、肢体语言和言语表情。

幼儿表情社会化的发展主要包括两个方面：一是理解（辨别）面部表情的能力，二是运用社会化表情手段的能力。

研究表明，随着年龄的增长，幼儿解释面部表情和运用表情手段的能力都有所提高。一般而言，辨别表情的能力一般高于制造表情的能力。

二、幼儿常见的情绪障碍

（一）幼儿常见的情绪障碍

常见情绪障碍主要有焦虑、恐惧、抑郁、多动、冲动、违拗等，一般来说，女孩的情绪问题明显多于男孩，而男孩的行为问题多于女孩。

幼儿在心理发育过程中受到各种因素的影响，主要有自身的素质、家庭环境、幼儿园和学校环境、社会环境。幼儿大脑发育尚不成熟，心理状态很不稳定，很容易受这些因素的影响，出现各种情绪问题。

焦虑是幼儿情绪障碍的主要表现之一。在年龄较小的幼儿中，常见的是过分担心与最亲近的或是所依恋的人分离，亦称分离性焦虑，如与父母分开时就大哭大闹，不吃不睡，还可能出现恶心、腹痛等躯体症状，或是不现实地担心亲人发生意外等；年龄稍大的孩子可能出现社交性焦虑，与人交往时紧张不安。

恐惧情绪也是幼儿期常见的一种情绪问题，90% 的幼儿在发育的某一阶段有过一时性的恐惧反应，一般而言这是正常的现象，不会对生活和学习带来影响，随年龄增长即自行消失，如怕黑暗、怕雷电、怕某种动物等。但如果幼儿所表现出的恐惧大大超过了实际的危害程度，或者实际上根本没有危险却表现得十分恐惧，而且这种恐惧的情绪持续相当长的时间，由此产生回避、退缩行为，对正常的生活、学习、社交带来严重影响，劝慰无效，那么他的这种恐惧现象就达到了病态程度，应进行治疗，如怕上学并且拒绝去学校，怕见人而不愿外出等。

幼儿抑郁是因心理刺激产生的，如与父母分离、家庭不和、受惩罚、考试成绩不好等，婴幼儿和青少年均可能出现，8 岁以后幼儿多见。不同时期幼儿的表现有所不同，一般表现为：情绪低落、哭闹、易发脾气、兴趣减退、自我评价低、不想学习、注意力不集中、成绩下降，甚至有自残、自杀行为等，

幼儿在刚变换新环境时，如刚入学、升学、转学或换班级、换老师时，常会出现适应性障碍，除了可能表现出以上多种情绪问题外，还有一些退行性行为问题，如早已经不尿床的孩子又尿床了，较大的幼儿变得又特别依恋父母，举止幼稚。患有适应性障碍的幼儿如果得到及时关心和合理的处理，症状会很快好转。

有些平日认真、谨慎、好强的幼儿，在压力过大的时候．会反反复复地想一句话、一件事、一个念头或是重复做一个动作，虽然自己知道没有什么必要，也没有什么意义，但始终不能克服，并给自己带来痛苦，造成学习效率下降，这可能是患了强迫症，应及时就医。

多动性障碍作为一种行为障碍症状出现在 6 岁以前，主要表现为：多动不安，注意力不集中，易分心，好冲动。多动症幼儿的活动过多且是不分场合的，与同龄、同性别幼儿相比其显得过分地多动不安，如在室外喜欢奔跑而少走，在教室不能静坐，在座位上不停地扭动。患儿过分喧闹，特别多嘴。在需要保持安静、遵守秩序的场合也不能安静下来。注意障碍是多动性障碍一个核心症状，表现为集中注意的时间很短，不能坚持认真听讲，心不在焉，易受外界的细微干扰而分心，写作业不能全神贯注、粗心大意，做事情有头无尾，常半途而废，常常忘事。另外，患多动症的幼儿行为冲动冒失，喜欢打扰别人、恶作剧，显得毛手毛脚，自我控制能力差，组织能力差，丢三落四，自己的东西不能收拾整齐等。需要注意的是，幼儿是否有多动性障碍应由专业医生判断，而不是随意给一个好动的幼儿戴上多动症的帽子，确诊后方可采取相应的治疗，一般需要药物治疗、心理治疗及家庭、学校几个方面的互相配合。

常见到有些孩子挤眉、眨眼、歪嘴、清嗓子，或是转头、耸肩，这些动作快速、频繁、无目的、不自主地出现。这些“怪相”也是一种幼儿期较常见的行为障碍，被称为“抽动性障碍”，在幼儿中的发生率为 10% ~ 30%，表现形形色色，可以相互转换例如，开始一段时间眨眼，过一段时间又出现歪嘴，抽动行为能短暂地受患儿的意志控制，入睡后消失，但因疲劳、精神紧张而加剧。产生抽动的原因有的是由于躯体局部刺激，如因睫毛炎而眨眼、因鼻塞而抽鼻子，但局部的疾病愈后抽动的症状却长期保留下来，有的是由于精神过度紧张引起，还有的与遗传因素有关。大多数孩子症状较轻，不影响学习和生活，几周或几个月后自行消失，少数孩子的症状持续时间较长，达一年以上，经久不愈，极少数严重者可能出现大声地清嗓子、咳嗽、怪叫、骂人和四肢多部位地抽动，甚至不由自主地敲打自己，这种又被称为发声与多种运动联合抽动性障碍。抽动症状较轻的患儿无须特殊治疗，应注意的是不要责备孩子或对孩子的抽动现象表现得十分关注，越是责备他们越是抽动得厉害，造成一种暗示作用。对抽动较严重、影响生活和学习的幼儿应进行药物治疗。

总之，家长和教师一旦发现幼儿情绪异常，就要重视，并及时求助心理医生。

（二）幼儿积极情绪、情感的培养

1. 创设适宜的环境陶冶幼儿情操

幼儿情绪和情感具有明显的情境性特点，受周围环境刺激影响大。所以，和谐、优美、轻松、愉快的生活环境对幼儿具有较强的感染力，能使幼儿情绪受到潜移默化的影响，对幼儿情绪与情感发展产生很大的作用。幼儿的生活环境包括物质环境和精神环境两大类。

物质环境，是指为幼儿活动提供的环境设施。一般来说，宽敞的活动空间、优美的环境布置、整洁的活动场地、充满生机的自然环境，会使幼儿情绪愉快，开朗活泼；而在狭小的场地，幼儿活动空间小，会导致幼儿情绪压抑、烦躁不安，这些都说明幼儿生活的整体环境对其情绪发展的影响是不容忽视的。至于幼儿园中充满变化、丰富多彩的学习环境也能激发幼儿的学习兴趣，使孩子在幼儿园的生活丰富多彩，情绪愉快积极；相反，单调的学习环境会使幼儿感到厌烦。

物质环境对幼儿情绪影响很大，精神环境的作用更不容忽视。对幼儿来说，精神环境主要指人际环境，包括家庭和幼儿园的人际环境。愉快和谐的家庭生活、亲情的充分释放对幼儿情绪发展影响极大。而长期处于家庭关系紧张的氛围中，幼儿容易形成恐惧、焦虑、自卑、悲观等不良情绪，甚至会影响孩子的个性发展。进入幼儿园后，如果幼儿觉得教师喜欢他，小朋友喜欢他，他会爱上幼儿园，情绪也会很愉快，反之，如果他认为教师不喜欢他，经常不理睬他或者训斥他，小朋友也不跟他玩，他在幼儿园里会感觉孤独寂寞，心情不好，从而不愿意上幼儿园。

此外，成人的情绪和态度本身作为一种无形的精神环境，也会对幼儿心理发展起到“润物细无声”的作用。父母是孩子的第一任教师，父母的情绪在很大程度上影响着幼儿早期情绪的形成与发展。父母的情绪表达方式和特点为幼儿的情绪表达提供了最初的范例。如父母习惯用争吵、打架来表达自己的愤怒会直接导致幼儿出现攻击性行为。教师是孩子在幼儿园生活的组织者和领导者，其情绪的变化直接影响着全体幼儿。如果教师自己闷闷不乐、郁郁寡欢，幼儿也就愉快不起来。幼儿长期被这种不愉快的情绪困扰，极易抑郁。因此，成人应该学会自我控制。在幼儿面前，尽量克制由于生活中的各种不愉快的事物造成的不良情绪，多向幼儿展现积极情绪，促进幼儿良好情绪的发展。与此同时，父母的教养态度也会对幼儿情绪造成影响：在日常生活中，成人应注意多鼓励、帮助幼儿，这样，幼儿会感到愉快活泼，形成积极热情、自信心强的良好情绪与情感。如果成人粗暴、冷淡，动辄训斥，会令幼儿精神紧张、适应性差。而成人不公正地对待更易引起幼儿嫉妒，溺爱则容易导致幼儿养成任性激动、易冲动等不良品质。

总之，成人要注意给幼儿创设宽松的物质环境和精神环境，使其长期处于轻松、活跃、主动的氛围，感受生活中的乐趣，促进其良好情绪和情感的发展。

2. 制定合理的生活制度和丰富的生活内容，能让幼儿处于愉快的情绪之中

合理的生活制度不仅有利于幼儿身体健康和良好行为习惯的养成，也有助于幼儿情绪的稳定。很多家长和教师在幼儿期就给孩子安排过多的学习任务，这样做不但没有促进幼儿的发展，

反而可能导致幼儿出现紧张、焦虑等消极情绪。为此，家庭、幼儿园都应注意为幼儿建立科学合理的生活制度。受幼儿认识过程的无意性特点的影响，新颖多变的、丰富多彩的活动内容容易调动孩子兴趣，使幼儿沉浸在轻松活泼的情绪之中，而单调、枯燥的活动则易使幼儿感到疲劳，产生厌倦、不愉快的情绪。因此，在合理安排生活制度的同时，注意不要长时间让幼儿从事某一种活动，要充分利用各种教学资源，有目的、有计划、有步骤地开展集体活动和自主活动，为幼儿安排丰富多彩的活动内容，以激发、培养幼儿广泛的兴趣、游戏是幼儿的主要活动。开展游戏活动对幼儿情绪的作用是十分有利的。因为游戏不仅使幼儿直接从活动本身获得快乐，还可以满足幼儿的多种需要，而这些需要的满足就会使幼儿获得更大的快乐。适度的教学活动能激发幼儿的好奇心和求知欲，有利于培养幼儿的理智感、美感等高级情感。而在日常生活中，让幼儿充分独立自主地活动，积极地与同伴进行交往，这样也有利于满足幼儿的多种需要，消除其烦躁等消极情绪，防止自卑消极、冷淡孤僻的性格形成。

3. 通过文学艺术作品培养幼儿的高级情感

文学艺术作品是人们对日常生活加以提炼、浓缩的精华，它最富于感染力，也最为孩子所喜爱。如果能够选择符合幼儿年龄特征的优秀的幼儿文学艺术作品，对培养幼儿的高级社会情感有独到的作用。例如，雷锋叔叔和其他英雄模范的故事可以让幼儿形成初步的道德感，而科学家追求知识、探索真理的文学作品则会让幼儿产生强烈的理智感。

4. 培养幼儿良好情绪和情感的具体策略

（1）善于发现与辨别孩子的情绪，通过幼儿的情感表现来分析幼儿的内心世界

人在认识客观现实的过程中，总会伴随着各种情绪表现。幼儿情绪具有自发性特点，情绪表现十分明显，而幼儿的情绪具有外露性，他们对自己的情绪从不掩饰。这就为成人发现与辨别幼儿情绪提供了条件。例如，某幼儿吃早餐时还活泼好动，有说有笑，吃饭后妈妈准备带他上幼儿园时突然默不作声，甚至哭闹不止，妈妈就可以分析得出“孩子可能今天不太想去幼儿园”的结论。为什么不想去呢？通过和孩子耐心交流，妈妈知道昨天幼儿园老师批评他了。妈妈就要和老师配合，共同对他进行心理疏导。

由于幼儿的行为往往反映其内心品质，因此，老师和家长在察觉到孩子有不同情绪后要对其进行正确的分析。对幼儿的情绪应以肯定为主，要耐心倾听孩子说话，分析其产生情绪的真正原因，并学会理解和接纳幼儿的情绪。当幼儿出现良好情绪时，成人要及时表扬并使其保持；当幼儿出现不良情绪时，成人则要及时干预，帮助幼儿疏导。

（2）注意幼儿的个别差异，对不同的孩子采取不同的方法

情绪是先天和后天等多种因素相互作用的结果，所以早在幼儿身上，情绪就显露出明显的个别差异性。例如，有的孩子比较外向，高兴就笑，不顺心就大吵大闹，但这种情绪往往来得快去得也快。有些孩子则比较内向敏感，往往因为一件小事就躲到一边闷闷不乐，但并不表现出强烈的行为。因此，对待幼儿不良情绪的方法应不尽相同，分别对待。例如，对有的幼儿的不良情绪

可采取冷处理的方法，即当他情绪冲动时不过分关注他，不火上浇油，等他稍稍平静一些再给他讲道理，帮助他学会自我控制，但对正在暴怒的幼儿又不能简单地扔在一边。而对有的幼儿要多观察、多交流、多关心、多抚慰，让他们感觉到温暖、安全，帮助其消除不良情绪的影响。

（3）正确对待幼儿的情绪行为，培养积极情绪，减少消极情绪

情绪可以分为积极情绪与消极情绪两大类。幼儿很早就出现了这两种情绪。幼儿情绪不仅具有自发性，而且具有情境性，易受周围环境和刺激的影响，敏感而又脆弱，所以成人要非常留心。成人正确引导能使幼儿情绪更多地表现出积极的一面，而不正确的教养态度则容易造成孩子情绪发展不良。所以，在现实生活中，成人要注意正确对待孩子的情绪行为。

对孩子的不良情绪成人也要有正确的认识。要认识到幼儿的生活是丰富多彩的，其情感世界也同样会风云变幻。当孩子在生活中遇到挫折时，也会产生消极情绪，如孤独、悲伤、焦虑、愤怒、害怕。要认识到这些消极情绪是不可避免的，属于正常的范围。成人要接受幼儿的适度的消极情绪，因为这也是幼儿多彩生活的一部分。

成人观察幼儿的具体行为、了解幼儿的情绪后，要学会正确运用暗示和强化，增进良好行为发生的次数，减少不良行为的发生以培养孩子的积极情绪。幼儿发生积极的情绪体验时，教师应及时地、适度地予以精神的或物质的奖励；而当幼儿出现不良的情绪表现时，教师可以不予理会，不一定立刻进行处理，静观其变。但当孩子产生严重的不良情绪时，作为家长和教师，其任务不是要求幼儿压抑、隐藏他们的消极情绪，而是要采取切实可行的办法来进行干预。比如，可以教给幼儿正确、合适地表达自己的情绪的方法。另外，要为孩子创设发泄情绪的环境和情境，教给孩子多样化的发泄方法，指导其进行自我疏导，不要让幼儿幼小的心灵总被消极情绪困扰，当然，也可以通过转移注意力的方法来改变幼儿的不良情绪，不过这种方法不要滥用，因为最根本的还是培养幼儿对情绪的自我调控能力。

三、幼儿高级情感的发展

人在发展过程中会产生一些与社会需要相联系的高级情感，即道德感、理智感和美感。这些高级情感的形成和发展对幼儿个性的形成与发展有重要的意义。

（一）道德感

道德感是由自己或别人的行为举止是否符合社会道德标准而引起的情感。道德感从形式上来看，大致有以下三种：

1. 直觉的情感体验

它是由于对某种情境的感知而引起的，其产生往往极其迅速、突然。比如，人由于突然的不安感而制止了不道德的要求，由于突如其来的自尊心而激起了大胆果断的行为。这种道德体验表面上看来是无源之水，实际上是个体长时间形成的道德认识、道德行为在特殊情境下的集中反映，对指导个体在紧急情况下迅速做出正确的行为选择有重要的作用。

2. 与具体的道德形象相联系的道德情感

当幼儿听了一个报告、看了一本小说，或看了一部电影或电视剧后，一些栩栩如生的人物形象和他们的高尚的情操及思想往往会激起幼儿情感上强烈的共鸣、有的形象令其永世难忘，只要一想到这样的形象幼儿就会按照他们身上的某种品质或行为来要求自己，激励自己。

3. 意识到道德伦理的情感体验

这是一种自觉的、有意识的、概括性的道德情感，如爱祖国、爱学校、爱集体、爱家乡等。由于幼儿对道德伦理的认识极为简单，因而与之相联系的道德伦理情感体验也是十分粗浅的，直到青年期这种情感体验才开始占重要地位。

幼儿在家庭、学校、社会的影响下，渐渐地掌握了一定的社会规范、道德标准，并把遵守社会规范、道德标准转化为自己的需要。当幼儿自己或别人的行为、言论、思想符合他所掌握的社会标准时，幼儿就会产生高兴、满足、自豪的体验；当幼儿自己或别人的行为、言论、思想不符合他所掌握的社会标准时就会产生懊丧、羞耻、愤怒等体验，这种与一定的社会道德标准或社会评价相联系而产生的内心体验就是道德感。道德感主要包括集体主义感、义务感、责任感和爱国主义感。

幼儿形成道德感是比较复杂的过程，3 岁前只有某些道德感的萌芽。1 岁的婴儿可以发生一种简单的同情感，婴儿看到别的孩子哭泣，他也会跟着哭泣；看到别的孩子笑，他也会跟着笑。心理学上把这种现象叫作情感共鸣，这是高级情感产生的基础。这种“情感共鸣”将有助于幼儿形成亲社会行为。

2 ~ 3 岁幼儿产生了简单的道德感。幼儿在做这件事或那件事时，总是伴随着成人这样、那样的评价以及肯定或否定的情绪表现。他们听到成人的表扬会感到满意，听到批评就会不高兴或难为情。如某小朋友把自己的新玩具借给别人玩，得到老师表扬后他会很高兴，可能比自己玩玩具还要高兴；幼儿看到别的孩子在玩新玩具，他想拿过来自己玩，成人会生气马上制止他这个行为，并告诉他“好孩子不拿别人的东西”，他便会不高兴。在成人的教育下，2 ~ 3 岁的幼儿已经出现了最初的爱与憎，看到小人书上的大灰狼会用拳头去打它，或用手指去戳它；看到小朋友跌倒了会叫老师来扶他；愿意把玩具让给别的小朋友玩，把食物分给成人或别的小朋友吃。这时的幼儿虽然还不了解这件事不能做、那件事应该做，但是成人的评价与情绪表现已使他产生了相应的情感。成人责备他，他就变得不高兴；成人表扬他，他就变得高兴。这时的道德感表现取决于成人的表情、动作和声调。

3 岁后，特别是在幼儿园的集体生活中，随着幼儿掌握了各种行为规范，其道德感有了进一步发展。小班幼儿，由于刚入园，对一些必须遵守的行为准则还不了解、不熟悉，他的道德感主要指向个别行为，往往是由成人的直接评价而引起。中班幼儿比较明显地掌握了一些概括化的道德标准，他们可以因为自己在行动中遵守了老师的要求而产生快感，中班幼儿不但关心自己的行为是否符合道德标准，而且开始关心别人的行为是否符合道德标准，由此产生相应的情感。例如，他们看见小朋友违反规则，会产生极大的不满。中班幼儿常常“告状”，这种“告状”行为就是由道德感激发出来的，大班幼儿的道德感进一步发展和复杂化，他们对好与坏、好人与坏人，有鲜明的不同感情。随着自我意识与人际关系的发展，幼儿的自豪感、羞愧感、委屈感、友谊感、同情感以及妒忌的情绪也都发展起来。幼儿会对自己的正确举动感到自豪，对自己出现的错误行为感到羞愧，这些都对幼儿道德行为的发展具有十分重要的意义。而爱朋友、爱集体等有一定的稳定性的情感也渐渐发展起来，培养幼儿道德感要注意以下几点：

第一，为幼儿树立切实可行、生动形象的榜样。

第二，在进行道德教育时要“晓之以理，动之以情”，引起幼儿的情绪共鸣，使他们从小能对符合社会道德规范的行为产生愉快、自豪、羡慕、向往的情绪体验，对违反社会道德规范的行为表示厌恶、蔑视。要形成一种正确的集体舆论，及时表扬做好事的幼儿，批评出现不良行为的幼儿，使其形成正确的道德感。

第三，随着幼儿认识的发展，成人要阐明道德理论、道德标准，使幼儿的道德体验不断概括化、深化。

（二）美感

美感是人们进行审美后所得到的一种愉悦的体验美感是人对事物审美的体验，它是根据一定的美的评价而产生的。大自然的景色，绘画作品中的山水花鸟，优美的音乐旋律，电影、小说中的艺术形象以及现实生活中的具有美好心灵的人都能拨动人的心弦，使人产生种种美的感受。

美感与幼儿知觉、思维的发展有密切联系。婴儿还不会分辨艺术作品中的形象与真实的对象，往往把二者混为一谈。幼儿开始能把二者区分开来，以后还会把它们加以比较，做出评价。幼儿的美的体验也有一个逐步发展的过程。婴儿从小喜好鲜艳悦目的东西，以及整齐清洁的环境。有的研究表明，新生儿已经倾向于注视端正的人脸，而不喜欢五官零乱颠倒的人脸；他们喜欢有图案的纸板多于纯灰色的纸板。幼儿初期仍然主要是对颜色鲜明的东西，新的衣服鞋袜等产生美感。他们自发地喜欢长得好看的小朋友，而不喜欢形状丑陋的任何事物；过年时穿上漂亮的衣服，他们会感到非常高兴；而强制他们穿上他们认为不好看的衣服，他们会噘着嘴难受很长一段时间，甚至会假装无意地破坏这件衣服，然后以此为借口换下来。在环境和教育的影响下，幼儿逐渐形成审美的标准。比如，对流着长鼻涕的样子感到厌恶，对于衣物玩具摆放整齐产生快感。同时，他们也能够从音乐、绘画等艺术作品中，从自己从事的美术活动、歌舞、朗诵等艺术表演中体验到美，并且能体验到自然景色的美。幼儿晚期对美的标准的理解和美的体验有了进一步的发展。比如，不满足于颜色鲜艳，还要求颜色搭配协调。

学龄初期幼儿对美的评价标准日渐提高，从而促进了美感的较快发展。学龄初期幼儿对事物美的评价有两个特点：一是仍受事物外部特征的吸引，如色彩鲜艳、新奇性等；二是真实性。凡是与事物十分相像的作品形象就是好的，不相像的就是不好的。对美的体验仅与事物的具体形象相联系，还不会欣赏抽象的、概括化的艺术作品。

幼儿的美感教育有多种途径，主要应通过音乐、体育、美术和语文等学科教学进行，除此之外，还可通过课外文艺活动培养幼儿的美感。利用节假日、春游秋游等机会让幼儿投入大自然的怀抱里，享受大自然的美，激发他们热爱祖国、热爱家乡的情感也是幼儿培养美感的良好途径。社会是个广阔的天地，也是进行美感教育的重要场所。如参观展览会、博物馆，游览名胜古迹；利用社会上涌现出来的先进人物、先进事迹对幼儿进行道德风尚美、心灵美的教育，是美感教育中重要的内容。

（三）理智感

理智感是人在认识客观事物的过程中所产生的体验。理智感是与人的求知欲、认识兴趣、解决问题的需要等满足与否相联系的，是人类所特有的高级情感。

人在认识和改造世界的过程中，总渴望探求新的事物，企求有新的发现、新的创造。若在认识过程中遇到矛盾或挫折，就会产生惊讶或疑惑，在做出判断而又感论据不足时会感到不安，一旦有所发现或有所进展就会欣喜、快乐，这些与认识需要满足与否相联系而产生的体验就是理智感。

幼儿理智感的发生，在很大程度上取决于环境的影响和成人的培养。适时地向婴幼儿提供恰当的知识，发展他们的智力；鼓励和引导他们提问等教育手段，有利于促进幼儿理智感的发展。布鲁纳认为婴儿生来具有一种好奇的内驱力。巴甫洛夫认为幼儿生来就有一种与生俱来的探究力。幼儿一出世就积极地向周围世界探索，他们用手摸衣被，用眼追寻视野中的物体；哭叫着的婴儿听到音乐或别的声音会自然止住哭叫，看到熟悉的人和不熟悉的人就会用眼睛加以辨别；将三四个月的婴儿放在视觉悬崖一边其心率会降低；七八个月的婴儿看见彩色的玩具会设法用手去抓；刚学会走路的婴儿，总想挣脱母亲的手自己走路；婴儿手里拿到东西就喜欢东敲西敲发出声音……这些都是婴儿与认识事物相联系的情绪反映，即好奇感。2 ~ 3 岁的幼儿喜欢问“这是什么”“那是什么”，这是理智感萌芽的表现。

随着幼儿年龄的增长，活动能力的增强，认识范围的扩大，幼儿会越来越多地感受到认识的喜悦。当 3 ~ 4 岁的幼儿在成人的指导下用积木搭出一个小房子时，会高兴得拍起手来。幼儿理智感的发展，突出表现在他们开始对周围事物感到好奇，他们很喜欢提问题，并由于提问和得到满意回答而感到愉快。日常生活中，在成人看来十分平常的事情，在幼儿看来都很新奇。5 岁左右，理智感明显发展他们不但问“是什么”，更喜欢打破砂锅问到底，想弄清“怎么样”“为什么”，他们提的问题包罗万象，上至天文，下至地理，这突出反映了他们对所处世界的好奇和兴趣。如果他们的问题得到解决，他们会感到极大的愉快和满足。否则，会感到失落、不高兴。同时，他们开始自主探索世界，以自己的行动来改变相应环境而获得心理满足。这些活动既能满足他们的求知欲和好奇心，又有助于促进理智感的发展。5 ~ 6 岁的幼儿开始迷恋创造性游戏，如用积木、泥沙或水等工具创造出自己心目中的事物。6 岁的幼儿还喜欢进行各种智力游戏，如下棋、猜谜语，或者其他需要动脑筋解决问题的活动。这些活动不但使幼儿产生满意、愉快、自豪等积极体验，还会推动他们完成新的、更为复杂的认识活动。值得注意的是，幼儿理智感的另一种表现形式就是与动作相联系的“破坏”行为，如把玩具分拆以弄清事物的“本质”。

培养幼儿的理智感应注意以下两点：

第一，鼓励幼儿多提问、多思索、多探究，并创造条件让幼儿有机会去探索、去创造。

第二，当幼儿在游戏和学业上取得成功时要及时给予表扬，尽量避免让幼儿体验过多、过强的失败情绪。任务与要求要切合幼儿实际，要善于发现幼儿认识活动中的优势领域和兴趣。成功和兴趣是推动幼儿理智感发展的重要保证。

不过，总的来说，幼儿的道德感、美感、理智感的发展水平还是比较低的。

第三节 幼儿个性发展与教育

一、幼儿个性发展的概述

幼儿个性发展包括气质、性格、能力、自我意识等方面的内容。虽然幼儿的个性还没有形成，但是他们的行为已经表现出明显的倾向性。了解幼儿个性心理发展特点对指导幼儿教育工作是有益的。

一直以来，教育学在沿用心理学中的个性概念，作为学前教育学专业教材，这里有必要考查一下教育学领域中的个性概念。教育提倡因材施教，培养德、智、体、美、劳全面发展的社会主义建设者和接班人。

幼儿个性是由哪些成分构成的呢？我国学者杨丽珠教授多年来一直从事“幼儿个性和社会性发展与教育”研究。她认为，幼儿的个性由六个因素组成：自我意识、态度倾向、情绪特征、智力特征、意志特征和活动性。后来，她们使用开放式问卷收集了许多幼儿的个性特征和行为表现，并对此进行编码归类，归纳出我国 3 ~ 6 岁幼儿个性的六个维度：自我意识、智力特征、意志特征、情绪性、亲社会性和活动性教师对幼儿个性的评价具有较高的可信度，基于教师评价的幼儿个性结构具有较高的信度和效度。我国研究者张野和杨丽珠等人采用自编的幼儿个性发展教师评定问卷，经过探索性因素分析，得到我国幼儿个性结构四个维度，分别是智力特征、认真自控、情绪性和亲社会性。概括来讲，个性系统是由心理过程、心理状态和心理特征构成的多维度、多层次的统一整体。

根据幼儿在智力特征、认真自控、情绪性和亲社会性四个维度上的表现，可以把幼儿的个性分为以下四种类型：认可型、矛盾型、拒绝型和中间型。

认可型的幼儿的智力特征、认真自控、情绪性和亲社会性四个维度的得分都很高，他们聪明灵活，独立性强，有责任心，做事踏实认真，与同伴关系融洽，具有合作意识，能够主动帮助他人；他们还表现出较好的自控能力，听从老师和家长的管教，性格开朗活泼。认可型在幼儿群体中比较常见，约占总数的 30%。

矛盾型的幼儿在个性的各个维度上得分低于总体平均水平。具体来讲，他们的智力特征与亲社会性得分显著低于认可型和中间型的孩子，而自控能力得分高于总体平均分，做事情的时候能够专心致志。矛盾型个性的幼儿经常出现情绪化反应，容易表现出爱哭、焦虑和急躁等消极情绪。这类孩子的智力水平稍差，不喜欢动脑筋思考问题，缺乏独立性和进取意识。他们的同伴关系淡漠，表现出明显的以自我为中心倾向，也很少主动关心和帮助其他人。总体来说，这类孩子一方面具有较好的自控力，另一方面又时常出现焦虑和急躁情绪。因此表现出矛盾的个性品质。矛盾性的幼儿大约占幼儿总数的27%。

拒绝型的幼儿在智力特征、认真自控、情绪性和亲社会性四个维度得分均处于最低水平。这类孩子智力水平不高，缺乏自我约束力，由于缺少同情心和助人意识，这类孩子在同伴交往过程中经常出现困难，很难与同伴建立良好关系；并且，他们比同龄孩子更容易表现出焦虑、急躁等负面情绪，概括来讲，拒绝型是一种消极的个性品质，拒绝型的幼儿大约占幼儿总数的10%。

中间型的幼儿在四种个性类型中比例最大，约占总数的33%。他们在四个维度上的得分均处于中等水平，智力水平不算突出，在个性表现方面处于一般水平。

幼儿个性发展具有阶段特征。学前期是个性发展的关键时期，在这段时期里，孩子的智力水平、自控能力，以及情绪理解和表达的能力都有明显的发展。学前早期孩子离开父母，开始集体生活，新的环境会让他们感到约束的力量。他们可能会难以适应陌生的环境和同伴，并遭遇许多规则与限制：他们逐渐摆脱过去的行为模式，逐渐适应一个新的环境，学前早期也是幼儿独立意识和合作意识发展的关键期。随着年龄的增长，孩子的智力水平、责任意识、自我约束能力，以及与同伴的交往程度都会有进一步的提高。在此过程中，他们的情绪性也会得到发展，学会控制自己的负面情绪。

二、个性形成的生物学因素

个性是一个人稳定的行为模式，这种行为模式是在生物学因素、社会文化等因素共同作用的基础上逐渐形成的。生物学因素在幼儿个性形成过程中扮演着重要的角色，影响他们个性形成的生物因素包括遗传因素和生理成熟。

遗传因素是幼儿个性发展的基础。人类通过遗传把基因传递给了下一代，使他们具有生物性动力。新生的有机体也存储着潜在的动作图式，积蓄着对外界信息加工的潜能。遗传基因变异可能导致个体异常。遗传学研究发现，染色体结构异常能够导致个体智力落后和行为异常。

遗传基因决定身体形态和大脑皮层结构，甚至神经元之间的连接、细胞生物化学机能和神经活性物质的合成与分泌等过程。这些不但会影响到幼儿智力的发展，也可能引起个体气质和性格的差异。例如，右脑发达的人擅长形象思维，左脑发达的人擅长逻辑思维。我国学者研究发现，同卵双生子在思维敏捷性、灵活性、深刻性等方面的相关程度要显著高于异卵双生子。

遗传因素为个性多样化提供了生物学基础，主要表现在个体的感受性、耐受能力、活动性、反应性和持续性、反应灵活性等方面，这也是幼儿气质、性格形成的生物基础。例如，耐受性强的人容易集中注意力，而耐受性差的人意志力薄弱，注意力容易分散。高感受性寻求的个体喜欢在刺激丰富的环境中活动，而低感受性寻求的个体则喜欢在安静的环境中活动。

生理成熟是指个体生长发育的水平，它依赖于个体种族遗传的成长程序。个性品质的形成存在特定的关键期。在此时期，幼儿的生理结构和机能达到一定成熟水平，当周围环境提供学习条件，幼儿的个性品质就会形成。一般来说，3 ~ 4 岁是幼儿气质发展的关键时期。我国学者研究发现，幼儿在个性关键期阶段，他们的神经兴奋—抑制平衡能力有很大发展，个体对外界信息加工的能力、反应强度、自我调节水平及复杂的整合作用也有明显提高。可见，生理成熟也只是影响幼儿个性形成与发展的因素之一。

幼儿个性的健康发展需要生物和环境因素的双向调节。生物因素为个性发展提供了必要条件，幼儿个性是否能够健康发展还依赖于环境因素的性质与水平。一般来说，生物因素通过调节个体与环境之间的对象化作用来制约个性的发展。从某种意义上讲，环境意义取决于个体的气质，不同气质的个体对相同的环境会产生不同的反应。例如，相同程度的惩罚，敏感的孩子感受到惩罚很严重，而低敏感的孩子感受到的惩罚较弱。这就导致相同的教育方式在不同孩子身上起到不同的教育效果。幼儿的气质也会影响到父母的教养方式，脾气暴躁、爱哭爱闹的孩子容易引起父母的烦恼与怒斥，父母的反应可能会进一步加剧孩子急躁的性格；性情温和、安静爱笑的孩子容易引起父母的关心与爱护，父母的这种反应会进一步强化幼儿的行为表现，使其形成温和的性格特征。

三、个性发展的社会化动因

学龄前阶段是个性形成的关键时期。家庭是个性发展的社会化场所，它为幼儿个性形成提供了最初的社会环境。家庭环境、家庭氛围、家庭成员之间的关系、教养方式，以及家庭的经济社会地位等，对孩子的个性发展有很大影响，幼儿的生活条件开始有了变化，生活中的目的性和独立意识增强，能够逐步按照父母的要求调节自己的行为，并能够按一定的标准评价自己和他人的行为。

父母的行为反应为幼儿提供了榜样。观察学习理论认为，幼儿通过观察生活中重要人物的行为习得了社会行为。人的个性是在观察学习过程中获得的，父母的意识形态、价值取向、生活作风、兴趣爱好、言谈举止、气质风度等，会对幼儿产生潜移默化的影响。如果母亲经常表现出低落情绪，或担心、犹豫不决、缺乏自信，以及经常感受到压力过大，那么，孩子出现孤独、不友好、适应困难等个性特点的可能性也随之加大。父母是孩子第一任教师，家长要时刻注意自己的表率作用，既要懂得爱护孩子，也要学会严格教育孩子，做到宽容而不放任，让孩子在体验到父母关爱的同时，提高自身的适应能力，增强责任意识，使身心获得健康发展。

父母的教养方式与幼儿个性品质养成有很大关系。国外研究发现，民主型父母、专制型父母和放任型父母培养出的孩子个性明显不同。经常被父母打骂和体罚的孩子容易表现出焦虑和担忧、情绪反应激烈、行为不理智等个性特征；具有抑郁症和反社会人格的母亲抚养的幼儿罹患精神障碍的概率较高；神经质的母亲抚养的孩子比正常母亲抚养的孩子适应环境的能力差，他们更加容易紧张和焦虑。长期跟踪研究发现，缺乏感情的严厉惩罚等消极的教养方式可能导致反社会、偏执、分裂性人格障碍的发生。可见，积极健康的家庭对塑造幼儿健康良好的个性品质是非常重要的。

幼儿个性形成的环境因素还包括学校教育环境，简单地说，就是幼儿园，幼儿园是影响幼儿个性发展的另一个社会环境。幼儿园教育在幼儿个性发展过程中起导向作用。幼儿教师按照教学计划，依据幼儿身心发展特点，有计划有目的地对幼儿进行系统的影响，使之在个性品质方面发生长时期的改变。教师是幼儿效仿的对象，教师的性格、认知水平、价值观等因素直接影响孩子的个性成长。

值得一提的是，教师的态度是幼儿个性开始形成的重要原因。学前教育阶段的孩子比较惧怕老师，没有勇气在老师或者同学面前表达自己的想法。很多情况下，教师态度严厉，会使孩子的表达受阻，孩子会因为害怕老师的批评缄口不语。如果这种情况得不到及时的纠正，久而久之，这些孩子很可能形成没有主见、自我意识缺失的个性特征学。前教育阶段，教师需要了解孩子的内心世界，鼓励他们讲出自己的想法。教师在教育孩子过程中出现错误，要有勇气向孩子道歉。教师开放平等的教育态度有利于促进幼儿自我意识的发展。

中班的明明小朋友自制能力很差，不遵守课堂纪律，老师批评他也不起作用。在游戏过程中，他常常跑到别的区域去捣乱，其他小朋友都很讨厌明明，不愿意和他玩。为了帮助明明提高自制力，老师成了明明的游戏伙伴，跟他玩区域游戏，指导他熟悉游戏情景。当明明想要离开自己的区域，到别的小朋友的区域时，老师就和他扮演成客人，以此控制他捣乱，并指导明明如何做一名有礼貌的客人，正确地与小朋友交往。做客结束后，老师以“要上班了”提醒明明回到自己的游戏岗位上。通过一段时间的游戏训练，明明小朋友的自控能力有了明显提高，他还学会了和同伴们一起做游戏，在与同伴的交往中树立了自信心。

通过游戏，家长和老师能够发现孩子的内心世界，幼儿心理研究中的沙盘游戏，就是通过游戏的方式来映射被研究孩子的心理状况。另外，游戏活动能够帮助幼儿释放现实生活中压抑的不良情绪，在一定程度上具有保持心理健康、促进个性健康发展的作用。

幼儿与同伴的交往大多是在游戏活动中完成的，同伴是幼儿效仿的榜样和自我评价的参照标准之一。同伴交往活动中，幼儿会表达自己的需要，并希望其他同伴能够满足自己的需要，因此会出现冲突、协商、交换和协作等行为。同伴交往让孩子领会社会规范，有利于他们社会情感、利他行为以及社会交往能力的发展。幼儿能够把成长经历中获得的知识与积累的有关自我评价的信息结合起来，形成确切的自我意识。幼儿在同伴交往中容易产生矛盾，经常“告状”。教师在孩子发生矛盾时应充当“观察者”的角色，观察孩子如何解决矛盾，之后再帮助孩子明辨是非。教师通过矛盾冲突教育孩子，也是培养其个性品质的有效途径。

四、自我意识的发展

自我意识是个体对自身的认识，幼儿自我意识表现为能够恰当地评价和支配自己的认识活动、情感态度和行为，并逐渐形成自我满足、自尊心、自信心等性格特征。自我意识是个性中的重要成分。刚出生的婴儿是没有自我意识的，他们意识不到自己的存在，不能把自己与周围的环境区分开来。1～6个月的婴儿仍旧分不清自己与他人，甚至还不知道手和脚是自己身体的一部分，他们会咬自己的手指，咬疼了之后会哭，之后还会继续，乐此不疲。半岁左右的婴儿开始有了自我意识的萌芽，认知能力的发展帮助他们形成自我意象，知道了自己的身体、动作和名字等。他们能够听懂别人在叫他的名字，逐渐明白镜子里的自己和现实中的自己是同一个人。随着自身表象越来越清晰，婴儿开始体验到存在感，他们开始把自己当作一个主体的人来认识。当他们意识到自己是心理和行为活动的主体时，也就形成了自我意识。

幼儿的活动范围不断扩大，自我意识也有明显的发展，1岁左右的婴儿通过偶然性的动作，逐渐把自己和环境区分开，体会到自己的动作和客体的关系。这个时候的孩子开始拒绝大人帮助，并尝试自己完成活动。这种独立的自我意识在两三岁的孩子身上表现得更加突出，比如，父母喂他吃药，他会推三阻四，但如果让他们自己吃，他很快就把药吃下去了。三岁左右的孩子学会把自我意识与社会规范结合起来，开始意识到“愿意”和“应该”的区别，开始懂得意愿有时要服从规范。

3岁以后的幼儿自我意识发展更加全面，包括自我评价、自我控制和自我体验等几个方面。3岁半左右的孩子常常把成人的评价作为自我评价的依据。例如，当问到他们为什么认为自己是个好孩子时，他们回答“因为老师说我是个好孩子”。有些孩子在学校听老师的话，经常受到老师的表扬，这些孩子的自我评价也会比较积极。相反，那些经常调皮捣蛋的孩子常常受到老师和家长的批评，有时还会被其他小朋友取笑挖苦，得不到周围人的肯定和赞扬，这样的孩子容易自卑，缺乏存在感和价值感，不利于个性的健康发展。

自我控制是指个体对自己的心理与行为的掌控，它是自我意识能动性的集中体现，表现为在没有外部限制的情况下排除干扰、克服困难、实现目标的过程。我国学者提出，幼儿的自我控制特点主要表现在自制力和坚忍性方面。自制力表现为抑制冲动，抵抗诱惑。坚韧性表现为个体在困难情境中，为了实现目标而坚持不懈地克服困难，表现出一种稳定持久的行为倾向。幼儿心理学研究中经常使用延迟满足实验来衡量个体的自制力。实验任务是要求孩子克制眼前的诱惑，为了得到更大的收益而等待。例如，研究者要求孩子不去打开装在盒子里的小礼物，而要等到游戏结束之后再把它拿出来。研究发现，3～4岁孩子的自制力还很差，3岁的幼儿延迟时间为4分钟，并且使用的延迟满足的策略水平也不高。

自我体验是在自我认识和自我评价的基础上形成的，例如，自信与自卑、成功感和失败感都是自我体验的内容。自我体验带有意识倾向性，是个性的重要组成部分。自信的人在生活中会积极进取，不甘人后，而一个自卑的人会经常怀疑自己的能力，遇事畏缩，不敢承担责任。一般来说，3～4岁幼儿的积极体验要多于消极体验，并且，他们的自我体验容易受到成人的暗示。随着幼儿社会交往范围的扩大，4～5岁的孩子逐渐形成了社会性的情感体验，如自尊、羞愧和委屈等。5岁以后的孩子自我体验继续发展，受暗示性的现象逐渐减少。在延迟实验任务中，5岁孩子的延迟时间能达到 11 分钟，显著高于 3 ~ 4 岁的幼儿，并且，5 岁的孩子能够采取更有效的策略保持持久的坚韧性。

如何培养幼儿良好的自我意识呢?

第一，鼓励他们多与同龄伙伴交往。同伴交往过程中，孩子逐步放弃以自我为中心的倾向，学会站在他人角度思考问题，关心理解他人的需要；他们还要学会自我控制、宽容和忍让，学会重新认识和评价自己，调整自己的言行，否则，他们很难处理好同伴关系。幼儿就是在一次次的误会、争吵、和好、共享的过程中不断学习提高的。同伴交往和游戏活动是幼儿的天性，不愿参加同伴活动的孩子可能是因为害羞，或者是在逃避同伴交往中遇到的困难。4 ~ 5 岁的幼儿正处于社会交往技巧形成的关键期，这一年龄阶段幼儿的同伴交往质量也会影响他们自我控制能力的形成与发展。

第二，引导幼儿进行积极的自我评价，提高认识自我的能力。幼儿的自我评价很大程度上来源于他人，父母的评价尤为重要。家长对孩子的评价要有分寸，尽量不用贬低的字眼，以免孩子产生自卑心理；表扬和批评孩子的时候要针对具体的事情，这样有助于孩子通过反思加以改进。经常指责孩子“笨”，只会让孩子感到自卑，形成消极的自我意识。

幼儿的自我评价是在交往活动中形成的，同伴交往是自我评价产生和发展的基础。幼儿园教师要鼓励孩子参加活动，家长要改善孩子的交往环境，经常带他们到亲戚朋友家去，增加他们与社会接触的频率，积累交往经验，使之理解是非善恶，养成团结合作、热心助人、有责任心等优良的个性品质。

第三，自我控制能力是衡量自我意识水平高低的重要标准。学前教育阶段，教师需要有意识地帮助孩子调整情绪。合理安排一项活动的进程，并有意识地对活动结果的错误进行自我矫正，等等。游戏能够训练幼儿的自制力。在游戏过程中，老师制定游戏规则，遵守游戏规则的小朋友会受到表扬，游戏能够继续进行；如果小朋友不遵守游戏规则，游戏就会中断，直到老师重申游戏规则，并且在大家都不违反的情况下，游戏才能继续进行。

延迟满足训练可以增强幼儿的自制力。缺乏自制力的孩子迫不及待地想要得到自己想要的东西。为了增加幼儿延迟满足的时间，可以有意转移他们的注意力，或者把诱人的东西想象成不能吃也不好玩的东西。例如，把棉花糖想象成棉花等。家长和老师对孩子在满足中表现出的进步要给予及时的肯定和表扬，或者给孩子更大更多的奖励，从而增强孩子自我控制的信心。父母要有意识地为孩子树立良好的榜样，与孩子一起完成某项延迟任务，并在完成任务的过程中互相监督。

对于幼儿来说，自我控制需要适度。自我控制力过低的幼儿很容易分心，自发情绪反应较多，易冲动，在同伴交往中喜欢攻击别的小朋友。自我控制过强的孩子表现出很强的抑制性，这样也会导致孩子的兴趣狭隘，自主意识差，不善于表达自己的需要等问题。也就是说，幼儿要保持一种弹性的自我控制能力，即在需要控制的时候管住自己，在不需要控制的时候能够令自己放松。

第五章 交往中的幼儿心理与教育

第一节 幼儿语言学习与教育

一、幼儿语言学习概述

（一）幼儿语言学习的概念和分类

1. 幼儿语言学习与教育的概念

对幼儿语言学习与教育的理解，目前有两种观点：一是根据语言的要素（语音、词汇、语法、句式、语段、语篇、各种词语、句式的语义）的组成方式来学习和教育，重点掌握语言这一学科领域。目前中小学生的语文教学采用这一取向。二是把语言作为交往工具，在现实的生活交往中学习，即把重点放在掌握交往工具上面，这不同于中小学生的语文学习，它是一种生活取向的语言学习观，也是当代幼儿语言学习与教育的主要取向。

2. 幼儿语言学习的分类

日常生活中我们也经常运用语言活动这一说法，实质上它是指言语活动。语言活动通常分为两类，包括口头语言和书面语言，而口头语言又分对话语言和独白语言两种。每种语言形式都有自己的特点。

（1）口头语言

口头语言是人类语言活动的基本形式，也叫有声语言。从个体发展的角度看，幼儿首先发展的是口头语言，随着年龄的增长，书面语言才得到发展。口头语言按语言活动中是否有支持者又可分为对话语言和独白语言。

1）对话语言

对话语言是指幼儿与他人直接进行交际时的语言活动，比如聊天、讨论等。这种语言活动是通过相互谈话、插话的形式进行的，每一个幼儿都以语言为工具回应对方的质疑、陈述。对话语言以谈话双方互为听众、互为发言者，这就要求谈话双方必须根据其特点有效地掌握这种语言过程。一般来说，对话语言是一种最基本的语言形式，其他形式的口语和书面语言都是在对话语言的基础上发展起来的。对话语言具有情境性、简单化、直接性和反应性等特征。对话语言首先是一种情境性语言。它与交谈双方所处的情境紧密相连，环境可以赋予同一句话不同的含义。“你好！”这句话，一般来说都是问候语，但假如是在某人和别人发生矛盾后，说对方的错误，别人说这句话含义就是“你也有问题”，具有了讽刺、挖苦的意味。对话语言是一种简单化的语言。对话语言总是发生在一定的情境中，特定的情境赋予了交流双方一定的潜在意义。因此，对话者往往只采用最简单的语言，甚至是个别词来表达自己的意思。即使在语法和逻辑等方面不严谨，但这并不妨碍交流的进行。对话语言是由双方直接参与、面对面地交流，参与者既是听众，又是说话者。因此，对话语言的参与者能直接接收到对方传递过来的语言信息，也能及时发出自己的信息，这样对话才能继续进行下去。对话语言多数是由某种具体情境引发的，因而一般缺乏一定的预见性和计划性。并且，交谈双方要随时根据对方的谈话来调整自己的谈话，因此，对话语言也是反应性的。

2）独白语言

独白语言是幼儿独自进行的，与叙述思想、情感相联系的，较长而连贯的语言，表现为报告、讲演等形式。独白语言除有独立性之外，还有计划性、准备性的特点。独白语言是幼儿独自进行的语言活动。独白语言的支持物是自己谈话的主题和自己所谈的语句，它的支持表现为听众的表情和环境的气氛。比如说，报告是一种独白语言，讲演者根据现场听众的表情、现场的气氛就能够判断报告是否吸引了听众。这些非言语的信息对于讲演者来说是有用的，但对于独白语言来说，则是一种间接的交流。另外，独白语言是有准备、有计划进行的语言活动。由于独白语言对语言本身的质量有较高的要求，而在语言过程中又较少受到具体情境提供的非言语信息的影响，因此，事先的准备和计划对运用独白语言这种形式是非常有意义的。

（2）书面语言

书面语言是指幼儿借助文字来表达自己的思想或阅读来接受别人语言的影响。从幼儿发展的角度来看，书面语言是在口头语言形成的基础上形成的，它比口头语言的出现要晚。从整个人类历史发展的角度来看，只有在文字出现以后，书面语言才为人们掌握和使用，从而也记录和丰富了口头语言。书面语言具有口头语言的一切特征，同时，它还有自己的特点。

第一，书面语言是一种最随意的语言形式。相对于口头语言活动，书面语言活动具有非常强的随意性。在对话活动中，交谈双方必须准确把握对方的语言，在短暂时间内，一次性地接受对方语言的影响；在独白语言中，说话者可以计划自己的语言，但是一经说出，就无法收回，语言的影响实际上已经产生了。书面语言则不同，在用文字表达自己的思想时，它允许字斟句酌、反复推敲；在阅读别人写出的东西时，它允许反复阅读难懂的地方，直到弄懂为止。

第二，书面语言还具有开展性的特征。它要求用精确的词句、正确的语法和严密的逻辑进行陈述，既要避免词不达意，又要力戒言过其实。这是因为，在运用书面语言时，使用者远离了自己的交际对象，它不能直接得到读者的反应，没有任何情境因素的帮助，因此，只有凭借结构手段向读者提供语境线索。

第三，书面语言是一种自我反馈的语言，它通过修改、补充和润色使之趋于完善。只有在语言的产品已经形成之后，它才接受来自读者的批评，从而影响随后的语言活动。在这种情况下，用开展的形式系统阐明自己的思想仍是十分必要的。

第四，书面语言跟独白语言一样，也是一种计划性较强的语言形式。这种计划性常常以腹稿、提纲等形式表现出来。由于这一特点，书面语言和独白语言一样，往往要有较长的酝酿时间。

（二）幼儿语言学习的意义

1. 语言和言语

语言是符号系统，是以语音为物质外壳，以语义为意义内容的，音义结合的词汇材料和语法组织规律的体系。皮亚杰认为语言是我们最灵活的心理表征方式。语言是人类用于交际和思维的最重要的符号系统，是思维的物质外壳和表现形式。语言是一种社会现象，是人类最重要的交际工具，是人类文化的载体。它帮助我们交流思想、表达情感。语言存在于人的言语活动中。人使用语言进行交际的过程就是言语。人使用着一定语言的说话、听话、阅读、写作等活动，就是作为交际过程的言语。

语言和言语既有区别又有联系。语言是工具（交际、思维的工具），言语则是对这种工具的运用；语言是社会现象，具有较大的稳定性；言语是心理现象，具有个体性和多边性；研究语言的科学是语言学，而言语活动则是心理学的研究对象。但它们又是密切联系的。广义的语言包括语言和言语。与言语相对的语言是指狭义的语言概念；离开语言这种工具，人就无法表达自己的思想或意见，也就无法进行交际活动；语言也离不开言语，因为任何一种语言都必须通过人们的言语活动才能发挥其交际工具的作用。

2. 语言学习在幼儿心理发展中的意义

（1）有利于幼儿的社会化

语言是社会现象，幼儿掌握语言的过程是幼儿社会化的过程。幼儿的语言是为交际而产生的，也是在交际过程中发展的。幼儿学习语言也是掌握社会文化和民族文化的过程。

（2）促进幼儿认知能力的提高

语言是思维的物质外壳，幼儿言语水平影响其思维的过程。由于语言的参与，使幼儿认识过程发生了质的变化。列宁指出："任何词都已经是在概括。"在直观的即第一信号系统的基础上，形成了词的联系即第二信号系统以后，幼儿就能凭借对外界刺激物进行不同等级的抽象概括，从而使人有可能认识事物的本质属性和规律性，从而提高认知能力。例如，"蔬菜"一词可以概括各种各样的食材植物，而"家具"一词可以概括桌子、椅子、床、衣架等用具。

（3）有利于调节幼儿心理活动和行为

语言对幼儿心理活动和行为的调节功能，即自我调节功能，是和其概括功能——自觉的分析综合功能密切联系的。当幼儿能对自己认识过程中的种种因素进行分析综合时，才能对认识过程进行调节。通过语言调节幼儿自己的行为，使行为成为有意义的、自觉的行为。但在幼儿心理发展上，语言的这些作用并不是立刻实现的，而是要经过一定的学习过程逐步实现的。

（三）幼儿语言学习过程

幼儿语言学习分为两个阶段：接受信息阶段和表达信息阶段。从学习口语和文字的两个方面，应划分为四个过程，即学听话、学说话、学认字、学写字。研究认为：语言习得的过程不同，规律则不同，因而学习的方法就不同。

1. 学听话是接受信息阶段

从出生开始，幼儿大量地听各种简单和复杂的语音和句子。在这个阶段教师要为幼儿尽可能提供丰富的视觉和听觉刺激，尽管他还不能进行清晰、准确的语言理解与表达，但教师可以将看到的事情和正在做的事情不断地讲给幼儿听，让幼儿的头脑中将语言和日常生活的事情联系起来，这是在进行语言的储备，对幼儿将来的语言发展起到奠基的作用。

2. 学说话是表达信息阶段

伴随发音器官的逐渐成熟，幼儿先后发出单音、双音，逐渐会说简单句、复杂句子。教师和家长说话要注意，尽量使用规范的句子和句型，多与幼儿交谈，并给幼儿讲故事和朗读，让幼儿反复练习儿歌；同时要随时随地让幼儿学习、练习使用语词，如讲一些童话故事，对于幼儿园的环境进行解释和说明等。

3. 学认字是接收信息阶段

从出生开始，幼儿大量地接触（视听）各种表现形式的文字。要培养幼儿的阅读意识，多给幼儿范读，让他们听。在读书时告诉他们，每一本书讲的是什么，书中的字和词可以告诉我们什么事情，帮助幼儿注意字的形状；当幼儿主动问起字、词时，要耐心地讲给他听。

4. 学写字是表达信息阶段

应伴随手部小肌肉协调能力逐渐成熟，教幼儿从简单笔画的字开始，一笔一画地写，一字一字地写。需要注意的是幼儿阶段尽量不要让幼儿做大量的写字练习，因为幼儿的小肌肉活动还没有完全成熟，容易疲劳，应当重视培养写字的姿势和兴趣。

（四）幼儿语言学习的特点

学好语言，为幼儿读、说、听、写打下良好的基础，作为教师和家长，都有能力和义务为幼儿创造一个学习语言的良好氛围及优美的语言环境，让幼儿在关爱中学好语言。掌握幼儿语言学习的特点就能够有的放矢地展开教学。

1. 幼儿语言学习是幼儿语言主动建构的过程

幼儿学习语言符号及其结构组织方式的过程不是被动的，而是一个主动、积极的建构过程。在语言交际环境中，当幼儿有交往的需要时，他们才会主动地搜寻记忆里的词汇和句子，尝试着进行表达。而在这种有交往需要的情况下，当幼儿因词汇贫乏或语法错误引起理解障碍时，幼儿才会感到学习新词的紧迫性，才会有意识地利用这种交往机会向对方学习，主动模仿新词新句。例如，成人与8个月大的幼儿讲话的时候，他同样也会发出“咿咿呀呀”的声音。这说明成人与幼儿之间的交往对幼儿的语言发展有促进作用。教师的语言可为幼儿语言学习起到示范的作用，让幼儿在与他人的交往中主动学习新词，从而形成一种主动性学习语言的习惯。因此，幼儿便逐步学会自己建构自己的语言。

2. 语言学习是幼儿语言个性化的过程

我们通过幼儿模仿语言的过程中表现出来的选择性和变通性，可以看出幼儿学习语言是幼儿个性化的过程。幼儿的模仿能力和接受能力较强，有时看过一次广告也可以准确地说出广告语。在这一方面，在保持幼儿健康的前提下，要适当地让幼儿看看规范的语言类电视或者听一些朗读录音，特别是一些孩子较为喜欢的幼儿节目、动画片等，让孩子跟着讲、念、读。教师也可以利用录音机、影碟机等电教化手段，让幼儿在日积月累中学习语言，接受语言，主动积极地与他人交谈。

3. 语言学习是幼儿语言综合化的过程

幼儿学习语言时，必然要弄懂语言的含义，也就是要理解语词所代表的一类具体事物，它反映事物的具体特征及意义、感情等。幼儿学习语言的过程往往和他们认识事物的过程相联系，因此，我们要丰富幼儿的生活，使幼儿有话可说。例如，生活中的每一种情绪、每一个活动都可以成为幼儿体验语言的内容，我们在日常生活中就应该有意识地引导他们，鼓励他们用自己的语言表达。同时，老师也可以利用故事、儿歌等形式为幼儿提供表达与交流的机会，提高幼儿的语言能力。

4. 语言学习是幼儿语言循序渐进、逐步积累的过程

幼儿学习和掌握语言需要一个过程，从无到有、从不理解到部分理解再到完全理解，积少成多，逐步完善。同时，这也表现了幼儿语言发展过程的年龄特点，随着年龄的增长，幼儿出现发音不准的现象越来越少。其中 3 ~ 4 岁阶段正是幼儿接受语言能力最强的时期，也是语言发展最迅速的时候。这时对幼儿进行普通话的教育与培养，也比较容易。

二、幼儿语言学习理论

（一）幼儿语言学习传统理论

幼儿是如何学习语言的，至今学界仍未有一个科学的结论。传统上，语言学习的行为主义学习观、乔姆斯基先天论观点、皮亚杰认知论和维果茨基的社会学习观的交互论在这方面的研究影响较大。

1. 行为主义学习观

行为主义学者认为幼儿语言能力的获得，源于外部环境给予幼儿的强化作用，也就是说，语言获得是经过一系列的刺激和反应联结而成。行为主义学者认为语言是人对外界一系列环境刺激的反应，可以观察和测量，可以通过外界强化、训练、模仿逐渐形成，是对外界环境刺激的习惯性反应体系；人的语言反应不具有目的性，完全受外界刺激和强化的制约。在行为主义者看来，语言学习是更广泛的学习系统中的一部分，幼儿学习语言无非是对成人的话语或环境做出一定的反应。如果反应是正确的，幼儿就会得到成人的肯定，反应得到强化并由此形成语言习惯。如果

反应是错误的，幼儿就会得到否定的态度，类似的情景中就不再使用原来学习的语言。强化在幼儿语言学习和获得过程中起着主要的作用。斯金纳认为强化至少有两个作用，即使幼儿自动强化自己的试探性言语和使被强化的刺激紧跟在言语行为之后出现，并逐渐形成固定的联结。

行为主义的语言学习模式强调强化和模仿在幼儿语言发展中的重要作用，认为语言是人类的一项后天获得的功能，语言的发展不需要特别的先天生理机制。这种模式虽然也承认生理基础的作用，但认为这种作用极其有限。

行为主义的语言学习模式曾经影响极大，但20世纪60年代后屡遭抨击，因为它很难解释幼儿语言学习过程中的很多复杂现象，有明显不足。例如，行为主义者虽然承认语言是人类特有的，承认人类生理基础的作用，但却竭力贬低这种作用，因而从根本上抹杀了人类和动物之间的本质差异。有证据表明，人具有独一无二的生理结构，有特别的语言加工能力，对言语刺激的加工不同于对其他信号的加工，是幼儿语言学习的一个特点。特别是幼儿学习语言初期，许多常见的词汇是通过模仿学会的，但幼儿的语言未必都是模仿而来的。

2. 乔姆斯基先天论观点

乔姆斯基（A.N.Chomsky）认为人类生来就具有复杂的语言结构，这些结构组成了“语言习得机制（Language Acquisition Device）”。这个装置用来分析语言习得的过程，如果给幼儿适当的语言刺激，幼儿能够通过这个装置将吸收进来的语言进行记忆内化，自然而然地形成复杂的语言系统。他认为语言是认知的一个方面，是人类独有的一种特殊的认知能力，是一种以规则为基础的复杂系统或结构，这种系统在一定程度上独立于语言运用，代表了说话人的语言能力，这种能力恰恰使语言使用者有了无限的“语言创造力”，即能产生和理解母语中他从没听到过的语句。因此，在乔姆斯基等人看来，语言发展在很大程度上就是推演或发现母语语言规则、掌握语言结构的过程。该模式强调语言是人类特有的特殊认知能力，人类的先天遗传因素决定着幼儿语言获得的整个过程，否定行为主义的环境的强化和训练是语言获得的决定因素。

先天论的语言学习模式对幼儿语言获得的解释是在批判行为主义的语言学习模式的基础之上产生的。乔姆斯基的先天论一定程度上能帮助我们解释婴幼儿语言学习的惊人潜能，但这个先验、唯理论的学说因为目前无法检验和证明，还缺少让人信服的证据。

3. 认知相互作用论

以皮亚杰为代表的认知相互作用论认为，语言产生于人类认知的成熟，是认知组织的组成部分。来源于维果茨基的社会历史文化理论强调环境特别是社会相互作用系统对语言结构的获得所起的重要作用，认为幼儿不是语言训练的被动受益者，而是一个有着自己意图和目的、积极主动的语言建构者。这两种目前颇有影响力的语言学习理论又称为语言学习的相互作用理论，其主要观点如下。

第一，幼儿是一个主动建构语言的交流者。在日常生活中，他经常需要将接收到的信息（如视觉、听觉信息）以及主观感受、愿望或要求转换成语言表达给别人，或者根据别人的意图做出言语反应。这样，语言结构的调整和重新组织不断发生，语义、句法、语用和主体认知水平之间的矛盾和不平衡不断产生，促使幼儿不断进行尝试和调整。这就是一个主动的意义建构过程。

第二，语言学习的过程是个体语言与社会规范语言辩证统一的过程。人类语言既是个人创造的结果，又受社会规范的影响。在幼儿内部有一种交流的强烈需要，使得语言发展的方向朝向家庭和社会的语言。幼儿的语言在与他人的交流中，通过对方的反应情况而发生改变。因此，父母、照看者、兄弟姐妹、同伴等在幼儿语言发展中起着重要作用。他们是幼儿重要的交流伙伴、言语反应者和理解者。

第三，语言学习和通过语言进行学习有机统一。幼儿语言的学习是一个从不会到会的过程，这个过程与幼儿的生理发展、认知发展以及社会性发展都有密切的联系。幼儿在获得母语的同时也学会了用社会所公认的方式表达情感和愿望。韩礼德（M.Halliday）对幼儿语言发展进行了研究，他发现，当学习者理解了语言的各种功能和形式时，他们也在内化着社会运用语言来表征事物的方式，所以他们用语言来学习的同时也在学习语言。这两种类型的学习同时进行，认为语言形式的学习先于语言运用的观点是错误的。

第四，幼儿在运用语言的过程中学习完整的语言。只有在自然交流中幼儿才能真正理解语音、语法、语义和语用等各因素是怎样工作的。家长在教孩子说话时，并没有限定孩子学习语言系统的某一方面，他们总是在有意义的情景中，伴随一定的社会性刺激来呈现完整的语言。

交互论反对语言获得的先验论，同时又不排斥遗传机制、社会环境以及幼儿自身活动的作用，是相对比较全面的一门理论。但它过分强调认知或环境是语言发展的基础，不能充分说明认知、环境和语言发展之间的关系。我们认为，单因素很难全面解释幼儿早期语言的发展。先天与后天的因素在幼儿语言获得中的作用并不矛盾，幼儿的语言能力在某种程度上是一种遗传的潜能，其发展是按照某种生物发展的时间表趋向成熟的，但这只提供了语言发展的可能性。离开了一定的语言环境和教育条件，离开了幼儿个体与社会环境的相互作用，这种可能性是无法转变为现实性的。

（二）当代幼儿语言学习理论

目前，我国大多数学前教育机构实行的语言课程仍带有“小学化倾向”，不自觉地向幼儿进行填鸭式的语言教育。传统语言教育思想及其课程模式具有明显的应试教育倾向，压抑幼儿读写主动性和积极性。在传统的课程模式下，教师忽视了幼儿身心发展特点，幼儿无法发挥自身语言学习的主观性，逐渐失去了对读写甚至是语言学习的兴趣，进而出现学习困难和厌学情绪。目前有影响的学习理论有全语言教学、幼儿读写萌发理论等。

1. 全语言教学理论

全语言教学理论已成为国际幼儿语言教育的代表性理论，并在美国、加拿大等国引起了教育改革运动，成为幼儿及小学课程的一股发展潮流。“whole”的原意是“所有的、完整的、完全的”，是针对语言及语言学习而言的，这个词体现了该理论的核心精神——语言是完整的、整体的，不可分割成孤立的语音、字、词和句子片段。语言的学习也是完整的，应包含对学习者个人有意义的语言而不可被划分成内容或技巧的部分。语言的学习应在完整的情景、真实的言语实践中，在完整的语言观统领下通过整合的语言学习逐渐建构起来。研究全语言教学理论将使我们更好地理解我国幼儿语言教育提供的理论基础和可以借鉴的实践模式，并发现其对我国幼儿语言学习与教育的启示。

（1）全语言教学理论的理论基础

全语言理论受主张自然的、以幼儿为本位的教育哲学观、主张整体化的课程观、幼儿语言获得理论及生成读写的影响，尤其是后两者对全语言教学理论的形成与发展影响较大。

1）主张自然的、以幼儿为本位的教育哲学观

这种观点可追溯到卢梭、裴斯泰洛齐、福禄贝尔和杜威的教育思想。卢梭认为教育应以幼儿为本位，顺应自然。裴斯泰洛齐主张教育应让幼儿获得直接的经验，使其各种能力得到自然均衡的发展。福禄贝尔认为教育的功能在于引导幼儿天赋能力的发展，发展其内在的本性与潜能。杜威主张教育的本质就是生长，幼儿的生长应以幼儿为中心，依照其兴趣与能力来培养，并注重“从做中学”。

2）主张整体化的课程观

对全语言课程的整合观有很大影响的是杜威的课程观点。杜威认为学校应重视课程整体化教学，应把数学、历史等科目联系起来，并按照这些科目在现实生活中所发生联系的方式来组织。

3）幼儿语言获得理论

幼儿语言获得理论认为语言的获得是建构的过程，这为全语言教学提供了坚实的理论基础。该理论认为语言的获得既需要先天的语言能力和一定的生理成熟与认知的发展，更需要在交往中进行。幼儿是积极主动的语言建构者，语言既不是天生的，也不是学习得来的，而是在幼儿的当前认知机能与当前语言和非语言环境相互作用的过程中不断建构的，语言获得和通过语言学习是统一的。

4）生成读写（Emergent Literacy）

新西兰学者玛丽·克雷（Marie Clay）在其博士论文《生成的阅读行为》（Emergent Reading Behavior）中第一次使用了“生成读写”一词。持生成读写观的研究者认为“emergent”即“生成性”这个词很好地体现了生成读写的精髓。成为能读会写的人是一个连续的生长过程。有的研究者曾将这个过程形象地比喻为“不断成长的大树”。

（2）全语言教学理论的特点

1）完整性

完整性是全语言教学理论的核心，指的是语言本身的完整性和语言学习历程的完整性。首先，全语言理论认为学习语言要保留语言本身的完整性，传统语言教育的由下而上的学习观（学会了每一个部分，就学会了整体），强调学习语言的细节，忽视意义的沟通。这都是与幼儿先前由口头语言经验所发展出来，有关如何写具有功能性的完整文章的概念前后矛盾的。因此，全语言幼

儿园提供给幼儿完整的语言材料，例如，完整的句子、文章、语言事件的对话等，强调通过完整的文学作品来陶冶幼儿的情操，使幼儿获得信息及完整文章的概念。全语言理论认为，每一种语言形式对使用者而言都是一组可贵的语言资源，说话方式不同的人语言能力并非有高低之分。因此，要保留语言的完整性，不能因为说话者缺乏社会地位，就不认同某些语言、方言和特定的语言形式。其次，全语言教育家认为听说读写的发展是不可分割的，是完整的。例如，古德曼曾指出幼儿借着语言学习各项事物的时候，同时也学会了听说读写，以及语言本身的形式结构。这三件事同时发生，而且发生在真实的语言事件中。因此，全语言教学理论指导下的幼儿园让幼儿因为需要而从事听说读写的活动，进行整体教学。

2）真实性

真实性是全语言的本质，包括语言本身的真实性和语言学习的真实性。

首先，全语言教学理论批判传统的语言教育提供给幼儿的是属于他人经验的语言，与幼儿的实际生活不相干，不具任何社会功能，提倡提供给幼儿属于自身经验的、与其自身相关的、具有社会性功能的语言。其次，在全语言幼儿园里，教师采用的是来自于生活的各式各样真实的材料，并让幼儿在参与阅读及写作的真实情境里，自然地学到阅读及书写的概念。在全语言课程中，这种真实性主要表现在让幼儿在各种活动中，特别是游戏中自然地获得语言。

3）建构性

建构性是全语言教学的基础。全语言教师认为幼儿读写的发展是充满活力的建构性的过程。例如，全语言幼儿园没有一套适用于所有孩子的“按部就班”的写字课程。全语言教师欣赏“孩子们正在建构书写”的行为，他们确信幼儿出现的错误是幼儿自然发展和成长过程中的一部分。再如，全语言幼儿园的各种活动区，特别是图书区与书写区的安排也都体现了建构的观点。全语言教师将图书区安排成受幼儿欢迎的、生动的社会场所，让幼儿在其中和书本或故事书互动，借此来协助幼儿探索阅读材料。

4）以幼儿为本位

以幼儿为本位是全语言教学观的出发点。首先，应让幼儿拥有语言学习的自主权。全语言教育者认为要做到这一点，除了要让幼儿感到语言学习是具有个人意义的、有用的、有趣的，还要让幼儿有使用语言的自主权。他们可以决定使用语言是为了什么目的，如何去使用及何时使用等，而教师也应尊重幼儿的这些权利。其次，应尊重幼儿的个别差异，如说话的方式、阅读的内容及入学前的经验等，特别是个体语言发展的个别差异。最后，提倡对幼儿进行纵向的评价。全语言幼儿园的教师会在非正式的情况下观察并做评价，将观察结果作为评价和修改教学计划的依据，同时也帮助幼儿考量自我成长的水平，让他们明白自己的语言使用是不是成功。例如，给那些常常担心“孩子是否学到基础技巧”的家长、老师及管理人员看幼儿的写作作品以及听幼儿阅读的录音，或邀请他们直接观察幼儿的进步。

（3）全语言教学理论在幼儿园课程中的运用

1）主题式单元

全语言幼儿园的课程是以主题式单元为核心架构的。所谓主题式单元，即是以幼儿的兴趣、需要及发展为出发点选择、确定主题，依照主题为中心来安排一天的作息，将主题融入各段时间和活动内，并以主题来统领不同领域的活动、安排课程。主题可以是科学的、文学的、社会的、艺术的和整合式的。主题式单元发展的幼儿读写经验包括分享式地写和读、朗读和反应、独立地读以及独立地写。这些经验呈现在幼儿园的集体活动、分组活动、个别活动和游戏活动的课程中。整合式的主题单元能够让幼儿在学习各领域知识的同时将语言整合入学习活动中，从而使语言学习和通过语言学习达到统一，为幼儿提供机会选择真实的活动，让幼儿参与计划、从事建构性的研究活动，从而融入一个完整的探索活动气氛中。同时，因为主题提供调查语言使用和认知发展的焦点，从而让幼儿把学到的知识视为整体的一部分，而不是在一个学科领域下支离破碎的信息。因此，可以说这种整合式的主题单元充分体现了全语言的完整性、真实性、建构性和以幼儿为本位的特征。

2）游戏

游戏是全语言幼儿园课程最实质的部分。在全语言幼儿园里，整合式主题单元教学实践活动主要是在游戏时间进行的，游戏是全语言课程的重要实施环节。全语言教师每天都会为幼儿安排自由游戏的时间，且幼儿从入园开始都能自由游戏。全语言教师一般都会在作息表上标出游戏时间。在保证游戏时间的前提下，全语言教师认为最重要的是要为幼儿创造一种从容不迫、支持性的游戏气氛，并在必要时积极投入其中，鼓励、支持、引导幼儿游戏，让幼儿在游戏中进行建构性的学习。全语言教育家特别指出除了保证充裕的游戏时间以及有成人鼓励游戏者以外，还可以通过在游戏时间增加书写材料为幼儿提供更好的全语言环境。如幼儿来园时段增加读写材料，孩子早上来园时段可以使用出席板，在幼儿名字旁边放上一个小衣夹，或者老师可以在一个海报板上面贴上放图书卡的小口袋，每个口袋外面都印有小朋友的名字，孩子们可以把他们的名字放在这个小口袋里，这种方式可以让幼儿练习阅读自己的名字。全语言教育家认为随着在幼儿来园时间读写材料的增加，幼儿渐渐能把阅读与书写视为一天中一个自然的开始。同时，全语言教育家指出幼儿功能性书写的需求，尤其是做表格及书写指示的需求，会延伸到户外游戏中。

3）小组活动时间

在全语言幼儿园里，小组活动对幼儿来说，就是说话时间、分享时间、咯咯笑的时间或“聊些新玩意”的时间。对教师来说，它是一个为幼儿探究新主题、娱乐、给予新知，以及启发好奇心的时刻。教师利用小组活动，培养小朋友的群体意识，安排一天中的特定活动，或是分享和主题有关的知识和新资讯。小组活动通常为 20 ~ 30 分钟，但由于全语言以幼儿为本位，所以其时间长短和互动形态都是为幼儿设计的，会随着年龄及幼儿的兴趣与能力不同而有所不同，是一段弹性的时间。全语言教师珍视小组活动，认为最重要的是小组活动为幼儿提供了舒适地坐在一起成为一个班级团体的时间。在这段时间内，幼儿学会积极参与倾听并回应老师的指示以及和其他小朋友互动沟通，这种互动与沟通为幼儿语言发展提供了无限可能性。因此，全语言教师把小组活动看作一段促使幼儿成为倾听者、谈话者、阅读者以及书写者的宝贵时间。

2. 读写萌发理论

（1）读写萌发思想缘起与内涵

读写萌发是指幼儿学习读和写不是限定在某一个特定的时间，而是从日常生活中接触文字的刺激，并主动地假设、验证、发明及建构与文字有关的读写知识，而自然地萌发和展现读写能力。它认为幼儿学习读写是一个持续的过程，而不是一个特定的时刻，重视幼儿在正式接受读写教育前显露出对读写的兴趣及能力，主张幼儿读写是在实际日常生活中学习和发展的，应从幼儿的观点而非成人的想法来了解幼儿的读写萌发。

（2）读写萌发课程及其取向

以读写萌发为基础建立起来的读写萌发课程的主要概念包括四方面内涵。一是幼儿在生活中即开始学习读写。幼儿从生活中的玩具、积木和图画书中接触文字，辨识生活环境中的符号、标志和文字，从画图、涂写中试验书写。因此，幼儿在被正式教授读写之前，读写即已经在生活环境中萌发。二是幼儿学习读写是一种社会历程。读写萌发是一种文化适应的历程，发生于人际互动中。幼儿在社会情境中参与书写活动，并经由书写者的示范、帮助、鼓励、反应和回馈书写文字，这样的读写事件，即是幼儿早期书写发展的社会基础。三是幼儿是学习读写的主动者。读写萌发强调幼儿在学习阅读和写字的过程中是一个主动参与者和积极建构者。四是阅读和书写相互关联发展。读写萌发理论将读和写视为一体，强调幼儿阅读和书写的相互关联与发展并进。读写萌发课程有助于维持幼儿的阅读和书写兴趣，积累幼儿的语言经验，用直接经验来扩展幼儿语言能力。

读写萌发理论强调一种幼儿与周围环境的主动建构的取向。具体说来，主要包含六个课程取向。一是要让幼儿沉浸在语言和文字中。幼儿语言学习与教育要让幼儿沉浸在口语和文字中，并鼓励幼儿运用听说读写的方式和他人进行持续互动。二是提供良好的语言学习机会和资源。环境中丰富的文字资源和人际互动过程，能帮助幼儿使用文字而理解文字。相关研究表明，幼儿的语言发展和他们接触图书的经验呈现明显的正相关。三是实现有意义的沟通。幼儿在语言学习环境中通过话题讨论、数据文字，寻求和建构有意义的沟通。四是幼儿教师是沟通的示范者、促进者，要让幼儿看到文字沟通的目的和功能。五是发自内心地接受幼儿是阅读者和书写者。幼儿家长及教师要认真对待幼儿的读写事件。六是秉持期待的态度。老师鼓励支持幼儿在环境中自由探索和试验语言读写，给予幼儿积极的鼓励和有效的支持，帮助幼儿发展其语言的最近发展区，让他们在语言学习中获得成就感和满足感。

（3）读写萌发的课程内容与实施

读写萌发的课程内容强调对幼儿读写经验的统整，保证幼儿语言学习是完整的、真实的、有意义的，而不是刻意教幼儿与单元主题有关的部分字句或念诵几首儿歌，也不能将读写切割成语音、字汇、词汇等片段。具体来说，幼儿的读写经验包括非正式的学习和探索机会、互动与分享式的学习事件、说故事和游戏。课程内容通过对幼儿读写萌发课程的整合，让幼儿感受读写的乐趣，用语言策略进入孩子的生活领域与想象世界，增进读写的实际知识、文字书写的体验。

读写萌发的课程实施主要采用以语言活动为基础，多种方式结合的方式来统整整个语言教育活动，对幼儿实施读写启蒙。其中绘本教学活动和游戏教学活动这两种策略获得了普遍认可。

1）绘本教学活动

高品质的绘本是重要的语言教材，具有凝练的文字、细致的绘画和符合幼儿身心特点的内容。如《玛塔黄金国历险记》《猪仔仔的时光机》等绘本都是幼儿喜闻乐见的作品。绘本教学正是基于对绘本画面的故事主体进行讲述，突破幼儿书面文字经验不足的阅读限制，使幼儿在享受到绘本阅读乐趣中学会自主阅读，通过口语或书写、绘画等形式大胆表达真实的阅读体验，有效地促进其读写能力、听说表达能力、思维与想象能力、审美感知能力和社会性的全面和谐发展。

2）游戏读写活动

游戏读写活动即在读写萌发课程中，把读写当作游戏，运用幼儿对游戏的喜爱来激发幼儿对读写的兴趣，让幼儿在游戏中自发地产生读写的动机和愿望，自发地读写，并获得读写的快乐。在幼儿的游戏中，教育者的指导性更多地转变为支持性，通过为幼儿的游戏提供充分的恰当的语言资料，在幼儿的游戏环境中布置丰富的语言环境。例如，某幼儿园让幼儿书写自创性的符号或文字、阿拉伯数字，进行随意涂鸦、具表征性的涂写和绘画，鼓励幼儿从事符号的探索。幼儿园为幼儿开展主题活动，让幼儿进行蕴含着阅读的“猜谜语”“走迷宫”等游戏，有效地推动幼儿读写能力的发展。

三、幼儿语言学习与教育策略

（一）影响幼儿语言学习的内外因素

3 ~ 6 岁正是幼儿语言学习的关键期，这一时期幼儿的语言能力获得重大突破与飞跃。不仅词汇量迅速增加，而且对语意的理解更加深刻，能够针对不同的语境进行交流。那么，幼儿语言发展与哪些因素有关呢？从总体上讲，幼儿语言发展与个体自身的条件有关，同时也离不开一定的环境与教育条件。具体影响因素如下。

1. 个体因素

幼儿作为一个语言学习与发展的个体，其语言发展与个体自身的生理因素、认知因素、情感因素有关。

（1）生理因素

众所周知，语言是思维的工具，也是交流的手段。也就是说，语言的价值体现了一种功能，而功能与一定的结构有关，是一定结构的功能。语言功能的实现离不开一定的物质基础，即大脑发育和语言发音器官。幼儿发音器官正常与否，会影响其语言能力的发展。

（2）认知因素

幼儿学习语言不是“鹦鹉学舌”，不是“囫囵吞枣”，而是经过自己的理解和记忆，然后再运用到一定的语言情境中，并且加以适当的创造。可见，幼儿的语言发展与其认知能力密切相关。

（3）情感因素

幼儿学习语言不是消极被动的，而是积极主动地选择、吸收语言因素的过程，也就是说，幼儿对语言学习的情感、态度不同，语言发展也不一样。积极的情感因素有利于幼儿语言的学习。

2. 环境因素

良好的语言环境是幼儿学习的重要条件，语言离不开一定的环境。幼儿总是在环境中与人进行交往的，而语言作为人际交往的工具，正是在环境中被幼儿学习、掌握与运用的。游戏是幼儿最乐意参与的一种玩的方式，也是与同伴进行交往互动、轻松自由的学习活动。伴随着游戏，幼儿可以不受真实环境中许多条件的限制，自由自在地充分展开想象的翅膀，交流思考，表达感情，认识世界，处理人与人之间的关系，语言交往与表达等都得到了训练和提高。

3. 教育因素

幼儿可以在环境中通过与人交往自发地学习语言，更多的是在教育情境中自觉地学习运用语言，掌握方法，获得发展。

明确了影响幼儿语言发展的因素，可以合理地运用相关条件，有效地促进幼儿语言发展。每一个语言发音器官正常的幼儿，只要家长为其构筑一个良好的教育环境，培养幼儿良好的思维能力与语言理解能力，激发幼儿学习语言的兴趣与语言表达的兴趣，鼓励幼儿积极地进行人际交往，不断地交流、学习、模仿、吸纳、运用语言，就能培养出一个思维灵活、表达清晰的幼儿。

（二）3岁前幼儿语言学习策略：模仿和强化

在幼儿获得语言的过程中有各种类型的模仿在起作用，而不是直接模仿（观察模仿）或选择性模仿单独作用所能承担的。概括起来，在幼儿语言获得过程中有四种类型的语言模仿行为：①即时的、完全的临摹；②即时的、不完全的临摹；③延迟模仿（有变形或创造性因素）；④选择性模仿（可以按照语言范型的结构、功能在新情境中表述新的内容）。

一般来说，即时性模仿在语言发展中的最初期起主要作用，但随后便被延迟模仿所替代。这两种模仿在2岁前发挥着重要作用。后来选择性模仿占据了主导地位，它使幼儿能迅速地掌握和运用大量语言材料和基本语法规则。但是，对于那些比幼儿已有认知能力远为复杂的语言范型，幼儿则不能模仿或者表现为不完全的模仿。因此，模仿说并不能解释清楚语言获得过程中的全部事实。

巴甫洛夫和斯金纳都认为，语言的获得就是条件反射（无论是操作性还是经典性）的建立，而强化在这一过程中起着非常重要的作用。斯金纳特别强调“强化依随”（即紧跟在语言行为之后的强化的刺激）在幼儿语言行为形成过程中的决定作用。乔姆斯基对此进行了深刻批评，并认为幼儿不可能通过强化而最终获得语言。我们认为，强化说有其合理性，可以解释清楚某些低级语言的发生过程，如最初的语音和单个单词等。

促进幼儿语言学习的有效策略列举如下。

1. 积极回应

首先，父母应该每天抽出固定的时间，陪伴孩子。对于他们发出的元音、辅音和其他听不懂的咿咿呀呀的声音，给予及时和热烈的回应，比如对于孩子笑着发音也报以微笑。在这样的鼓励下，孩子一定会更有兴致，期望继续交流。其次，主动和孩子交流。比如吃饭前，每次都和孩子说“吃饭了”，睡觉前和他说“睡觉了”。

2. 运用非语言交流

语言学家艾伯特·梅瑞宾的研究表明，人与人之间的沟通93%是通过非语言的方式进行的，其中55%是通过面部表情、形体姿态和手势等肢体语言进行的。由此可见，非语言信息在沟通过程中是多么重要。那么，什么是非语言沟通呢？幼儿心理学家表示，非语言沟通是指运用恰当的目光、声调、动作等来与孩子进行沟通。如对孩子表示喜欢、赞许时，可抚摸他的头，拍拍他的肩，点头微笑，挑起大拇指等；对孩子不满时沉默地向他直视一眼，或面部严肃等都属于与孩子的非语言沟通。所以，我们在与幼儿交往的时候，应该懂得巧妙地运用肢体语言去鼓励他们。小班幼儿的行为受情绪支配，情绪波动大，反复不稳定，对成人表现出强烈的依恋，尤其需要得到亲近成人的微笑、拥抱、拍拍、摸摸等肌肤相亲的爱抚动作。

3. 使用“儿向语”

“儿向语”即幼儿导向语言，是一种专门说给幼儿听的语言，是对幼儿语言的重复、扩充和评价，是幼儿能理解或经过解释能够理解的规范的语言形式。儿向语要求成人在了解幼儿当前语言水平和认知能力的基础上，以略高于其水平的语法、语义和语言内容与其进行交谈。儿向语是一种动态的话语，随着宝宝年龄的增长，语言能力的提高，在内容和形式上都会随之改变。当幼儿处于牙牙学语时，可以用电报式语句与之交谈，如幼儿说“奶”，成人可以将其扩充为“宝宝吃奶”；当幼儿会说短句，如“妈妈抱”时，父母就可以扩充为“妈妈喜欢抱宝宝”等。

4. 运用有趣的形式

运用图画书、讲故事、使用语言游戏等形式帮助幼儿拓展语言，创设良好的语言环境；提供生动有趣的故事和图画书，让幼儿主动地参与语言活动，在幼儿说的句子上增加或减少部分字词，并示范正确的语言形式；向幼儿提问或回答他们的问题，给他们创设生动、有趣和规范的语言环境。

5. 适应每个幼儿的发展与需要

每个幼儿都有自己学习语言的节奏，成人要发现幼儿独特的语言学习方式、特点，适应每个幼儿的学习风格等。

（三）幼儿语言教育策略

幼儿的语言能力是在交流和运用的过程中发展起来的。应为幼儿创设自由、宽松的语言交往环境，鼓励和支持幼儿与成人、同伴交流，让幼儿想说、敢说、喜欢说并能得到积极回应。为幼儿提供丰富、适宜的低幼读物，经常和幼儿一起看图书、讲故事，丰富其语言表达能力，培养阅读兴趣和良好的阅读习惯，进一步拓展学习经验。幼儿的语言学习需要相应的社会经验支持，应通过多种活动扩展幼儿的生活经验，丰富语言的内容，增强理解和表达能力。应在生活情境和阅读活动中引导幼儿自然而然地产生对文字的兴趣，用机械记忆和强化训练的方式让幼儿过早识字不符合其学习特点和接受能力。

1. 指导幼儿正确发音

（1）用自己的正确发音为幼儿做好榜样

幼儿学习发音，主要是依靠模仿。入园后，教师是他们主要的模仿对象。因此，教师的语音一定要正确，与幼儿讲话时，教师的语速要慢，吐字要清楚，让幼儿正确判断出声音是如何发出的。教师要帮助幼儿多练习发音，注意发音的口形与部位，让幼儿在潜移默化中学会正确的发音。

（2）用多种方法教给幼儿正确的发音

平时在活动中幼儿所学的儿歌、故事，能锻炼幼儿的发音吐字，但对幼儿发不准或易发错的音，除了反复强化练习，还可以找一些相关的图片相结合，让幼儿练习。这种方法容易被幼儿喜爱、接受，它既可以纠正幼儿不正确的发音，还可以培养和提高他们学说普通话的兴趣。另外，游戏也是幼儿喜欢的活动，所以教师可以利用有趣的教学游戏帮助幼儿练习发音，让幼儿在游戏中轻松愉快地学习正确的发音，并练习用普通话交谈。

（3）耐心纠正幼儿的错误发音

由于外在或自身的原因，有些幼儿发音不准，对于这些幼儿教师不要模仿或强化幼儿的错误发音，以免伤害他的自尊心。教师要有耐心地去帮助、引导幼儿，不要随意斥责幼儿。相信只要坚持不懈，让幼儿反复不断地练习，一定会让幼儿学会正确的发音，说好普通话。

2. 指导幼儿学会倾听与表达

（1）引导幼儿学会认真倾听

成人要耐心倾听别人（包括幼儿）的讲话，等别人讲完再表达自己的观点；与幼儿交谈时，要用幼儿能听得懂的语言；对幼儿提要求和布置任务时要求他注意听，鼓励他主动提问。经常和幼儿一起谈论他感兴趣的话题，或一起看图书、讲故事。对幼儿讲话时，注意结合情境使用丰富的语言，以便于幼儿理解。说话时注意语气、语调，让幼儿感受语气、语调的作用。如对幼儿的不合理要求以比较坚定的语气表示不同意；讲故事时，尽量把故事人物高兴、悲伤的心情用不同的语气、语调表现出来。

（2）让幼儿愿意讲话并能清楚地表达

为幼儿创造讲话的机会并体验语言交往的乐趣。每天有足够的时间与幼儿交谈。如谈论他感兴趣的话题，询问和听取他对自己事情的意见等。尊重和接纳幼儿的说话方式，无论幼儿的表达水平如何，都应认真地倾听并给予积极的回应。鼓励和支持幼儿与同伴一起玩耍、交谈，相互讲述见闻、趣事或看过的动画片等。方言和少数民族地区应积极为幼儿创设用普通话交流的语言环境。引导幼儿清楚地表达，如与幼儿讲话时，成人自身的语言要清楚、简洁。当幼儿因为急于表达而说不清楚的时候，提醒他不要着急，慢慢说；同时要耐心倾听，给予必要的补充，帮助他理清思路并清晰地表达出来。

（3）培养幼儿文明的语言习惯

成人要注意语言文明，为幼儿做出表率。与他人交谈时，认真倾听，使用礼貌用语。在公共场合不大声说话，不说脏话、粗话。幼儿表达意见时，成人可蹲下来，眼睛平视幼儿，耐心听他把话说完。帮助幼儿养成良好的语言行为习惯，结合情境提醒幼儿一些必要的交流礼节，如对长辈说话要有礼貌，客人来访时要打招呼，得到帮助时要说谢谢等。提醒幼儿遵守集体生活的语言规则，如轮流发言，不随意打断别人讲话等。提醒幼儿注意公共场所的语言文明，如不大声喧哗等。

3. 指导幼儿做好阅读与书写准备

（1）激发幼儿听故事、看图书的兴趣

为幼儿提供良好的阅读环境和条件。提供一定数量、符合幼儿年龄特点、富有童趣的图画书。提供相对安静的地方，尽量减少干扰，保证幼儿自主阅读。激发幼儿的阅读兴趣，培养阅读习惯。经常抽时间与幼儿一起看图书、讲故事。提供童谣、故事和诗歌等不同体裁的幼儿文学作品，让幼儿自主选择和阅读。当幼儿遇到感兴趣的事物或问题时，和他一起查阅图书资料，让他体会通过阅读获取信息的乐趣。引导幼儿体会标识、文字符号的用途。向幼儿介绍医院、公用电话等生活中的常见标识，让他知道标识可以代表具体事物。结合生活实际，帮助幼儿体会文字的用途，如买来新玩具时，把说明书上的文字念给幼儿听，了解玩具的玩法。

（2）培养幼儿初步的阅读理解能力

经过和幼儿一起阅读，引导他以自己的经验为基础理解图书的内容。引导幼儿仔细观察画面，结合画面讨论故事内容，学习建立画面与故事内容的联系。和幼儿一起讨论或回忆书中的故事情节，引导他有条理地说出故事的大致内容。在给幼儿读书或讲故事时，可先不告诉名字，让幼儿听完后自己命名，并说出这样命名的理由。鼓励幼儿自主阅读，并与他人讨论自己在阅读中的发现、体会和想法。在阅读中发展幼儿的想象和创造能力。鼓励幼儿用故事表演、绘画等不同的方式表达自己对图书和故事的理解。引导幼儿感受文学作品的美。有意识地引导幼儿欣赏或模仿文学作品的语言节奏和韵律。给幼儿读书时，通过表情、动作和抑扬顿挫的语音传达书中的情绪情感，让幼儿体会作品的感染力和表现力。

（3）使幼儿具有书面表达的愿望和初步技能

让幼儿在写写画画的过程中体验文字符号的功能，培养书写兴趣。例如，准备供幼儿随时取放的纸、笔等材料，也可利用沙地、树枝等自然材料，满足幼儿自由涂画的需要。鼓励幼儿将自己感兴趣的事情或故事画下来并讲给别人听，让幼儿体会写写画画的方式可以表达自己的想法和情感。把幼儿讲过的事情用文字记录下来，并念给他听，使幼儿知道说的话可以用文字记录下来，从中体会文字的用途。在绘画和游戏中做必要的书写准备，如鼓励幼儿学习书写自己的名字，提醒幼儿写画时保持正确姿势。

（四）幼儿语言教学策略

要促进幼儿的语言学习，教师必须掌握有效的教育教学策略。

1. 创设积极、丰富、真实的语言环境

教师应特别注意保护幼儿运用语言交往的主动性和积极性。一个宽松的语言学习环境是愉快的，是积极互动的，也是允许出错的。幼儿的语言是在运用的过程中成长起来的，而幼儿的语言运用又是在真实的语言交流过程中实现的。因此，教师应选择形象、生动的教材，运用多种方法和策略组织专门的语言教育教学活动，使幼儿在教师提供的真实而丰富的语言情境中，运用多种方式进行语言交流、扩展自己的语言经验。如引导幼儿学习如何有节奏地朗诵儿歌；学习如何在集体中比较清楚地说出自己的看法。老师安排有意义的、真实的生活环境，在孩子所处的环境中可看到丰富的书籍、纸、笔等，吸引孩子去好奇、探索、记录。长久浸染之下，自然能增进其语言智能。

2. 师生共同确定主题，共同计划

所谓师生共同建构主题，就是教师根据幼儿的兴趣或需要确定主题内容，通过和幼儿的互动逐步拓展完善主题。在整个主题开展的过程中，教师和幼儿共同商讨相关的学习方法、相应的知识和技能。在学习环境中孩子们探讨有兴趣的主题，共同制订语言学习计划，探讨所需要的材料和资源。先由教师进行规范示范，进而引导幼儿共同参与，幼儿将渐渐地成为活动的主导者，教师成为在旁的协助者、催化者、支持者。

3. 经常给予阅读、书写示范

幼儿的早期阅读是一种成人朗读、幼儿听赏的活动。为幼儿朗读，让幼儿先“用耳朵进行阅读”，是幼儿语言学习中非常重要的一点。用“耳朵阅读"所获得的阅读感悟会令他们心神荡漾，沉醉其中。声情并茂的朗读非常关键。在朗读中，教育者通过语调、节奏以及表情、动作等对作品进行更加直观、形象的阐释，让幼儿感知理解作品内容，感受、体验作品情感，从而获得极大的满足。同时，幼儿在听的过程中也不是被动接受，而是积极主动地接受信息，并且与已有经验整合，从而建构起新的认知。他们能从动听的语言表达，有时甚至就是真实的表演中感受到故事中的真善美和假恶丑。根据幼儿的个别差异，选择适当的书籍常常为幼儿阅读，以幼儿的语言背景和生活经验，引导孩子讨论表达他们的思想感受。

4. 让幼儿学会倾听和积极反馈

“倾听”是一种有目的、有选择的“听力”，而听故事是培养幼儿倾听习惯的良好途径。在给幼儿朗读故事的同时，给他们提出明确的要求，如要集中注意力，听清故事的大概内容；边听边想“故事里有谁？”“你听到的哪句话最美？”“谁的话最有道理？”“从故事中你懂得了什么？”此时的幼儿已不再是单一的听众角色，他们更是用心在与绘本进行深层次的交流。

5. 鼓励幼儿大胆尝试使用语言

在幼儿听说读写的过程中，幼儿会出现各种各样的问题，教师应给予他们阅读、书写和表达的机会，鼓励幼儿大胆尝试，大胆说话，敢于表达。选择他们感兴趣的话题，让他们体验语言交流的意义、成功和快乐。遇到幼儿表达错误时，教师不要急于或者刻意加以纠正，而是让幼儿首先自然完成当前进行的语言活动。

6. 肯定期待

教师要在幼儿表现出色时用“好样的！”“你真棒！”等积极语言给予回应，在幼儿遇到困难时要及时地予以鼓励。教师积极或消极的态度都会影响幼儿语言学习的成效。时常肯定幼儿的语言经验，相信每一位幼儿都能成为成功的阅读者与小作家。对于幼儿在语言上的表现，都能适时地给予反应和肯定。

（五）教师在幼儿语言学习中的角色

幼儿教师对幼儿来说是除父母之外的第一任教师。幼儿阶段是一个快速学习与快速成长的时期，对于幼儿智能的吸收与成长，幼儿教师将面临极大的挑战。如何肩负此重任呢？综合学者的研究提出下列的看法。

1. 明朗化经验

在多元智能教学中，塔虎兹大学的戴维·费尔德曼（David Feldman）提出两个影响智慧发展的经验，那就是明朗化经验（crystallizing experiences）和麻痹化经验（paralyzing experiences）。明朗化经验是才能和能力发展的转折点，当孩子在某方面的经验充满愉快及成功的体验时，这些情绪就会促进智能的进一步发展。加德纳认为明朗化经验是一种点亮智慧并使之趋于成熟的火花，爱因斯坦小时候父亲指导他看指南针，这指南针当时在他小小的心灵中引发他探究宇宙奥秘的意念。而麻痹化经验则是一种充满羞耻、内疚、恐惧等的负面情绪，遭遇这些负面情绪的人，容易关闭学习智能之门。幼儿若在语言的学习过程中，时常遭遇到负面的评价，则其语言智能之门将会关闭。教师们应多给幼儿明朗化经验，给予鼓舞、肯定，让幼儿有成就感。

2. 灵活运用教学策略

教师要能灵活且适当地运用语言教学策略，根据时间、地点、成员、主题、情境之不同而有不同的教学策略。具体有以下几种。

第一，经验图表。以图表表示今日小帮手的姓名、日期、天气状况、探讨的主题名称、探讨的内容、今日活动的回顾等。

第二，实地参观访问。配合主题安排参观访问，参观途中教师讲解访问的重点，幼儿心得分享等。

第三，文字展示。配合节庆制作卡片，橱窗展示幼儿作品、采购单、通知单、统计图、活动海报、我的小书出版、班规条文、活动规则条文等。

第四，演讲、讨论、辩论、朗读。通过活动邀请幼儿演讲、针对主题讨论、朗读故事书、发表个人心得、看图说故事。

第五，戏剧游戏。可让幼儿探索阅读和书写的过程与目的。借着布偶、纸偶、棒偶或是角色扮演，以戏剧的形式展现。

第六，语文游戏。教师可设计文字接龙、迷宫游戏、象棋、绕口令、猜谜、造句。

第七，成果发表。主题活动结束之后，由师生一起加以统整，并举行发表会，由幼儿将所知道、听到、观察、了解的以各种方式发表。

3. 示范者

幼儿在语言学习的过程中，教师的角色对其产生着极大的影响力，幼儿语言智能可以变得更好或变得更糟。在积极的、有营养的、刺激的和互动的环境里，我们可以持续开发强化心智能力。教师本身即为示范者，示范语言的沟通，包括发音、用词、态度礼仪、肢体动作、书写示范，积极倾听，以语言解决问题等，对幼儿的语言智能吸收有相当大的影响。

4. 自我提升、协同教学

身为教师应先了解自己的语言智能，并尽力应用在幼儿的身上。教师们可组建教师团队，利用同事的专长采取协同教学，也可以通过与专家学者的合作发展，改进教学的形态。美国哈佛大学的霍华德・加德纳（Howard Gardner）和塔虎兹大学的戴维・费尔德曼教授共同带领进行的光谱计划（Project Spectrum），就是一个成功的例子。他们配合当地幼儿博物馆的主题展示，使得教学活动更活泼、更丰富且符合幼儿学习的需求。由于教师与学者的合作并结合小区的资源，研究发展出适合幼儿的教学模式。

5. 寻求专业协助

在幼儿语言的学习与教育过程中，如果发现有幼儿发音不清楚或不能发音的情况，应寻求语言治疗师或语言专家的协助，或到正规的医疗机构进行治疗，抓住幼儿语言治疗的关键期对于幼儿语言学习能达到事半功倍的效果。

第二节 幼儿亲子关系与教育

一、依恋的含义与特点

（一）依恋的含义

在我们的日常生活中，依恋是普遍存在的。与依恋对象相处，我们会感到安全、愉快；当分离时，我们会感到焦虑、遗憾。相互依恋的人在交往过程中总会感到愉快、兴奋。对人类而言，依恋是亲子、情人和朋友交往中最突出的表现。而就幼儿来说，依恋是社会性发展的开端和组成部分，是幼儿早期生活中最重要的社会关系。

依恋主要是指婴儿与抚养者之间建立的一种积极的、充满深情的情感联结，由于婴儿的抚养者多为其父母，故又称为亲子依恋。依恋主要表现为啼哭、微笑、吸吮、喊叫、咿呀学语、抓握、身体接近、依偎、跟随等行为。依恋一旦建立，与依恋对象交往时，婴儿往往表现出情绪欢快、活跃、喜好探索、操弄玩具，喜欢尝试新事物、新情景，甚至尝试与陌生人交往，这都有助于婴儿形成积极、健康的情绪情感，养成自信、勇敢、勇于探索的人格特征。另外，依恋对于激发父母和照顾者更精心照料后代，对幼儿最初形成信赖或不信赖的个性特点也有重要影响。

（二）依恋的特点

与其他社会关系相比，依恋具有以下显著特征。

1. 在对象上，依恋具有选择性

婴儿倾向于依恋那些能够引起特定的情感体验与行为反应、满足自身需要的个体，而并非依恋所有的人。如婴儿容易对能满足自身需要的反应性高和敏感性强的父母形成依恋，而稍大的幼儿则可能会对那些能共同玩耍、游戏的同伴形成依恋。

2. 在行为上，依恋具有亲近性

依恋者寻求与依恋对象身体的接近，如婴儿寻求与母亲在身体上的接触，倾向于依偎在母亲的怀抱里，对着母亲发声、微笑或在母亲身旁活动。

3. 在关系上，依恋具有相互性

依恋双方具有某种和谐性，他们能保持行为与情感的呼应与协调。

4. 在结果上，依恋具有支持性

依恋双方尤其是依恋者，可以从依恋关系中获得一种慰藉和安全感以及心理支持，当婴儿遇到压力、困难和挫折时，母亲的保护、抚慰能有效地使他平静下来。这种结果上的支持性既是依恋行为的必然报偿，同时也是巩固和加强依恋关系的情感基础与内在动力。

5. 在影响上，依恋具有长期性

在依恋双方的交往中，婴儿建立了一个内部工作模型，该模型内化了对依恋双方及两者关系的内在心理表征，具有稳定的倾向，对幼儿的发展产生了长期的影响。

对幼儿来说，寻求亲近是依恋基本的外在行为表现，而强烈的相互依存的情感则是依恋基本的内在心理表征。依恋在本质上是一种融情绪、情感、态度及信念于一体的复杂系统，其进化与发展的基础是未成熟、弱小的幼儿趋近父母的需要，其生物意义在于个体可以从中获得关爱、安全感等生存的“必需品”，依恋的社会意义是极为复杂而深刻的，它是个体探索外部环境、谋求未来发展的重要“资本”。

二、依恋的形成与发展

（一）依恋建立的前提

依恋不是突然发生的，也不是天生就有的，它是幼儿的感觉、知觉、记忆、想象等心理过程发展到一定阶段的产物，是幼儿与其所处的社会环境相互作用的结果。依恋的发生与建立有其特定的标志，其前后相继的阶段性发展过程也是幼儿心理逐渐趋向成熟的过程。

1. 识别记忆

幼儿对周围事物的认知有一个从未分化到分化的过程。当幼儿能把作为依恋对象的特定个体与其他人区分开来时，就有可能形成对特定个体的集中依恋。这种使知觉对象从知觉背景中分化出来的认知技能，就是幼儿的识别记忆。

幼儿识别记忆产生的时间可以因感觉器官性质的不同而有所差异。随着幼儿认知能力的发展，各种感觉器官的活动逐渐协调起来发挥作用，通过对多渠道信息的收集、加工、鉴别，幼儿能更准确、更生动、更完整地确认依恋对象。

2. 客体永久性与人物永久性

在幼儿认知发展的过程中，获得客体永久性的概念是一个重大成就。正是这种认识能力使婴儿在头脑中始终保持着母亲的形象，我们称之为“人物永久性”。于是，当母亲离开婴儿时，婴儿才会寻找。客体永久性的认知能力，是幼儿依恋形成的认知前提。

婴儿的识别记忆和客体永久性的出现并非彼此孤立，两者具有发展上的继承性以及功能上的相辅相成性。

（二）依恋形成的标志

以什么样的行为反应作为判断依恋真正建立的标志，直接影响到依恋形成时间的确定，以及对依恋关系的特殊性乃至依恋质量与性质的判定。因此，科学地确立依恋形成的标志在依恋研究中具有特殊重要的意义。英国心理学家谢弗认为，依恋形成的标志需要遵从以下三条原则：

第一，代表性，即能反映依恋这一行为表现不同于其他社会关系的本质规定性；

第二，稳定性，即依恋在一般应出现的时期内能保持相对稳定的存在，如孩子的行为今日出现，明日消失，则不具有稳定性；

第三，普遍性，即不因个体间的差异而影响该依恋现象的普遍存在，如在一般情况下某种行为甲具有，而乙在同期并不出现，那么这种标志就很难认为具有普遍性。

（三）依恋的发展阶段

在幼儿的早期发展过程中，依恋不是突然发生的，而是在婴儿与母亲的相互交往中逐渐建立的。鲍尔比提出依恋的发展分为四个阶段：

1. 无分化阶段（0 ~ 3个月）

该阶段婴儿对人反应的最大特点是不加区分，没有差别，婴儿对所有人的反应几乎都是一样的，同时，所有的人对婴儿的影响也是一样的。此时的幼儿没有实现对人际关系客体的分化，并不介意被陌生人抱起。

2. 低分化阶段（3 ~ 6个月）

婴儿开始识别熟悉的人（如父母）与不熟悉的人的差别，也能区别一个熟悉的人与另一个熟悉的人。幼儿能从人群中找出母亲，仍旧不会介意和父母分开。

3. 依恋形成阶段（6 个月 ~ 2.5 岁）

从这时候起，孩子对母亲的存在尤其关注，当母亲离开时孩子会感到非常不安，表现出一种分离焦虑。同时，当陌生人出现时，孩子会表现出怯生、无所适从。不过，这个时候的孩子已经明白成人不在视野范围内后还会继续出现，所以他们以母亲为安全保障，在新环境中探寻、冒险，然后又回来寻求保护。

4. 修正目标的合作阶段（2.5 岁以后）

随着认知水平和语言能力的提高，幼儿的自我中心减少，亲子之间形成了“目标—矫正”的“伙伴关系”。幼儿能认识并理解母亲的情感、需要、愿望，能够理解父母离去的原因，也知道他们什么时候回来，这样分离焦虑便降低了。总之，这时候的幼儿会同父母协商，向成人提出要求，亲子之间的合作性加强。

三、依恋的类型及影响因素

（一）依恋的类型

为了充分描绘依恋的性质，安斯沃斯等人利用母婴分离反应，即利用婴儿在受到中等程度压力之后接近依恋目标的程度以及由于依恋目标而安静下来的程度，设计了一个“陌生情境”，以测定每个婴儿的依恋反应和类型，具体见表 5–1。

表 5–1 陌生情境实验的场景

场景	事件	观察的依恋行为	持续时间
1	实验者把孩子和父母带进游戏室，然后离开		30 秒
2	父母坐着看孩子玩玩具	父母是安全保障	3 分钟
3	陌生人进入，坐下和父母交谈	对不熟悉成人的反应	3 分钟
4	父母离开，陌生人和孩子交流，如不安则安慰他	分离焦虑	3 分钟
5	父母回来，和孩子打招呼，有必要的话安慰他，陌生人离开	重逢的反应	3 分钟
6	父母离开房间	离别焦虑	3 分钟
7	陌生人进入房间安慰	接受陌生人抚慰的能力	3 分钟
8	父母回来，和孩子打招呼，有必要的话安慰他，并再次激起孩子玩玩具的兴趣	重逢的反应	3 分钟

根据孩子在这些陌生情境中的表现，将幼儿的依恋分为三种类型：

1. 焦虑——回避型依恋

这类幼儿在陌生情境中，母亲是否在场对他们的探究行为没有影响。母亲离开时，他们没有表现出明显的分离焦虑；母亲返回时，往往也不予理会；母亲接近时反而转过身去，回避母亲的亲密行为。这类幼儿大约占10%。

2. 安全型依恋

这类幼儿在陌生情境中，把母亲作为“安全基地”，母亲在场时，能安逸地玩玩具，感觉非常安全，主动探索周围环境；母亲离开时，表现出苦恼和不安，探究活动明显减少；母亲返回时.会立即寻求与母亲的接触，并且很快就平静下来，继续游戏和玩耍。这类幼儿大约占70%。

3. 焦虑——抗拒型依恋

这类幼儿在陌生情境中，难以主动探究周围环境，表现出明显的陌生焦虑；母亲离开时，幼儿表现得非常苦恼，极度反抗，任何一次短暂分离都会使他们大喊大叫；母亲返回时，寻求与母亲的接触，但同时又抗拒与母亲接触，不能把母亲作为“安全基地”，不太容易重新回到游戏中去。这类幼儿大约占20%。

在这三类依恋中，安全型依恋是良好的、积极的依恋，焦虑——回避型依恋和焦虑——抗拒型依恋又称为不安全型依恋，是消极的、不良的依恋。依恋对于幼儿及其以后的发展具有重要影响，研究表明，安全型依恋的幼儿比不安全型依恋的幼儿更容易对事物产生积极的兴趣，更喜欢主动探索，具有更强的社会适应能力。

（二）影响依恋的因素

幼儿的依恋受多个因素的影响，讨论最多的是幼儿自身的特征和抚养特征。

1. 幼儿自身的特征

幼儿的先天特性尤其是气质在很大程度上赋予幼儿依恋行为特定的速度和强度，制约着幼儿的反应方式和活动水平。研究者发现，正是由于气质的影响，有些幼儿从出生起，就不易抚慰，易烦躁、哭闹，难照料，容易受到父母的冷落，形成稳定依恋的时间较晚，而且在依恋关系中，多采用注视与交谈的方式，很少采用身体接触的方式。而有些幼儿从小就喜欢别人抱、亲吻、抚摸，他们与父母交往积极，容易获得父母的关心，形成安全依恋。

2. 抚养特征

幼儿的气质确实对依恋有影响，但安斯沃斯认为，抚养经验可以转变幼儿的抚养特性。抚养特征可以从以下儿方面进行分析：

（1）稳定的抚养者

依恋对象是有选择性的。但研究表明，在婴幼儿时期，经常调换抚养者，就剥夺了婴儿发展选择性依恋的机会，将对幼儿依恋的形成起到破坏性作用。安娜·弗洛伊德曾研究过第二次世界大战期间欧洲一些孤儿的依恋发展，她发现战时看护幼儿的护士不稳定，导致这批幼儿无法形成对抚养者的正常依恋，对社会适应能力的形成造成很大困难。因此，稳定的抚养者是幼儿依恋形成的必要条件，通常这个人是母亲，母亲在幼儿依恋的形成过程中扮演着重要角色。

（2）抚养的质量

首先，抚养态度对依恋形成有重要影响。婴儿与抚养者之间互动的方式，决定着依恋的性质。

若抚养者采取关心的、温馨的、适时的抚养，有助于婴儿形成安全型依恋。其次，抚养环境对依恋的形成也有重要影响。抚养环境是指婴儿在家庭中由母亲或亲属单个儿照看，或是把婴儿送到托儿所集体照看。集体照看的幼儿依恋行为少，焦虑水平低；家庭照看的幼儿依恋行为多，焦虑水平高。

（3）抚养者的情绪

这也是抚养特征中的一个重要因素。Termine 和 Izard 报告，9 个月的婴儿会对母亲的高兴和忧伤做出不同的反应。如果母亲表现高兴，他们会花更多的时间玩玩具。艾默生研究认为，经常提供游戏刺激的父亲或其他人比那些常与婴儿保持疏远的家庭成员，更可能成为婴儿的依恋对象。而那些存在情绪沮丧、患精神疾病等问题的母亲，因缺乏良好的反应性与敏感性，对婴儿的依恋产生了极大的消极影响。

（4）抚养者的依恋经验

研究揭示，父母自己早年的依恋经验与其子女的依恋类型之间存在明确的联系，在 AAI 中被评定为不安全依恋的父母，其子女亦常表现出对父母的不安全依恋模式，显示出依恋的代际传递性。而在 AAI 中被评定为安全型依恋的母亲，婚姻关系更积极，对孩子更温暖、更敏感，有利于孩子形成安全型依恋。

四、早期依恋对幼儿行为的影响

早期依恋的性质对幼儿后来乃至一生的发展都有重要影响，但是由于研究方法的局限，心理学家对这些问题还没有达成完全一致的看法。现有研究表明，早期依恋对幼儿心理尤其是社会性的发展确实存在着某种程度的影响。

（一）对认知活动的影响

在特定的问题情境中，不同依恋类型的幼儿会有不同的表现。有的研究评定了一些 12 个月和 18 个月的幼儿的依恋类型，在这些幼儿 2 岁时，把他们置于有关工具应用的问题情境中，以揭示早期依恋质量与以后发展的关系。结果发现，安全型依恋的幼儿对问题充满好奇心，主动积极地克服困难，适当寻求成人的帮助；不安全型依恋的幼儿面对困难时情绪低落，容易放弃，极少求助于成人；焦虑——抗拒型幼儿缺乏独立性，过分依赖母亲，遇到问题逃避、退缩。由此可见，幼儿依恋的性质在一定程度上会影响幼儿的认知活动。

（二）对情绪情感的影响

依恋在本质上是一种情感关系，这种早期持久的情绪经验对幼儿一生的情绪发展至关重要。具体而言，依恋对情绪情感的影响表现在两方面：第一，幼儿的社会情绪和情感与依恋行为有着密切关系。安全型依恋的幼儿更有可能在学步期、学前期和小学阶段，在同伴中展示出社会才能，焦虑——回避型依恋的幼儿在以后的幼儿园环境中表现出更多敌对的、愤怒的、侵犯的行为。第二，安全的依恋关系有利于亲子间良好的情感互动关系的建立，也有助于幼儿有效地进行情绪调节。安全型依恋的幼儿会建设性地发展控制消极情感的能力，表现出有益于同伴相互交往的积极情绪；相反，不安全型依恋的幼儿则以一种不恰当的方式表达情感，较少产生积极的同伴关系。

（三）对社会行为的影响

婴儿期对父母安全的依恋会导致幼儿在幼儿园有较强的社会能力和良好的社会关系。麦克唐纳和帕克观察了 3 ~ 4 岁幼儿在家庭中与父母的游戏和在幼儿园中与同伴的交往，同时获得了教师对幼儿受欢迎性的评价等级，结果发现，家庭中的积极经历，父亲的体育游戏和积极参与幼儿活动，母亲的语言交流，预示着幼儿，特别是男孩在幼儿期会有良好的同伴关系。因为早期依恋关系导致幼儿对关系对象的期待，幼儿以较早的依恋所产生的期待去选择同伴，并与他们互动，从而获得同伴的确认。比如，有安全型依恋经历的幼儿就会期待同伴有积极的回应，同时他们的社会行为也确实对引起正面回应有帮助。而有不安全型依恋经历的幼儿在与同伴的活动中，会变得孤独或充满敌意。同时，同伴对他们的负面行为的回应，证实了他们确认自己不被他人接受的预期。

五、建立良好亲子依恋关系的策略

从半岁乃至一岁半，是宝宝与你形成巩固的亲子依恋关系的敏感期。为满足宝宝的基本需求，母亲要尽可能地自己带宝宝，用母乳喂养，满怀爱意地回应宝宝的情感需求。父母随时注意到孩子的身心需求，例如饥饿、疲倦、害怕、孤单，并且及时、适当地给予满足，对于孩子的依附需求及行为都能有耐心地回馈反应，让宝宝感到在自己需要时有人能给予满足、照顾、体贴，从而感到温暖、安全和对他人的充分信任。如此，孩子便能顺利完成这个阶段的情绪发展任务，在生活中充分发展出独立自主的行为模式。

建立安全型亲子依恋。宝宝六七个月的时侯有一个“亲子依恋”的形成过程，而没有父母在身边的孩子很难形成“亲子依恋”，这将阻碍儿童将来社会关系模式的形成。因此，在满足宝宝基本需求的基础上，父母还要用微笑使他感受到安全，用怀抱使他体验到温暖，用细语慢慢引发他对世界的探索，使他顺利获得对亲人的信任感，与亲人逐渐建立一种稳定的情感关系——安全型依恋。你不要长期离开自己的孩子，而且，只要宝宝乐意，你就要给孩子以更多的爱抚、帮助和鼓励，无论是充满感情的言语表达还是搂抱、亲吻等身体的接触。要知道，这时的宝宝是一个爱的“消费者”，只有及时而充分地享受母爱，他才能与你建立起积极而牢固的依恋关系，才能建立起对他所降生的这个世界的信任。同时，你还要尽量拓宽他的接触面，让他在陌生环境中经受“锻炼”和“考验”。注意给宝宝应有的父爱。父亲不仅要关心、体贴辛劳的妻子，还要和宝宝一起玩，鼓励宝宝爬行、探索。这样不仅有利于宝宝形成良好的社会情感，还要对孩子的语言、发展、动作发展和社会交往能力等有积极的促进作用。假如父母频繁更换照顾者、或是照顾态度不一致，或不能适当满足孩子的需求，孩子饿了没人喂、哭了没人抱，这样的孩子往往就没有办法顺利建立对人的信任和安全感，部分孩子可能会过于害怕分离情境，对新环境的适应有较高的焦虑及其情绪困难，表现出过分依恋父母的黏人行为。

让宝宝知道环境的限制培养宝宝的信任感，并不等于说不能有不信任感，而是说信任感要超过不信任感。孩子为了有识别地体验信任感，必须有相当程度的不信任感体验。孩子在半岁以后动作发展很快，爬行、站立、走路，活动范围也越来越广。在这个阶段，孩子有了一定的自主能力，但却不懂得环境的深浅，很容易出危险。父母可以先教孩子学习哪些事情可以做，然后过渡到让他知道哪些事情不能做，使其知道环境对其行为的限制，最终适应环境的限制。如此一来，他知道了信任是对于特定的人和环境，而对陌生环境和人必须要有适度的不信任，这种不信任是确保其安全不可或缺的因素。让孩子过有规律的生活，生活有规律会给孩子带来稳定感与安全感。特别是孩子每日的生活作息时间应保持相对固定，这样可以使他习惯每天在某个特定的时间做相同的事情，并能知道下一个时间该做什么事情了。

第三节 幼儿同伴关系与教育

一、同伴关系的性质及功能

（一）同伴关系的性质

同伴是指与幼儿相处的，且具有相同或相近社会认知能力的人。同伴关系是指年龄相同或相近的幼儿之间的一种共同活动并相互协作的关系，或者主要指同龄幼儿或心理发展水平相当的个体在交往过程中建立和发展起来的一种人际关系。在成长过程中，通过与周围人们的交往，幼儿主要与他人形成了两种不同性质的关系，垂直关系和水平关系。这两种人际关系对幼儿的社会化具有不同的作用。

垂直关系是指幼儿与拥有更多知识和更大权利的成人（父母、教师）之间形成的一种关系，主要功能是为幼儿提供安全和保护，使幼儿学习知识和技能，这种关系的性质具有互补性，即成人控制，幼儿服从；幼儿寻求帮助，成人提供帮助。水平关系即同伴关系，指幼儿与具有相同社会权利的同伴之间建立的一种关系，其性质是平等的、互惠的，不存在谁要服从谁的问题，幼儿在活动和交往中可以自由转换角色，活动过程可以自由控制，同伴关系的主要功能是为幼儿提供学习技能和交流经验的机会。

垂直关系和水平关系既有联系又有区别。前者主要体现了成人和幼儿之间的一种“权威一服从”关系，在心理上、地位上是不对等的；而后者主要体现了幼儿和生理心理方面处于相同地位的同伴之间的一种“平等—互惠”的关系。心理学认为，在幼儿社会化过程中，水平关系的影响比垂直关系的影响更强烈、更广泛。

（二）同伴关系的功能

1. 同伴关系促进幼儿社会技能的发展

在与同伴交往的过程中，一方面幼儿表现出社交行为，如微笑、请求、邀请等，从而尝试练习自己已经学会的社交技能和策略，并根据对方的反应做出相应的调整，使之不断熟练和巩固。另一方面，幼儿通过观察同伴的社交行为学习和尝试对自己而言是新的社交手段，从而丰富了自身的社交行为，使之在数量和质量上得到了进一步发展。此外，幼儿在与同伴交往中有时还会出现冲突，解决冲突的过程可以使幼儿意识到积极的、富有成效的社会交往是通过与同伴合作而获得的，从而促进幼儿社会观点采择能力的发展。

社会技能是交往的产物，在与同伴交往的过程中，幼儿逐渐认识到自己的特征以及自己在同伴心中的形象和地位，学会与其他人共同参加活动，学会如何与他人建立良好的关系，学会怎样处理敌意和专横、怎样对待竞争和合作，学会如何保持友谊和解决冲突，学会如何坚持自己的主张或放弃自己的意见。

2. 同伴关系满足幼儿的情感归属需要

在同伴交往的过程中，每一个幼儿都处于平等的地位，拥有自由并互惠互利，学习和内化各种社会规范，选择和建构自己的行为模式。研究发现，幼儿在与同伴交往时，常常表现出愉快、兴奋和无拘无束的交谈，能够放松自主地投入各种活动中。幼儿在与同伴交往时，被同伴接纳，受到同伴的赞许或尊重，可以使幼儿产生一种心理上的成就感，满足幼儿的社交需求，从而使幼儿获得社会性的支持，产生一种归属感。归属感是指一个人属于某个群体并被其接纳的感受，这种感受只有在群体交往中才能获得。幼儿在同伴交往中获得的这种情感归属，是一种积极的社会情感，可以帮助幼儿克服情绪上和心理上可能出现的问题，有助于幼儿心理的健康发展。

3. 同伴关系对幼儿自我概念的发展具有独特影响

20 世纪初，库利研究发现，个体对自己的认识是从别人的评价开始的。别人对个体的评价就像一面镜子，使个体从中了解自己，界定自己，并形成相应的自我概念。如一个幼儿被他的父母疼爱，被他的老师重视，被他的同伴尊重，大家都喜欢和他交往，那么这个幼儿很可能就会认为自己是一个具有某些令人喜爱的品质的人。古语所讲的“以铜为镜，可以正衣冠；以人为镜，可以明得失。”说的正是此意。

同伴既可以提供给幼儿有关自我的信息，又可以作为幼儿比较的对象，同伴关系对于个体自我意识的发展具有非常重要的作用。幼儿在认知上常常具有自我中心的特点，只有在与同伴交往的过程中，才会认识到别人的观点、需要与自己并不完全一致，从而学会了解并理解别人，约束自己，改变自己不合理的想法与行为，学会与同伴和谐相处。可以说同伴给幼儿提供了“去自我中心化的平台”，从而有利于幼儿自我概念的发展。

二、同伴关系发展的趋势

（一）0～1 岁婴儿同伴交往的产生

婴儿自出生后，就有明显的社会交往迹象。从 2 个月起，婴儿就表现出对同伴的关注，如社会性微笑。6 个月左右，婴儿能和同伴相对微笑并发声，尽管有时彼此间互不理睬，或只有短暂的接触，如看一看或抓一抓同伴等，但这是真正交往的第一步。

10 个月左右，婴儿可以直接用表情和动作进行交往，婴儿的微笑、手指动作和咿呀学语会得到其他游戏伙伴适宜的连续的反应和模仿，如微笑注视对方，而对方也会模仿这种方式将信息返回。这种模仿最初指向某个物品，代表了同伴间第一次出现了有意义的分享，为今后合作性的同伴活动奠定了基础。

总体来看，在婴儿出生的第一年中出现了几种重要的社会交往行为和技能：（1）有意指向同伴，向同伴微笑、皱眉并使用手势；（2）能够仔细观察同伴，对社会性交往有着明显的兴趣；（3）经常以相同的方式对游戏伙伴的行为做出反应。

（二）1～3岁幼儿同伴交往的发展

1岁后，幼儿对其他幼儿脸部注视的时间更长，似乎对其他幼儿比对镜子中的自己更感兴趣。从1岁起，幼儿就变得更喜欢与同伴交往了，与同伴的交往逐渐增加，持续时间越来越长，影响的内容和方式也越来越复杂。2岁后，同伴间的互动更多，出现了互惠性游戏，如你跑，我追；你藏，我找；你给予，我接受等。这一时期幼儿的游戏涉及大量的、模式化的社会性交往，如眼神交流、轮流行为等，幼儿在游戏中尤其喜欢模仿对方的动作。学会独立行走后，幼儿的交往范围日益扩大，言语交往不断增加。当然，他们主要是在摆弄玩具和游戏中相互交往，虽然会为争夺或独占玩具而吵闹，但很快就会忘记不愉快而和好如初。在母亲与同伴都在场的情况下，幼儿与同伴一起游戏的时间和交往的数量明显多于与母亲游戏的时间和数量，而且随着年龄的增长，幼儿与同伴一起游戏的时间会越来越多，与母亲游戏的时间会越来越少。

（三）3～6岁幼儿同伴交往的发展

幼儿期的同伴交往频率进一步增加，互动质量不断提高，但还常常没有固定的游戏伙伴。虽然在游戏中还表现出自我中心主义，但在教师的指导和同伴的影响下，他们逐渐学会谦让、轮流与合作。2岁幼儿大多单独游戏或平行游戏，或站在一旁观看。4岁幼儿一直从事平行游戏，但与2岁幼儿相比，在相互作用和从事合作游戏方面表现得更多一点。随着年龄的增加，单独的游戏和平行游戏下降，而联合游戏和合作游戏变得更为平常。5岁以后，幼儿的合作游戏开始出现，同伴交往的主动性和协调性逐渐发展。在合作游戏中，幼儿逐渐学会围绕某个共同目标（如角色游戏“医院”）一起玩耍，既分工又合作，服从一定的指挥，遵守共同的规则，分享游戏的快乐。这一时期，幼儿主要与同性别同伴交往，并且随着年龄的增长，这种趋势越来越明显。女孩在游戏中的交往水平高于男孩，主要表现为女孩的合作游戏明显多于男孩，而男孩对同伴的消极反应明显多于女孩。另外，这一时期，幼儿还没有形成真正的友谊，好朋友之间的交往比较表面化，局限于时间、空间上的密切联系，情感上的亲密性和稳定性还很欠缺。

三、同伴关系的测量及类型

（一）同伴关系的测量

对幼儿同伴关系的测量，目前心理学界使用的主要方法有以下两种。

1. 观察法

即对自然状态下幼儿的同伴关系进行观察。研究表明，使用观察法虽然能感受到同伴之间的不同密切程度的关系，发现多数群体中同伴接纳性的差异，但这种方法比较费时，且常常因带有主观性而影响结果的科学性，因此，这种方法较少使用。

2. 社会测量技术

即由幼儿自己评价对同伴的喜欢程度，是一种自我报告式的测量技术。主要包括以下两种。

（1）同伴提名法

指在幼儿的某一社会群体，如幼儿园一个班中，让每个幼儿根据给定的名单或照片进行限定提名，一般是让每个幼儿说出自己最喜欢或最不喜欢的同伴，如“你最（不）喜欢与谁玩”等问题，然后根据从每个幼儿处所获得的正负提名的数量多少，对幼儿进行分类。这种方法虽然可以测出同伴地位的重要差异，但可能因测量过程中幼儿由于某种原因遗忘或不能说出最（不）喜欢的同伴名字而造成研究结果的不准确；另外，对一些中间的幼儿缺乏测量。基于这种方法的局限性，多数学者提倡使用同伴评定法。

（2）同伴评定法

即要求每个幼儿根据具体化的量表对群体内的其他所有同伴进行评定，如“你喜欢不喜欢与某某玩”并给出喜欢、不喜欢的评定等级，如很喜欢、喜欢、一般、不喜欢、很不喜欢等级别。这种方法比较可靠有效，获得的结果与实际同伴交往情况以及实际观察数据具有较高的正相关。但评价身边的同伴往往会使幼儿不舒服，会涉及一些个人隐私等道德伦理问题，需引起特别注意。

（二）同伴关系的类型

用上述方法对幼儿的同伴关系进行分类描述，一般把幼儿分为五类：（1）受欢迎的幼儿：指那些获得许多同伴积极提名或评定的幼儿；（2）被排斥的幼儿：指那些获得许多同伴消极提名或评定的幼儿；（3）被忽视的幼儿：指那些很少被提名（包括积极和消极的提名）的幼儿；（4）一般的幼儿：指那些在同伴提名中没有获得极端的等级（最喜欢或最不喜欢）的幼儿；（5）矛盾的幼儿：指那些被某些同伴积极提名或评定，同时又被另一些同伴消极提名或评定的幼儿。

庞丽娟采用同伴提名法对 4 ~ 6 岁幼儿的同伴关系类型进行研究，得到了较为一致的结果。她将幼儿的同伴关系分为受欢迎型、被拒绝型、被忽视型和一般型四种基本类型，并且对每一种类型幼儿的基本特征进行了详细描述。

第一，受欢迎型：性格一般比较外向，不易冲动和发脾气，活泼、爱说话，喜欢与人交往，在交往中积极主动，并表现出友好行为，掌握使用的社交技能与策略较多，有效性、主动性、独立性、友好性均较强，因而被多数同伴接纳和喜爱。在同伴中的地位较高，具有较强的影响力。

第二，被拒绝型：性格外向，脾气急躁、容易冲动，过于活泼好动，在交往中虽主动活跃，但不善于交往，常常表现出不友好的交往方式，如强行加入其他小朋友的活动、抢夺玩具、喜欢动手推打等，由于攻击性行为较多，友好行为较少，因此被多数幼儿拒绝。

第三，被忽视型：性格内向，不太活泼，不爱说话，不喜欢交往，常常独处或一人活动，在交往中缺乏主动性，表现出退缩或畏缩，对同伴既很少做出友好、合作行为，也很少做出不友好、侵犯性行为。因此，没有多少同伴喜欢他们，也没有多少同伴讨厌他们，实际上是被多数同伴忽视的幼儿。

第四，一般型：在同伴交往中表现一般．既不特别主动、友好，也不特别不主动或不友好；同伴有的喜欢他们，有的不喜欢他们，他们既不为同伴所特别喜爱，也不为同伴所讨厌，在同伴心中的地位一般。

研究发现，受欢迎幼儿约占13.33%，被拒绝幼儿约占14.31%，被忽视幼儿约占19.41%，一般型幼儿约占52.95%。可见，积极、良好的同伴关系所占比例并不是理想的（不到五分之一），而消极、不良的同伴关系约占三分之一（被拒绝型、被忽视型合计33.72%），多数幼儿处于一般化状态。随着年龄的增长，受欢迎的幼儿人数呈增多趋势，而被拒绝幼儿和被忽视幼儿的人数呈减少趋势。在受欢迎的幼儿中，女孩明显多于男孩；在被拒绝的幼儿中，男孩则明显多于女孩；而在被忽视的幼儿中，女孩又多于男孩。

四、教师对幼儿同伴关系的指导

同伴关系对幼儿的发展具有独特价值，教师应该予以足够的正视与重视，有意识地为幼儿提供同伴交往的机会，并进行有效指导，改善幼儿的同伴关系。

（一）仔细观察

指导的前提是深入细致的观察，只有了解每一个幼儿的社交地位，具体的交往过程，以及整个群体的交往特点，做到心中有数，才能进行有针对性的指导。在各种活动中，教师应注意现场观察幼儿与同伴的交往活动，帮助幼儿建立良好的同伴关系。

（二）及时指导

帮助幼儿在交往的过程中感受交往的愉悦，并从中学会关心、分享、合作以及公平竞争。对于幼儿在交往中出现的困难和矛盾，教师要及时进行干预。对于被忽视的幼儿，教师要主动关心或给予特别注意，发掘其才能，鼓励他们勇敢表达自己的观点，引导性格活泼的幼儿带领他们一起活动，提高他们的自信心，让他们重新认识自己，同时也改变同伴对他们的看法；对于被拒绝的幼儿，教师可以通过与他们个别谈话，告诉他们受排斥的原因，提醒应该其自我约束，并提供给他们与同伴相处的一些技巧。教师还可以提供给他们为班级服务的机会，并当众夸赞其表现出来的良好行为，以获得同伴的认同与接纳。总之，对于这些拥有不良同伴关系的幼儿，教师应鼓励他们并提供大量尝试和练习的机会，让他们体验关心和帮助同伴的快乐。当然，指导的最终目的是要培养幼儿主动、积极的交往态度，帮助幼儿掌握谦让、分享、合作、轮流等基本的交往方式和社会技能，提高社会适应能力。

（三）积极评价

幼儿往往以同伴作为参照标准或榜样进行自我评价、自我约束。而幼儿的榜样往往来自教师的评价，他们对教师肯定的同伴的行为很快就会去模仿，以寻求教师的表扬。所以教师要注重表扬幼儿的良好行为，这有利于促进幼儿社交技能的提高和良好同伴关系的发展。

第四节 幼儿社会行为与教育

一、幼儿的亲社会行为

亲社会行为通常指对他人有益或对社会有积极影响的行为，包括分享、合作、助人、安慰、捐赠等。它是一种个体帮助或打算帮助其他个体或群体的行为倾向。亲社会行为是个体社会化的重要指标，又是社会化的结果。

（一）亲社会行为的发生

幼儿在出生后的第一年，就能通过多种方式表现出亲社会行为，尤其是同情、帮助、分享、谦让等行为。研究发现，3个月的婴儿就能对友善和不友善做出不同的反应。5个月的婴儿已经开始有认生现象，他们对较为熟悉的人发出微笑，对不熟悉的人表示拒绝。像前者那种积极性行为反应就是他们最初表现出的亲社会行为。当婴儿看到别的孩子摔倒、受伤、生病、哭泣时，他们会加以关注，并表现出皱眉、伤心等，甚至会出现共鸣性情感表现。1岁左右时，婴儿还可能会对那些孩子做出一些积极的抚慰动作，如走过去站在他们身旁，或者拉一拉对方的手，或者轻拍或抚摸一下对方受伤的地方等。2岁左右时，幼儿已经基本具备了各种基本的情绪体验，在一定的生活环境中越来越明显地表现出同情、分享和助人等亲社会行为。如一个2岁幼儿会说："他哭了，他想要糖。"在成人的指导下，幼儿会把自己的玩具拿给别人玩，或者拿出一点儿食物分给别的孩子吃，这些行为反映了幼儿给予他人及与他人分享的早期能力，表明幼儿已经开始参与人际交往活动。2岁以后，随着生活范围的增大，交往经验的增多，幼儿的亲社会行为进一步发展，他们逐渐能够根据一些不太明显的细微变化来识别他人的情绪体验，推断他人的处境，然后做出相应的安慰行为。如当一幼儿哭泣时，有的幼儿会关切地询问："你怎么了？""你为什么哭？"等，有的幼儿还马上将自己手中最喜欢的玩具让给他玩，或邀请他参加自己的游戏。

近年来，一些研究表明，亲社会行为并非一定随着幼儿年龄的增长而增多，有些不仅不增多，还可能出现减少的趋势。如面对一个摔倒在地的小朋友，较小的幼儿比较大的幼儿更多表现出同情的行为反应。可见，同情等亲社会行为并非随着年龄的增长而自然增多，这需要借助于教育，幼儿不可能离开教育而自发成长为符合社会要求的社会成员。

（二）亲社会行为的特点

幼儿的亲社会行为表现出以下几个基本特点。

1. 亲社会行为主要指向同伴，极少指向教师

在自由活动时，幼儿的交往对象基本上是同伴，而且同伴之间地位平等、能力接近、兴趣一致，因此他们有机会、有能力做出指向同伴的亲社会行为。幼儿与教师之间是服从与权威、受教育者与教育者的关系。在幼儿与教师的交往中，幼儿一般是处于接受教育的地位，更多表现出遵

从行为，而较少有机会做出亲社会行为，因此指向教师的亲社会行为较少。

2. 亲社会行为发展不存在性别差异

通常认为女孩比男孩更喜欢帮助别人，更喜欢表达关怀与慷慨，虽然女孩确实比男孩更多表现出同情或担忧的面部表情，但研究发现，幼儿的亲社会行为并没有性别差异。

3. 亲社会行为指向同性伙伴和异性伙伴的次数存在年龄差异

在幼儿园小班，幼儿的亲社会行为指向同性、异性伙伴的次数比较接近，这是由于小班幼儿的性别角色、认知水平处于同一阶段，他们并不严格根据性别来选择交往对象。因此，他们的亲社会行为指向同性伙伴和异性伙伴的次数之间不存在明显差异。而中、大班幼儿的亲社会行为指向同性伙伴的次数不断增多，指向异性伙伴的次数不断减少。这是由于从中班起，幼儿的性别角色认知已经相当稳定，他们开始更多选择相同性别幼儿作为交往对象，因此，他们的亲社会行为自然也就更多指向同性伙伴。

4. 亲社会行为中，合作行为最为常见

在幼儿的亲社会行为中，发生频率最多的是合作行为。合作行为是一种基本的社会互动形式，多数研究指出，在幼儿出生后的第二年，合作行为开始发生并迅速发展。许多研究表明，幼儿的合作行为随着年龄增长而不断增加。如有人对幼儿与父母的合作游戏进行研究，发现12个月的幼儿很少进行合作性游戏，而多数18 ~ 24个月的幼儿开始进行合作性游戏。还有研究发现，2岁幼儿在与同伴交往的过程中，能够与同伴相互协调行动以达到共同目标，而18个月的幼儿还比较困难。2岁以后的幼儿能更有效进行社会性交往，会经常表现出合作行为。

二、幼儿的攻击行为

攻击行为是指他人不愿接受的，出于故意或工具性目的的伤害行为。幼儿的攻击行为有两种表现形式：一种是工具性侵犯，即幼儿渴望得到一种物体、权力或空间，并且努力去得到它，他们推、喊或者攻击挡路的人；一种是敌意性侵犯，它意味着伤害另一个人，如打、踢，或威胁别人去痛打一个同伴。

（一）攻击行为的出现和发展

1岁以内的婴儿会表现出愤怒，偶尔也会打别人，但这些行为不一定具有攻击性意图，而更可能是对障碍物的移除、推开等处理行为。婴儿在1岁左右时开始出现工具性攻击行为，如他们会为了抢夺玩具而争斗。幼儿已经出现了敌意性攻击和工具性攻击两种形式，由于幼儿经常因玩具而产生冲突，他们的攻击行为大多是工具性的。

幼儿攻击行为的特征随着年龄的增长会发生很大的变化。在一项对攻击行为的研究中，研究者要求母亲在日记中记录自己孩子愤怒时的详细情况。结果发现，幼儿的身体攻击在3 ~ 5岁逐渐减少，取而代之的是言语攻击，语言发展对这种变化起了一定的作用。哈杜普的研究表明，年龄较小的幼儿的侵犯性要高于年龄大一些的幼儿，而且前者的工具性侵犯的比例高于后者。年龄大些的幼儿与年龄较小的幼儿相比，他们更多地使用敌意性侵犯或以人为指向的侵犯，整个学前期幼儿的工具性侵犯呈减少趋势，敌意性侵犯呈增多趋势。

（二）攻击行为的特点

到幼儿期，幼儿的攻击行为在频率、表现形式和性质上都发生了很大的变化，具有以下特点。

1. 攻击行为表现以身体动作为主

观察发现，幼儿的攻击行为表现以推、拉、踢、咬、抓等身体动作为主。小班幼儿常常为争抢玩具而出手抓人、打人、推人，甚至用整个身体去挤、撞妨碍自己的人。到了中班，随着言语的逐步发展，逐渐开始出现言语攻击。如在游戏中发生冲突时，幼儿常冲对方嚷嚷："你太讨厌了，我不跟你玩了"；当想得到一件玩具而没有成功时，常常会说："你不给我玩，我也不让你玩"等。幼儿时期这种带有攻击性的语言在人际冲突中表现得越来越多，而身体动作的攻击行为逐渐减少。

2. 攻击行为存在明显的性别差异

男孩比女孩更容易进行公开性的攻击，这种趋势出现在许多社会文化中。有研究认为，2 岁的幼儿开始意识到性别印象，期望男性和女性在行为上不同，女孩的攻击行为就大大减少了，而男孩的攻击行为下降得不多。另外，一项观察研究表明，男孩的攻击行为普遍比女孩多，而且他们很容易在受到攻击后采取报复行为，而女孩在受攻击时则表现为哭泣、退让，或是向老师报告，一般较少采取报复行动。

3. 中班幼儿的攻击行为明显多于小班和大班

研究发现，4 岁前幼儿攻击行为的数量随着年龄增长，呈逐渐增多的趋势。中班幼儿攻击行为最多，但此后随着年龄的增长，其攻击行为数量逐渐减少，尤其是幼儿身上常见的无缘无故发脾气、扔东西、抓人、推开他人的行为会逐渐减少。

4. 攻击行为以工具性攻击行为为主

观察发现，幼儿期以工具性攻击行为为主，幼儿常常为了玩具、活动材料或活动空间而争吵、打架，但是随着年龄的增长，他们也会表现出敌意性的攻击行为，有时故意向自己不喜欢的小朋友说难听的话，或者在被他人无意伤害后，有意骂人或打人、扔玩具等以示报复。

三、社会行为的培养和训练

亲社会行为和攻击行为都不是生来具有的，也并非随着年龄的增长，亲社会行为就必然增多，攻击行为就必然减少。要减少幼儿的攻击行为，促进其亲社会行为，需要进行相应的教育和培养。

（一）移情训练

移情是对他人情绪情感状态的识别和接受。具有移情能力的幼儿不仅能察觉出他人的情感，而且能设身处地地为他人着想，产生与他人相同的心情。因此，移情与社会行为的发展密切相关。通过移情，幼儿可以体验他人的情感，感受他人的需要，想象某一行为可能对他人带来的后果，从而更有效地促进亲社会行为和抑制可能对他人造成伤害的攻击行为。

移情训练是一种旨在提高幼儿体察他人的情绪、理解他人的情感的能力，从而与之产生共鸣的训练方法。训练的具体方法有：听故事、引导理解、续编故事、角色扮演等。其中，角色扮演是让幼儿根据一定的情节，扮演某个角色，并通过言语、行为、姿势动作、表情等表现该角色的特征，从中体验在某些情境下该角色的心理感受，进而在现实生活中遇到类似情况时能做出恰当的反应。如，让一个攻击性较强的孩子扮演一个经常遭受他人攻击的角色，他会更容易理解攻击行为对人造成的伤害和被攻击时的心理感受，进而在现实生活中能更加自觉抑制攻击行为。

（二）交往技能和行为训练

交往技能是指采用恰当方式解决交往中所遇问题的策略和技巧。许多幼儿之所以在交往中表现出不恰当的交往行为，往往是因为缺乏相应的交往技能。交往技能的训练首先要使孩子学会正确识别交往中存在问题的原因和特点，如“为什么他不让我和他一起玩？”虽然对较小的幼儿来说，这种训练有些复杂，但对于较大的幼儿来讲，教会他们根据交往的具体情境和问题的具体情况来选择合适的反应方式是完全可能和必要的。技能训练应该使孩子认识到，解决某个问题可以采用很多的方式，而我们则是要选择其中最合适的、最好的。幼儿的自制力较差，有的幼儿虽然知道正确的做法是什么样的，但在实际交往中却做不到。因此，交往技能训练必须与加强幼儿行为的训练相结合，使幼儿在练习中巩固那些有利于交往顺利进行的亲社会行为，以便在需要时使用。行为练习最好在日常生活的真实情境中持之以恒地进行，如分享和谦让，可以在孩子自由游戏时设置这样的情境：5个孩子就剩3个苹果，让孩子练习分享和谦让。

（三）善用精神奖励

奖励对行为的巩固作用和惩罚对行为的减缓作用是众所周知的。恰当运用精神奖励，能有效地促进幼儿亲社会行为的发展，并在一定程度上抑制他们的攻击行为。

所谓精神奖励，是指通过对幼儿的口头表扬、言语肯定、鼓励或评选好孩子等，在集体中创造一种温暖的气氛，即集体中的每个人都应该想到别人，关心、爱护、帮助别人，与别人分享、合作，谁做到了谁就受欢迎。通过集体舆论来强化、巩固幼儿的亲社会行为倾向。如果教师在激励幼儿亲社会行为的同时，能对攻击行为表示厌恶和不理睬，持明确的否定态度，那么会有效减少攻击行为的发生。

第六章 活动中的幼儿心理与教育

第一节 幼儿游戏心理的发展与教育

一、游戏与游戏心理

（一）游戏的概念

自德国著名的教育家福禄贝尔公开强调游戏在幼儿教育中的重要价值以来，更多的研究者对游戏进行了研究，并基于各自的研究角度对游戏概念做了不同的阐述。

福禄贝尔指出：游戏是幼儿潜在本能的表现，是幼儿内在需要与冲突引起的内部存在的自我活动的表现，是神的意志的体现。

苏联心理学家艾利康宁认为，游戏是在真实条件之外，借助想象，利用象征性的材料，再现人与人的关系。

苏联教育家乌申斯基指出，游戏就是活动，这种活动的性质是自觉的、有意识的、有目的的。

在《教育大辞典》中，游戏被定义为“适合幼儿年龄特点的一种有目的、有意识的通过模仿和现象，反映周围现实生活的一种独特的社会性活动”。

（二）游戏的心理结构

1. 游戏的认知特性——心理主动性维度

（1）自我导向性

自我导向性意味着幼儿本人决定自己的活动，并且计划和实现他自己的活动。自我导向在游戏过程中主要反映在游戏主题的持续性和稳定性，注意力的集中程度主要表现为对一项任务的兴趣、行为之间的连续性、活动结果的体验程度。

（2）心理主动性

心理主动性是指幼儿注意到周围环境，往往接着就采取行动。反映在智能的首创性，方法的计划性和系统性，活动创造性，游戏内容的多样性，行动计划的完整性，态度的严谨性，主动性层次的平衡性等。

（3）灵活性

灵活性表现在以可行的方式分析问题，反映在游戏主题的变化，思维的稳定性，技能的熟练程度，行动过程自我控制程度，转换的灵活性，迁移的广泛性。

2. 游戏的情感特性——活动强度维度

（1）内在动机

内在动机产生于本人或活动本身参与活动的动机或内驱力，其报偿产生于所从事的活动本身，这种内源性的动机最为直接的表现就是幼儿的游戏兴趣中心指向游戏过程而并非结果，可以从探索的欲望、游戏行为的持续时间、游戏行为的强度、游戏的娱乐程度、游戏行为的坚持性等中反映出来。

（2）内部控制能力

内部控制能力是个人控制自己行动及其结果的程度。

（3）假装

假装是幼儿游戏最为显著的特点。假装即是真实自我的消失，暂时接受一个想象的自我。假装是游戏的基本心理成分，任何游戏均在假想的情景中创造性地反映现实或自我。正是游戏包容了想象，特别是创造性想象，使得游戏可能成为一种有效的学习策略和创造教育的方法。

（三）游戏活动的特征

1. 游戏是一种意向性活动

首先，游戏是个体积极性的需要的实现。其次，游戏是幼儿对待现实的一种活动方式，但并不排除游戏的认识功能。作为一种意向性活动，游戏具有一系列显著特征。

（1）活动动机的内源性

幼儿游戏是出于幼儿自发的、自愿的需要，游戏是由内部动机引起的。游戏不受外部规则或社会性要求的制约，游戏是为了游戏而游戏。

（2）活动目的的隐蔽性

游戏的动机是内在的，游戏更多的是一种获得愉快体验的手段，而不是为了某种特别的目的而努力。幼儿在游戏时，感兴趣的是游戏的过程。

（3）活动过程的松散性

游戏不是精确的，没有事先预定的限制，没有规定的进程或结果，游戏者具有随机应变的自由。

（4）活动内容的虚构性

幼儿在游戏中对现实生活的反映不是机械的、被动的反映，而是通过想象，积极的、能动的、创造性的反映。幼儿凭借自己生活经验，借助想象，运用游戏材料和玩具，用新的动作方式，创造性地反映现实生活。

（5）活动规则的变通性

幼儿游戏的规则来自游戏的需要，而不是来自游戏之外，游戏的规则可随着游戏本身的需要而变通，游戏中没有强制性的目标，游戏的过程是轻松的、愉快的。

（6）活动主体的积极性

幼儿的主动性是游戏的主要特点，游戏作为幼儿的主体性活动，可以使幼儿体验自己的意志、情感和智慧的力量，幼儿在游戏中积极主动地建构自己的经验世界。

2. 游戏是可观察的行为

就其表征形式而言，游戏是一种认知行为，也是一种交往行为。

（1）认知行为

幼儿游戏的内容总是反映了幼儿的社会现实生活，游戏过程是幼儿接触人类社会文化与历史经验的过程，是幼儿与环境相互作用的过程，是幼儿对社会的一种认知过程。

（2）交往行为

幼儿的游戏活动是在与成人、伙伴的人际交往与合作中发展起来的，幼儿在游戏中不仅影响他人，也受到他人的影响。

3. 游戏是一种情景性活动

具有游戏性的活动情景必须具备下列条件。

第一，一批熟悉的同伴、玩具或者能引发幼儿的操作材料。这是游戏的物质条件。其中同伴关系的质量、玩具的吸引力和可变性、活动材料的操作性及操作过程中的趣味性，是诱发幼儿采取游戏行为的必要条件。

第二，成人与幼儿之间的协定。

第三，最低限度的指导行为或介入行为。游戏需要成人有目的、有计划地干预，幼儿不是生来就会游戏，没有教育的作用，游戏就不会产生，或者会停滞不前。

第四，创设友好的氛围，使幼儿感到舒适和安全。

（四）游戏的价值

游戏是幼儿的基本活动，在游戏中幼儿的主体性得到了发挥，通过游戏可以促进幼儿自身的全面发展。

第一，游戏不仅仅能满足幼儿自身活动的需要，还可以促进幼儿身心健康的发展。幼儿在游戏中不断活动，并感受到愉快、兴奋，而且能发展各种动作能力，促进血液循环和呼吸系统的发展，从而对保护和发展神经系统起到良好作用。

第二，幼儿在游戏中摆弄各种玩具，可以锻炼动手、动脑的能力，而且还可以发展幼儿的想象力和创造力。为了加强游戏主题的深度，扮演角色的逼真，幼儿就要不断地构思。在游戏中，幼儿要用语言表达自己的想法，要用语言进行交流，因此语言得到发展。由此看来，游戏可以发展幼儿的思维、智慧、能力、情感、意志等。

第三，幼儿在游戏中要遵循一定的原则，与伙伴友好相处，互相谦让。通过角色游戏，幼儿形成讲礼貌、谦让、关心他人等良好品质，提高幼儿社会交往能力。

第四，幼儿游戏中有很多色彩鲜艳的玩具，并在游戏中学习布置环境，对美产生兴趣。在游戏中幼儿扮演角色，获得艺术的体验。游戏对幼儿美育有良好的促进作用。

二、幼儿的游戏动机

（一）游戏的动机系统

1. 幼儿游戏动机的网络系统

按照游戏行为的基本过程，把幼儿需求、游戏动机、游戏行为置于一个动态开放系统之中，如表 6–1 所示。

表 6–1 幼儿游戏动机系统

幼儿需求	游戏动机	主要游戏行为或类型
基本生存需求	活动性动机	运动性游戏
身体活动需求		重复性游戏
爱及安全需要（最低需要） 最佳觉醒状态需求 影响环境需求 社会交往需求	探究性动机 成就性动机	智力游戏 象征游戏 规则游戏
自我实现需求 （最高需求） 尊敬与认可需求	亲和性动机	造型性游戏 合作性游戏

2. 游戏动机背景

幼儿需求与活动是游戏动机的背景。从游戏动机的产生看，需求即内驱力，只有在一定外部条件，即诱因的作用下，才能转化为幼儿的动机且是在特定的活动情景中。存在满足这些需要的外部条件时，幼儿的需求才转化为驱动游戏行为的动机。从游戏主体看，游戏活动的基本成分是外在的游戏行为和内在的游戏体验。从游戏过程来看，游戏本身是一种活动方式。

综上所述，游戏动机在活动情景中由需求转化而来，需求在活动过程中获得满足并反过来强化游戏动机，幼儿需求和适宜的游戏情景共同支持着游戏动机，并提供动力和指引方向。

3. 游戏动机的教育问题

学习的“游戏性动机效应”问题，是在学习中最大限度地调动和发挥学习主体的主动性、积极性和创造性，促使幼儿在学习中产生游戏性体验。这种游戏体验可以起到强化和推动学习的作用，它可以使幼儿对学习活动产生好感，激发认知活动的积极性，提高对活动目标的注意和坚持的持久性。这一转化过程称为“游戏性动机效应”。

游戏在学习活动中的迁移沿着两种方式进行：一是改造学习活动使之“游戏化”；二是改造游戏活动使之“学习化”。主要方式就是充分利用游戏动机和学习动机的同一性和可迁移性，把游戏与学习同步开展，或分解为统一过程的两个阶段。

（二）游戏动机理论

1. 早期的传统游戏理论

早期的游戏理论是人类思想史上第一次认真思考并解释游戏产生原因和意义的游戏理论。19世纪和20世纪初由于各研究者所持的观点不同，早期游戏理论形成了各种不同的流派，比较有代表性的流派主要有以下几种。

（1）剩余精力说

代表人物是德国哲学家席勒（Schiller）和英国的社会学家、心理学家斯宾塞（Spencer）。他们认为游戏就是幼儿对剩余精力的一种无目的的消耗，人在维持正常生活外，还有剩余精力，剩余精力需要发泄，就产生了游戏。

（2）松弛说

代表人物是德国学者拉察鲁斯（Lazarus）。该理论认为游戏不是剩余精力的发泄，而是为了精力的恢复。拉察鲁斯认为，身心疲惫后必须休息和睡眠，以使精力得到恢复，而游戏或娱乐活动就是能起到恢复作用的活动，游戏能使人的工作紧张感得到释放，体力得到恢复。

（3）生活预备说

代表人物是德国的心理学家格鲁斯（Gross）。该理论认为游戏是对未来生活的一种无意识的准备。格鲁斯认为，动物生来有不完善的本能，这些本能不能适应将来的复杂生活，需要通过游戏进行练习和准备。

（4）复演说

代表人物是美国心理学家霍尔（Hall）。该理论认为游戏是个体对祖先动作和活动的复演。霍尔分析了人类进化过程阶段与幼儿游戏发展阶段的对应关系，认为人类进化的每一个过程都能在幼儿身上找到相应的游戏行为。如幼儿爬树，是想重复祖先在树上的行为。

（5）生长说

代表人物是美国的阿普利登（Appleton）和奇尔摩（Gilmore）。该理论认为，游戏是促进幼儿能力发展的一种模式，是机体练习技能的一种手段。幼儿可以通过游戏获得成长，游戏是练习生长的内驱力。

（6）成熟说

代表人物是荷兰心理学家、生物学家博伊千介克（Buytenclijk）。该理论是根据心理动力理论建构起来的，该理论认为，游戏不是练习，不是本能，也不是单纯的一种机能，而是幼儿操作某种物品以进行活动，是幼稚动力的一般特点的表现，是一般欲望的表现。博伊千介克认为，引起幼儿游戏的欲望有三种：排除环境的束缚，获得自由，以发展个体主动性；与周围一致的欲望，以适应环境；重复练习的欲望。这是童年期决定的，所以，由于有童年，才会有游戏。

2. 现代游戏理论

（1）精神分析学派的游戏理论

弗洛伊德认为，游戏也有潜意识成分，游戏是补偿现实生活中不能满足的愿望和克服创伤性事件的手段。游戏使幼儿能逃脱现实的强制和约束，发泄在现实中不被接受的危险冲动，缓和心里紧张，发展自我力量以应付现实的环境。埃里克森则重新精神分析的角度解释游戏，认为游戏是情感和思想一种健康的发泄方式。在游戏中，幼儿可以“复活”他们的快乐经验，也能修复自己的精神创伤。

精神分析学派的游戏思想对20世纪的游戏研究有重要影响，他们强调游戏对人格发展和心理健康的价值，他们对象征性游戏的重视，对游戏能使幼儿宣泄不良情绪，能促进幼儿情感发展等的研究，都给人重要启示，使人们认识到游戏在幼儿发展中的重要意义。

（2）认知发展学派的游戏理论

皮亚杰认为游戏是幼儿认识新的复杂客体和事件的方法，是巩固和扩大概念、技能的方法，是使思维和行动结合起来的方法。幼儿在游戏时并不发展新的认知结构，而是努力使自己的经验适合于先前存在的结构，即同化。皮亚杰认为幼儿认知发展的阶段性决定了幼儿特定时期的游戏方式。在感知运动阶段，幼儿通过身体动作和摆弄、操作具体物体来进行游戏，称为练习游戏。在前运算阶段，幼儿发展了象征性功能，就可以进行象征性游戏。在具体运算阶段，幼儿可以进行有规则的游戏。

（3）社会文化历史学派的游戏理论

以维果茨基为代表的社会文化历史学派对幼儿游戏进行了分析研究，他们认为游戏是幼儿的主导活动，是具有社会性本质的活动，幼儿游戏是需要成人有目的、有计划干预的活动。维果茨基认为，游戏对幼儿的发展有重大价值，维果茨基把游戏理论与他的“近发展区”的思想紧密相连，认为游戏创造了幼儿的“最近发展区”。

三、幼儿游戏的发展历程

游戏在不断成长的幼儿个体身上处于不断发展变化的动态。它既表现为游戏类型的渐次更替，又表现为游戏内容、结构形式的变化。游戏的发展与幼儿身心发展相辅相成，一方面幼儿的发展要求游戏不断地深化；另一方面游戏的深化又促进了幼儿身心发展。

（一）从认知角度来看幼儿游戏的发展

游戏是幼儿发展状况的写照。认知的发展是幼儿发展的一个重要方面，立足于幼儿认知发展的角度可以展示出幼儿游戏发展的不同水平和演化过程。

1. 感觉运动阶段游戏的发展

幼儿在出生后的前半年,首先得到发展的是一些感觉器官的机能(视觉、听觉、嗅觉、味觉、触觉等)。这一时期的幼儿感知觉系统已有较好的调节能力,感知觉活动越来越积极主动。他们能够集中注意某一事物,可以用眼睛逐物,能侧耳倾听各种声音,对气味也有一定空间定向能力,味觉、触摸觉等感觉都得到了一定的发展。此时作为游戏的标志信号——微笑开始出现。这种微笑与新生儿最初的内源性微笑（一种先天的面部反射活动）有着质的不同，它是由外界刺激引发并自得其乐的笑。例如，当孩子看到颜色鲜艳并发出音乐的玩具时，会盯着它看、微笑，这可视作最初的游戏表现，即感觉游戏。这种游戏在 2 ~ 3 个月时开始发生，1 岁以前出现最多。感觉游戏随适宜刺激的出现而发生，一旦适宜刺激消失，这种游戏即停止。感觉游戏持续时间一般较短。幼儿从这种游戏中得到的快感是生理性的，是感觉器官对适宜刺激的机能性需要得到满足的结果。幼儿半岁以后，手眼逐步协调，能够较准确地抓握物体，他们可以主动地使自己感兴趣的事物或现象持续或重复发生，出现了初步的有意识动作。这时游戏由被动欣赏性的感觉游戏转变为主动的感觉运动性的游戏。幼儿不仅在感觉器官的运用上，也在运动器官的动作功能发挥上获得机能性快乐。当幼儿 1 岁以后，体力和动作不断发展，孩子对活动的需求进一步增强，这一时期的孩子十分好动、淘气，常常手脚并用地到处爬。他开始模仿成人的样子尝试自己用勺子、杯子等一些日常用品，进行一些日常生活练习的活动。当真正学会独立行走，孩子便不再满足于与成人的共同活动，产生了独立意识和行动的倾向。正如我们看到的，孩子学会走了以后不肯让成人抱，非要下地自己走，吃饭时抢着拿碗、拿勺子自己吃。孩子玩弄物体的独自游戏开始在生活中占据重要的地位。幼儿感觉运动游戏在感知觉器官和运动系统的发展、成熟过程中不断发展，同时也不断地促进着感知觉和运动机能的成熟和完善，促进着以感知觉和实际动作为基础的动作性思维即幼儿认知的发展，继而促进身心的整体发展。幼儿到 2 岁以后，游戏开始达到一个新的发展阶段，象征性游戏以及结构游戏成为幼儿游戏的主要形式，也就进入了幼儿游戏的象征性阶段。

2. 象征性阶段游戏的发展

幼儿从 2 岁开始就进入了象征思维阶段。他们开始运用象征性符号进行思维。由于有了象征性功能，幼儿凭借意义所借来象征意义所指的事物；而意义所借和寓意所指的分化，标志思维的发生。随着幼儿认知的发展，幼儿游戏的性质开始发生变化，从主要由敲打、摇晃、啃咬等动作图式构成的感知运动游戏向模仿真实生活的游戏转变。一方面由于表象活动、想象活动的增加及能力的增强，逐渐出现了以一物体假装另一物体和扮演角色为主要形式的象征性游戏；另一方面由于动作和技能的发展，游戏从机能性转向建构性，开始出现了用各种结构材料建构物体的结构造型活动即结构游戏。

在日常生活中，我们经常看到象征性游戏的发生。幼儿在这种游戏中，把一种东西当作另一种东西使用，如拿椅子当马骑或把冰棍棒当注射器；把自己假装成另外一个人，如当布娃娃的妈妈等。可见，象征性游戏是幼儿靠模仿和想象扮演角色，完成以物代物，以人代人为表现形式的象征过程，用来反映周围生活的一种游戏形式。象征性游戏是婴幼儿典型的游戏形式，它在婴幼儿时期经过发展变化而趋于成熟稳定，4 岁是象征游戏发展的高峰期。在结构性游戏中，幼儿可运用积木、积塑、沙、雪等建构各种各样的物体。进行这种游戏活动主要使幼儿在形状和空间知觉上发展到一定水平，有实际操作的技能及一定的象征能力。结构性游戏和象征性游戏的发展状况共同确立幼儿游戏的象征性水平，使象征性成为幼儿游戏在认知上最典型的发展特征。

3. 幼儿末期游戏的发展

幼儿末期的幼儿由于认识范围的扩大，知识经验的丰富，思维能力及社会化程度的提高，使象征性游戏和结构性游戏开始演变为规则游戏。在象征性游戏中，规则是蕴含在角色中的，其作用在于表现人物（角色）及人物之间的关系，维持游戏中的想象情境，游戏者可以随时按自己的意愿改变游戏中的情节，并改变规则。在规则性游戏中，对每个参加者的动作及语言的要求是比较严格和规范化的，个人的随意性范围较小。在规则性游戏的规则是保证游戏得以顺利进行的线索，是显而易见的游戏中的具体行为表现。规则性游戏反映了幼儿在幼儿末期开始摆脱自我化的象征性，体现了幼儿游戏在认知发展上的新特征—规则性。规则是约定俗成的，一经规定，一般不再修改。如若修改也必须是经由所有参加者理解和同意。对规则的理解是幼儿参与规则游戏的前提。幼儿对规则的获得可以是其他幼儿教给的，也可以是成人授予的。规则游戏中的规则有许多是一代一代流传下来的。在规则游戏中，幼儿比以往参与的游戏更加关注行为的结果。在象征性游戏中，幼儿关注的是角色的扮演过程，而不在意自己是否真的就是该角色或像这一角色，而在规则游戏中，孩子在遵守规则的基础上，克服困难，为取得胜利而积极参与到游戏中。幼儿末期游戏的目的性、坚持性增强，并通过规则游戏的竞争性体现出来。规则游戏的大量出现发生在幼儿末期，如带有智力活动特点的下棋、猜谜语、打扑克等。幼儿对规则理解和对规则遵守的行为水平随幼儿年龄的增长而发展起来。

（二）从社会性角度来看幼儿游戏的发展

社会性发展是幼儿心理发展的一个重要方面，幼儿在游戏中与他人交往的行为表现出社会性发展的程度。从幼儿游戏的社会性分类可以呈现出幼儿以社会性为主线的游戏发展的不同阶段和水平。

1. 单独游戏阶段

单独游戏是指幼儿专心地、独立地操作玩具的游戏。学步期前后的幼儿经常以这种方式进行游戏。在游戏时，幼儿很少注意和关心他人游戏，此时的游戏还没有明显地表现出社会性特征。

2. 平行游戏阶段

平行游戏是指幼儿相互模仿，操作相同或相近的玩具或开展相类同的游戏活动。3 岁左右的幼儿开始进入平行游戏阶段。在平行游戏中，几个幼儿往往坐在一起，彼此和谐相处，独自游戏，在游戏中没有交流，没有合作。这个阶段幼儿游戏的特点是相互模仿，形成了初步的玩伴关系。

3. 联合游戏阶段

联合游戏是指幼儿和同伴一起做游戏，相互交谈，但没有建立起共同的目标，也没有真正的组织者和领导者的活动。幼儿大约在 4 岁之后出现这种游戏形式。这一阶段的幼儿对于其他幼儿开始有较大的兴趣，但相互交流的时间较短，又无共同的目标，所以玩游戏的时间较短。幼儿在联合游戏中开始表现明显的社交行为，但每个幼儿在游戏中仍以自己的兴趣为中心。

4. 合作游戏阶段

合作游戏是指幼儿以集体共同的目标为中心，有达到目标的方法，活动有严格的组织，小组里有分工，常有较明显的组织者或领导者的游戏。合作游戏是社会性程度最高的游戏。幼儿在5岁以后开始出现较多的合作游戏。此时孩子已具有较流畅的语言表达能力和较丰富的参与社交的经验，他们可以相互商讨，确定游戏的主题、角色的分配、游戏材料的选择，甚至共同确定游戏的规则，有了集体共同的活动目标。

总之，幼儿的游戏从个人的独自游戏向集体（或小组）的合作游戏的转变是幼儿社会性发展的必然趋势，但在不同幼儿身上这种转变所经历的时间长短不一。并非每个幼儿达到某个年龄就一定发展到某一相应的游戏阶段。按社会性发展程度进行的游戏分类所划分的各种游戏类型，在具体的幼儿身上的发展是有相互交叉或重叠的。在较早的游戏发展阶段里出现社会性较高的游戏发展倾向，而已发展到后期的游戏阶段的幼儿，也会重新进行较早阶段的游戏。

（三）从游戏的内容、形式上来看幼儿游戏的发展

从游戏的内容、形式的角度看游戏的变化发展，可以清楚、全面地看到游戏发展的一般规律。

1. 游戏内容的发展

游戏的内容构成游戏的核心。幼儿所在的环境中一切影响他发展的外部条件（包括人和物）成为幼儿游戏内容丰富的源泉。幼儿游戏内容是随着幼儿生活经验的积累和生活范围的扩大而发展的。2岁前幼儿的游戏动机仅在于感知器官对于新异刺激（如鲜艳的彩球等）的满足及运动器官对于活动的需要。游戏本身往往表现为简单动作的重复或练习，常常是模仿成人运用物体的一些动作（如用勺子、碗等做吃喝的动作）。3岁前，幼儿逐渐不再满足于自我单纯动作的重复，而是力图赋予这些动作以新的意义，即在模仿动作的同时反映着事物之间的关系，带有一定的探索意义。如将小木块按到水里去，让它浮起来，再按下去。经过诸多的感觉运动性经验，幼儿开始能运用不同的动作对待不同性质和功能的物体。如拍球、摆积木、抱娃娃、吹泡泡、捏泥等，改变了以前用同一动作对待所有客体的现象。在整个婴儿时期，由于幼儿活动范围狭小，知识经验欠缺，游戏的内容只能更多地反映幼儿自己以及他们所熟悉的抚育人的日常生活中的琐碎事物和现象，所以游戏中并无较明确、明显的主题。

随着幼儿年龄的增长，活动的范围在不断扩大，知识经验逐步增加，三、四岁的幼儿开始不再局限于家庭生活的小圈子而进入幼儿园等更多的社交场合。此时幼儿游戏的内容跟3岁前幼儿游戏的内容相比，有显著的变化。无论是有角色表演的游戏还是建构性游戏，都出现了较明确的游戏主题，但此时的游戏主题的暗示性较强，往往受眼前的某些玩具的启发而产生。而到4岁以后，孩子逐渐能根据自己的兴趣和主观愿望来构思游戏主题，而不再单纯依赖于当前的实际知觉。正是由于生活经验的不断丰富以及驾驭游戏主题的能力的增强，幼儿游戏内容逐渐由反映日常生活为主题过渡到反映社会生活和人们之间的一般社会关系方面的主题。特别是五、六岁幼儿的游戏内容更加丰富，更加复杂，成为具有更多社会意义的主题游戏。

2. 游戏形式的发展

任何一种游戏都是通过游戏的外在形式表现出来。游戏的形式受游戏内容（主题）和幼儿身心发展的程度制约。幼儿游戏形式的发展可以从游戏活动中具体动作的连贯性、语言的发展、时间的持续、人数的多少、规则的明朗化等方面反映。

（1）游戏的动作逐渐连贯

幼儿游戏动作的发展经历一个逐渐连贯（即符合一定逻辑顺序）的过程。1 岁左右的婴儿的动作仅表现为同一简单动作的连续重复，无逻辑的顺序性。1 岁以后幼儿的游戏动作发展为两个以上不同动作的连续出现，这种游戏动作之间开始没有必然的联系，然后发展到按一定的逻辑顺序出现。3 岁后，动作的序列化已成熟和稳定，这就为幼儿做象征性游戏和建构性游戏提供了必要的准备条件。

（2）游戏的语言逐步发展

游戏语言是反映游戏发展状况的重要指标。幼儿在各种不同的游戏行为中，语言的表现形式与功能都在发生变化。1 岁以前，幼儿只能在游戏中用发声活动来表达感知到新异刺激的兴奋体验。而当婴儿能够说出简单的单词或短语之后，以个人为主的幼儿早期游戏一般要经历一个由“出声的外部言语阶段”到“不出声的内部言语阶段”的转变。时常可以发现，幼儿在早期的游戏操作中，有自言自语的现象，能说出简单的单词或短语，以“有声思维”指引和调节动作，甚至确定动作的目的，使操作有明确的指向性。如幼儿在玩积木时，一边搭高一边自语：“大高楼，大高楼……”在最早出现的社会性游戏活动中，如与母亲相互游戏时，母亲假装用手打孩子，孩子也一边用手去打母亲，一边嘴里喊着“打、打……”实际上这既有引起母亲注意的动机，也带有自言自语的特征。这是婴幼儿游戏语言在感知行动性认知水平上的反映。在这以后，随着幼儿思维能力的提高，即“有声思维”变为“无声思维”，游戏中自言自语的现象就不再出现。而在有较高水平的协作性游戏（联合游戏、合作游戏等）中，幼儿的语言也表现得日趋完整、准确。此时，游戏中语言，一方面表现为同伴之间的交流、协商，这类语言可以称为“真实的语言”，如一幼儿向其他幼儿建议“我们来玩娃娃家吧”或“你就来当医生吧”等以对游戏进行安排和调节；另一方面表现为在游戏情境中幼儿扮演角色的语言，可称之为“虚拟的语言”，如幼儿扮演妈妈，以母亲的语气对玩具娃娃说：“好孩子，听话，别乱动。”虚拟的语言成为游戏本身的具体内容或情节，并随年龄的增长日趋形象逼真。总体而言，幼儿的游戏语言的发展反映了幼儿语言发展的一般过程。游戏语言是由最早的有意识的“咿咿呀呀”重复发声到简单的话语，最后发展到连贯、准确的语言表述。

（3）游戏的规则日益明朗化

游戏的规则是指游戏中大家必须遵守的某种规定。幼儿对游戏规则的理解和遵守程度是逐步发展起来的。在幼儿游戏的发展过程中，游戏的规则呈逐渐明朗化的趋势。婴儿在最初的游戏中只满足于单纯动作，经常用同一动作作用于不同的物体或对待同一物体施以不同的动作。3 岁后幼儿逐渐能够针对不同性质和功能的物体施以相应的符合现实要求的动作（如对玩具小汽车做推或拉的动作，对玩具做打的动作，对杯子做喝的动作）。幼儿三、四岁的时候，规则是内隐的，规则包含在游戏中。6岁左右，象征性游戏逐渐被规则游戏所代替，游戏规则逐渐明朗化，规则成为游戏得以开展的保证。从幼儿游戏发展中可见，游戏规则由内隐转为外显这种状态，不仅反映出游戏重心的转化过程，而且也反映出幼儿在规则遵守上的不断自觉化。

（4）游戏活动不断社会化

随着幼儿生活范围的不断扩大，人际交往技能以及言语能力的不断发展，幼儿的独立性逐渐得以提高，幼儿在游戏中，越来越不满足一个人的活动，而趋向于群体活动（往往是小组游戏活动）。从独自游戏、平行游戏到联合游戏，最后到合作游戏的发展过程，清晰勾勒出幼儿在游戏中的活动社会化程度不断提高的趋向。另外，幼儿游戏形式的发展，还表现在空间的延伸（由室内到户外，由家庭到幼儿园等），游戏玩具或材料选择范围的扩大和选择的随意化，以及活动机制和性质上由大肌肉活动到小肌肉活动，由侧重身体的动作操作到侧重心智活动的倾向等诸多方面。游戏形式的不同侧面的发展变化，都体现了游戏的发展。

四、幼儿游戏类型与指导

（一）角色游戏

1. 角色游戏的概念

角色游戏是幼儿通过扮演角色，运用想象，创造性地反映个人生活印象的一种游戏，通常都有一定的主题，如娃娃家、商店、医院等，所以又称为主题角色游戏。角色游戏是幼儿期最典型，最具体最具有特色的一种游戏。

2. 角色游戏的特点

（1）幼儿对社会现实生活的印象是角色游戏的源泉

角色游戏是幼儿对现实生活的一种积极主动的再现活动，游戏主题、角色、情节、材料的使用均与幼儿的社会生活经验有关。如在“医院”的角色游戏中，幼儿扮演医生，用听诊器给人看病，往往并不能正确地使用听诊器，会出现病人说头痛则听头，说肚子痛则听肚子，说脚痛则听脚；有时还会病人哪里痛就给哪里打针；也有的会一边打针一边说：“小朋友，别害怕，阿姨轻轻地打”“小朋友，真勇敢”等。这些都证明了幼儿在角色游戏中所反映的是他们的社会生活经验。幼儿生活经验越丰富，角色游戏的水平也就越高。

（2）想象活动是角色游戏的支柱

角色游戏过程是创造性想象的过程。在角色游戏中，创造性想象主要表现在三个方面。一是对游戏角色的假想（以人代人），如扮演妈妈、老师、司机、经理等幼儿生活中熟悉的人物。幼儿运用备种材料，通过语言、表情、动作等表现自己对这些角色的认识与体验。二是对游戏材料的假想（以物代物）。在角色游戏中，幼儿常常以一种物品代替另一种，还能一物多用。如用纸条当“面条”，用小积塑片当“饭”，用冰棒棍当“筷子”等。同样一种物品在不同游戏中可以充当不同的东西，如积塑条可以是老爷爷的“拐杖”，可以是火车的“铁轨”，可以是护士的“注射器”，还可以是警察叔叔的“警棍”等。三是对游戏情景的假想（情景转换）。幼儿常常通过一个或几个动作和想象，将游戏情景进行浓缩或转换，如玩娃娃家，妈妈一摸孩子额头，“呀！小孩发烧了，送医院吧”。结果抱着孩子在院子里走一圈回来了，说打针了，孩子病好了。

在角色游戏中，幼儿可以自由地发挥其想象力和创造力，因而他们对角色游戏的兴趣最为浓厚，幼儿玩角色游戏的主题、角色、情节也十分多样与新颖。

3. 角色游戏的指导

（1）丰富幼儿的知识和生活经验

角色游戏是建立在幼儿所掌握的知识和经验的基础上的。幼儿的知识越多，生活内容越丰富，角色游戏的主题和内容也就越新颖、越具体越充实。教师要善于利用上课、观察、参观、日常生活、劳动、娱乐等多种活动来丰富幼儿的知识经验，加深幼儿对周围生活、人与人的关系的印象。同时帮助家长安排好家庭生活，使幼儿在家庭中获得更广泛的知识经验，为开展角色游戏打下良好的基础。特别是玩娃娃家的孩子，他们在家里当爸爸、做妈妈，都需要从生活中去模仿、去学习。

（2）丰富游戏材料

苏联教育家马卡连柯说：“玩具是游戏的中心，没有中心，游戏就玩不起来。”由此可见，材料是游戏的物质基础，并能刺激游戏的开展。但是游戏的材料也不是越多越好，教师要以本班角色游戏开展的情况为根据，从游戏的内容、角色分配、游戏材料的提供、个别幼儿的教育、角色游戏的常规等方面为角色游戏的开展和提高做好准备工作。

（3）观察游戏进程，支持游戏发展

教师要对游戏进行指导，首先就要很细致地对幼儿的游戏活动进行观察。观察方法大体分为随机观察和有目的地观察。随机观察要求教师捕捉幼儿语言、动作、表情中所发出的信息（目的是了解幼儿行为动机、即时需要、意愿、困难、情绪），以便把握干预时机，满足游戏需要，推进其活动。有目的地观察要求教师有目的、有针对性地了解幼儿现有的发展状况、发展的个别差异，作为教育的依据，以便因材施教，不断调整教育方案。在教师的观察中，教师要不断地提供游戏材料或对游戏材料的使用进行示范来推动游戏的进程。同时也要根据游戏的发展，提出问题或者建议，用语言来推动游戏的延伸和扩展。

（4）介入游戏进行干预

在幼儿游戏时常会遇到一些问题或者矛盾，这时就需要教师及时干预。干预原则：尊重幼儿的年龄特点；尊重幼儿的游戏意愿；尊重幼儿支配游戏材料的权利。干预时机：当幼儿并不投入所构思的游戏想象情境中时；当幼儿难以与别人沟通互动时；当幼儿一再重复自己原有的游戏行为，进一步延伸和扩展有困难时；当幼儿缺少材料，使游戏难以继续时；当孩子发生游戏技能的困难时；当游戏中出现负面行为效应时。

（5）积极进行游戏评价

一个好的角色游戏要有一个良好的开端，也要有个愉快的结束。在幼儿游戏兴致未低落时，及时给予评价，使幼儿知道应该怎样玩游戏。如在点心店游戏中，教师组织幼儿互相评价，幼儿举手说："东东的营业员做得很好，他没有换地方，一直在工作。"当然我们还可以引导幼儿讨论谁在游戏中会动脑筋、会克服困难、以后该怎么玩、还需要什么材料等"，来提高游戏质量，促进幼儿全面发展。

（二）建构游戏

1. 建构游戏的概念

建构游戏也称结构游戏，是指幼儿按自己的兴趣、需要利用各种不同的材料（如积木、积塑、沙石、泥、雪、金属材料等）来构造物体的游戏。幼儿在堆砌、排列和组合的活动中，认识各种材料的性能，区别形体，学习空间关系知识和整体、部分的概念，发展感知觉、目测力、操作能力及创造性；磨炼幼儿的意志，培养做事认真、坚持到底的品质。结构游戏被称为"塑造工程师的游戏"。

2. 建构游戏环境的创设

（1）平等、宽松、自主的心理环境

教师应以一颗童心来接纳每一个孩子，以一种与孩子平等的心态和孩子沟通，尊重幼儿的年龄特点和个性特点。孩子们能做的、能想的，让他们自己去做、去想；孩子们能探索、发现的，让孩子们自己去发现；孩子们能计划、安排的，让他们自己去计划安排；孩子们能选择判断的让他们自己去选择判断；孩子们能获取的，让他们自己去获取，让幼儿成为游戏的主人。

在宽松的环境中，幼儿顾忌少，可以充分地想象、交流，表现，有利于幼儿创新能力、自主性的培养。

（2）开放、丰富的物质环境

第一，拓展幼儿的活动空间。室内（活动室、寝室）、室外都可以成为幼儿游戏的空间。

第二，保证充足的游戏时间。

第三，提供符合幼儿年龄特点的丰富的建构材料。小班：色彩鲜艳、大小适中、并便于操作的材料；中班：种类各异的有一定难度需一定力度操作的材料；大班：精细的有难度的，创作余地更大的结合结构的材料。

第四，广泛搜集废旧物品作为辅助材料。自然物和无毒无害的废旧物品是一种未定型的建构材料，能够一物多用，它与定型的材料相比，不仅经济实惠，价廉物美，而且还更有利于幼儿新思维和能力的培养。纸箱、纸盒、挂历纸、冰糕盒、贝壳、鹅卵石、可乐瓶、吸管等都可加以利用。

第五，及时更换，补充建构材料。随着幼儿的发展和幼儿多次摆弄同样的材料，幼儿也会玩腻。如果很少有幼儿去玩或很少幼儿专注地去玩这些结构材料，老师就要及时地更换这些材料，但是更换的频率也不能太快，以免幼儿的注意力过多地被材料的色彩和外形所吸引。

（三）表演游戏

1. 表演游戏的概念

表演游戏是一种深受幼儿喜爱的活动方式，是幼儿根据文艺作品中的情节、内容和角色，通过语言、表情和动作进行表现的一种游戏。幼儿的表演游戏融想象、创造于一体，对幼儿创造能力的培养与发展起着不可低估的作用，表演游戏还能锻炼幼儿的人际交往能力，促进幼儿集体观念的发展和幼儿良好个性品质的形成。

2. 表演游戏环境的创设

为幼儿创设必要的游戏环境，是幼儿能否顺利开展表演游戏的先决条件。日常进行的表演游戏，可以在活动室中，用小椅子、小桌子或大的积木围起来设置小舞台，角色相对少的表演游戏也可以有一个较固定的表演区，如《乡下老鼠和城市老鼠》只有两个角色，我们就安排在活动室的一角即可。布景应简单方便，避免过大过重过繁，更不能妨碍表演，只要能起到烘托情境、渲染气氛的作用就可以了。

角色造型、服饰和道具也是很重要的，它们不仅能激起幼儿进行表演游戏的愿望，而且还直接影响到游戏的趣味性、戏剧性和象征性。为了更好地表现角色的外形特征和个性特点，教师要引导幼儿在表演游戏时，根据作品的要求进行适当的角色造型。简单的造型与服饰，对幼儿参加表演游戏的激励作用很大，能使游戏顺利开展下去。

在表演游戏中老师要鼓励幼儿大胆想办法、出主意，主动参加道具的制作，这样更容易激起他们对游戏的兴趣。幼儿的表演游戏是灵活自由的，不受场所、时间与道具的限制，准备的道具不必追求齐全、逼真，稍有象征性即可。幼儿在表演游戏中最为关心的是自己能以角色的身份谈话、做动作，道具的不足往往可用动作去弥补。

3. 表演游戏的组织与指导

（1）游戏初期提示幼儿故事发展的线索

游戏的初始阶段，幼儿可能对游戏的串联有些困难，常常有脱节和游戏中断的现象。此时教师可以充当旁白的角色或者请能力强的幼儿担当，提示幼儿故事发展的线索或相关情节，幼儿可以根据旁白的提示做出相应的肢体动作并进行对白。

（2）游戏中期引导幼儿表现特定的情景

1）老师有重点地观察

表演游戏进行了一段时间后，幼儿对情节的发展和对自己经熟悉，表演自如了许多，不再需要教师进行旁白。但由于幼儿受生活经验和表现能力等因素的限制，导致他们常常不能把握好角色特点，出现表演不适当的情况。这一阶段教师应深入进行观察，了解幼儿的游戏水平和需要并给予适宜的指导。如在故事表演游戏《小鹿历险记》中，教师发现幼儿不知应如何表现小鹿的形象，此时教师就引导幼儿观察小鹿跑的形态，分析小鹿害怕的心理活动，孩子们互相讨论，对着镜子表演小鹿形象，最终表现出小鹿害怕寻求帮助的心理特点。又如当教师发现幼儿表演的动作和表情与角色特点不符时，也应及时地给予帮助。在“神气的公鸡”的表演游戏中，表演“白马哥哥”的幼儿没有表现出驮着东西的感觉，教师轻声提示说：“白马是哥哥而且驮着东西，说话的声音和动作应该怎样呢？”孩子听了，很快纠正过来。有些孩子也会想出一些不符合实际或错误的动作、情节。这时，教师要启发诱导，将游戏转入正常。在游戏过程中，幼儿也会出现遗忘故事中的部分情节或对话不流畅的情况，教师可悄悄地用语言或动作提醒，不要指责幼儿，以免影响其游戏的情绪。

2）引导幼儿合作、协商，有创意地进行表演

在大班，要引导幼儿学会协商、互谦互让、自己分配角色。分配角色可由表演能力和组织能力较强的幼儿担任，要使幼儿懂得照顾同伴，让胆小的幼儿也能扮演角色，但也要避免能力强的幼儿经常做主角的情况。要放手让幼儿去表演，因为这种表演是游戏，是一种创造性的活动。

3）帮助幼儿提高表演技能

文艺作品中的内容和情节需要凭借幼儿一定的表现技能而得以再现和展示，因此培养和提高幼儿的表演技能是完成表演游戏的一个重要前提。

首先，要提高幼儿口头语言的表达技能。教师要分步要求与指导，第一，要让幼儿能大胆地把角色的语言表达出来；第二，要让幼儿能较清晰、流畅地用普通话表演；第三，要让幼儿知道运用自己的语调来表达思想感情。让幼儿在理解领会作品的前提下，通过具体的练习和实际操作，逐步提高口头语言的表达技能力。

其次，要提高幼儿的形体表演技能。表演游戏需要幼儿的步态、手势、动作比日常生活中的要夸张一些，要有表演的舞台效果，各个角色因其角色特点不同，还要求幼儿在表演游戏中要恰当而准确地把握。

4）启发幼儿讨论关注游戏的问题

表演游戏每个阶段都客观存在着各种各样的问题，包括幼儿自己的经验与游戏经验存在着差距问题，现有材料与游戏所需材料的矛盾问题等。这当中存在着许多很有价值的问题，但是这些问题缺乏具体可见性，幼儿常常无法主动发现。这时教师就要善于营造有利于幼儿自发讨论的环境氛围，用启发性的语言，引导幼儿展开讨论，共同探讨游戏中的问题，提高幼儿游戏的水平。

老师通常可以采用“游戏中有什么困难问题需要讨论吗？”“要解决这个问题，可以怎么做呢？”“谁能帮助解决他的问题？”“为了使下次游戏玩得更开心，还需要做什么？”等启发性语言。当然，是否需要交流，以何种形式交流应视需要而定，形式方法是灵活多样的。如个别、小组、集体交流，过程交流，结束交流等。教师切忌把幼儿对游戏的自发讨论变成教师对幼儿游戏与行为好坏的说教与评价判断。同样，评论不要面面俱到，更不能变成被动的完成作业的活动。

（3）游戏后期鼓励幼儿展示自己的表演

每一个表演活动结束时，开展一次“小舞台”活动，提供给孩子们更多展示自己的机会，在活动中幼儿获得了成功的体验，提高了参与表演游戏的兴趣；在观看他人表演的同时，幼儿也学

到他人的长处，拓宽了自己思路，丰富了经验；游戏结束交流分享成功的体验增强了表演自信心。

（四）规则游戏

1. 规则游戏的概念

规则游戏是以突出游戏的规则性，旨在培养幼儿的规则意识和行为习惯的专门的游戏活动，通常参与者为两人及以上。规则游戏对于幼儿的规则意识的建立、社会性发展水平和思维水平的提高都有重要的价值。

2. 规则游戏的指导

规则游戏可由教师提供相应的材料和场地，让幼儿自行选择，也可以将其用于专门组织的教学活动中，以增强活动的趣味性，激发幼儿主动性，使学习取得良好的效果。规则游戏要根据幼儿身心发展水平来进行，一般应注意以下几方面。

（1）做好游戏的准备

1）选择和编制适合的游戏

教师应根据教育要求及幼儿的实际水平选编游戏。一方面要根据教育的任务、要求选编不同类型的规则游戏，如发展感知能力的游戏，训练注意力、记忆力、发展语言、运动能力、音乐能力的游戏等；另一方面应顺应幼儿的实际发展水平，选择和编制能激发幼儿的思考和探索，给予幼儿成功的体验，激发学习的兴趣的游戏。否则会使幼儿失去积极性，造成消极后果。

2）教师要熟悉游戏的玩法及规则

教师在为幼儿选编游戏后，必须熟悉游戏的玩法和规则，了解游戏的重点，思考组织游戏的方法，并反复试玩几次，以验证游戏的玩法和规则是否合理，为指导幼儿游戏打下基础。

3）准备好游戏的场地和材料

教师要根据游戏的内容，确定游戏的场地，选择游戏的材料。游戏的场地应尽可能宽敞，材料应尽可能丰富，可以人手一份，也可以每小组一份，让幼儿有足够的活动空间，有足够的可操作材料，减少幼儿等待的时间，保持幼儿游戏的兴趣。

（2）教会幼儿正确地玩游戏

每一个游戏都有一定的规则和内容，幼儿需要学会后才能玩，这就需要“教”，教师要用简单明了的语言和适当的动作示范，说明游戏的名称、玩法及规则，教会幼儿玩游戏。可事先教个别幼儿，然后再让幼儿之间相互学习，也可运用直观教具演示讲解游戏的玩法和规则。在游戏过程中教师应着重指导幼儿遵守游戏规则，保证游戏的顺利进行，对个别幼儿给予具体指导，掌握游戏时间，使每个幼儿都有游戏的机会。

（3）组织幼儿积极参加各种游戏，有针对性地指导每个幼儿掌握正确的玩法

第一，在“教”幼儿玩游戏的同时，要充分调动幼儿的积极性、主动性，提高幼儿参与游戏的兴趣，启发幼儿开动脑筋，寻找解决问题的方法，促进幼儿创造性思维的发展。

第二，针对不同年龄的特点，具体地指导。

对于小班幼儿，游戏玩法和规则的讲解要力求生动、简单、形象，要注重讲解与示范相结合，注重在游戏中逐步提出游戏规则。

对于中班幼儿，还是需要示范、讲解游戏的玩法与规则，并在游戏中着重检查游戏玩法的掌握情况及游戏规则的执行情况，要鼓励幼儿关心并努力争取好的游戏结果，可开展规则简单的竞赛游戏。

对于大班幼儿，可以用语言讲解游戏，要求幼儿独立地玩游戏，严格遵守游戏规则，争取最好的游戏结果；能对游戏的结果进行评价，并可开展较为复杂的竞赛游戏。

（4）做好游戏结束工作

鼓励幼儿争取最好的游戏结果，对幼儿游戏做出评价，对胜利者予以口头表扬、鼓掌、颁发小红旗等奖励。

第二节 艺术活动中幼儿的心理发展与教育

一、幼儿园音乐教育活动及其开展

音乐是以特定的声音组合来反映人类现实生活情感的艺术。它对幼儿多个方面的发展有着独特的作用。幼儿园的音乐教育活动主要是以幼儿为主体，教师根据音乐教育的目标和任务，有目的、有计划地设计以音乐为主的内容和材料，并组织全体幼儿参加的活动。

（一）幼儿园音乐教育活动的内容

幼儿园音乐教育的形式主要有歌唱活动、韵律活动、打击乐演奏活动、音乐欣赏等活动。

1. 歌唱活动

在幼儿园音乐教育活动中，歌唱活动往往占有重要比例。歌唱活动可以发展幼儿的歌唱能力，包括歌词、节奏、音准、音域、呼吸、情感体验与表达、独立性、合作性以及创造性等方面。具体来说，幼儿园歌唱活动的教学内容主要包括歌曲、歌唱的表演形式和歌唱的简单知识技能。

幼儿歌曲一般包括专门为幼儿创作的歌曲、传统的童谣、由幼儿自己创作或即兴创作的歌谣、某些适合幼儿演唱的流行歌曲等。在选择歌曲时，教师应注意歌曲的纯真性、思想性、艺术性，以及歌曲内容、形式、风格等方面的丰富性和多样性；同时应注意歌曲要深受幼儿喜爱又易于为幼儿所接受。

歌曲的表现形式多样，独唱、齐唱、接唱、对唱、领唱、轮唱、合唱，歌唱表演是幼儿歌唱表演的主要形式，丰富的演唱形式，能够让幼儿感受歌唱活动的多样性，获得积极地音乐态度（兴趣），帮助幼儿理解歌词内容，体验歌曲表达的情感，并积极主动地参与到歌唱活动中。

幼儿园歌唱教育活动能够帮助幼儿养成正确的歌唱习惯，掌握丰富的歌唱知识和简单的歌唱技能，包括正确的歌唱姿势、发声方法、呼吸方法；正确运用和保护嗓音的知识和技能；准确唱出歌词、节奏和曲调的技能；用歌声自然表达感情的技能等。

2. 韵律活动

音乐与身体动作常常是不能分开的。在幼儿园的音乐教育活动中，幼儿总是会随音乐进行各种有节奏的身体动作，这就出现了韵律活动。幼儿园韵律活动主要包括韵律动作、韵律动作组合和舞蹈。选择正确的符合幼儿身体动作发展能力及音乐心理特点的教学方法能使幼儿在美好的音乐中协调地、富有感情地动作，能够提高幼儿的身体协调能力、节奏感以及对动作造型的美感鉴赏。

在韵律活动中，幼儿主要是学习和发展一些基本动作、模仿动作和舞蹈动作。基本动作是指幼儿在反射动作基础上发展起来的生活动作，如抓握、拍手、点头、弯腰、走、跑、跳等。模仿动作是指幼儿用身体去表现特定事物的外在形态和运动状况的动作，如模仿各种动物的动作，模仿交通工具的动作，模仿成人做饭、骑马、缝衣服等的动作。舞蹈动作是指幼儿经过专门学习形成的艺术表演动作，如小碎步、小跑步、垫步、侧点步、溜冰步、跑马步、进退步等。具体而言，在韵律动作方面，对于小班幼儿，应着重培养他们的节奏感和动作表现能力；对于中班幼儿，应着重培养他们随音乐的起始自然进行身体动作，随音乐的变化来变化动作，配合音乐用动作表达感情的能力；对于大班幼儿，应着重培养他们的节奏感、音乐记忆能力及音乐之中动作的表达能力。

韵律动作组合主要指的是依据一首完整歌曲组织起来的一组韵律动作。它主要包括身体节奏动作组合、律动模仿动作组合、表演舞、自娱舞、集体舞等。上述各种组合动作，除了表演舞比较适合大班幼儿学习外，其他各种组合适宜各年龄班幼儿学习。

幼儿舞蹈主要由基本舞步、简单的肢体运动和队形变化组成。其主要有独舞、双人舞、集体舞、表演舞、邀请舞、自编舞等。其中，独舞和双人舞是有人数限制的舞蹈形式；集体舞是许多人依据较为严格的队形和动作规定进行的舞蹈形式；表演舞是带有表演性质的舞蹈形式；邀请舞是让一部分人邀请另一部分人跳舞的舞蹈形式；自编舞则是根据音乐的内容和情绪自编自演的舞蹈形式。

3. 打击乐演奏活动

打击乐演奏活动是指让幼儿在音乐中有节奏地敲打某些打击乐器的活动。它是幼儿学习音乐、享受音乐的一种重要途径。幼儿通过这一活动能够初步掌握简单打击乐器的演奏技能，发展节奏感，了解并感受曲式结构和多声部织体，提高合作意识、合作能力、创造意识、创造能力、组织纪律性等。

幼儿园打击乐演奏活动涉及的材料主要有三个方面：乐器、音乐、配器方案。幼儿园常用打击乐器主要有手铃（或称马蹄铃）、串铃、碰铃、响板（或称圆舞板、圆弧响板）、铃鼓、三角铁、双响梆子、鼓、小钹等。不同年龄阶段选择的演奏乐器往往不同。此外，同一件乐器演奏方法不同，配器方案也不同。

幼儿园音乐教育活动中的打击乐演奏活动主要是为了发展幼儿的打击乐器演奏能力，包括一定的使用不同乐器的能力、对音乐感知和理解的能力、运用节奏和音色进行创造性表现的能力、与集体协调一致的能力等。

4. 音乐欣赏活动

音乐欣赏活动就是指教师组织幼儿通过认真聆听音乐作品及其他辅助手段，从而开阔幼儿音乐眼界，丰富幼儿音乐经验，提高幼儿审美能力的音乐教育活动。针对幼儿的音乐欣赏活动主要包括倾听周围环境中的音响、欣赏音乐作品及掌握音乐欣赏中的简单知识和技能。这种活动能够大大提高幼儿的欣赏水平。

让幼儿倾听周围环境中的音响是对幼儿实施音乐教育的基本出发点，也是开展音乐欣赏的前提和基础。幼儿生活的周围环境中总是充满了各种音响，如鸟叫声、虫鸣声、雨声、风声、雷声、汽车声、飞机声、火车声等。这些声音都是音乐家们进行创作的重要源泉，教师可以利用这些声音自然地、有意识地引导幼儿进行各种倾听活动，以丰富他们对声音的各种感性经验。

让幼儿欣赏音乐作品是音乐欣赏活动中的重要内容。音乐作品主要有歌曲作品和器乐作品两种。歌曲作品因为有歌词，一般比较容易被幼儿所理解和接受，器乐作品也具有音色丰富，表现手法多样，没有具体歌词的限制等优点，也能够使幼儿产生更生动、自由的联想和想象。

在有关音乐欣赏的简单知识和技能的掌握方面，幼儿音乐欣赏活动应注意使幼儿了解音乐作品的名称、创作背景和作者；认识常见的民族乐器和西洋乐器；辨别人声音各声部和各种乐器的音色；识别音乐作品所包含的情绪，理解音乐作品中所指的鲜明形象和内容，并能展开丰富的联想；基本懂得节奏、节拍、力度、速度、调性、旋律、和声等音乐表现的各种手段；学会表达对音乐作品内心的感受。

（二）幼儿园音乐教育活动的开展

1. 歌唱活动的开展

（1）歌曲的选择

在幼儿园的歌唱活动中，歌曲的选择是最为重要的。歌曲一般应保证具有审美性、教育性和适宜性三大特点。

第一，审美性。在设计幼儿歌唱活动的过程中，教师所选择的幼儿歌曲应当注意与音乐艺术审美的基本要求相符合。也就是说，歌曲的词要具有韵味，朗朗上口；歌曲的旋律要优美动听，能充分激发起幼儿学唱的兴趣，给人美的享受，歌曲的词曲结合应和谐一致。

第二,教育性。教师所选择的歌唱活动中的歌曲要积极健康向上,能够指引幼儿向好的方向发展,能熏陶幼儿高尚美好的情操,能让幼儿更加热爱生活,能使幼儿的心灵得到潜移默化的影响。

第三，适宜性。教师所选择的歌唱活动中的歌曲应与幼儿的歌唱能力发展水平相匹配，应能够逐步地促进他们歌唱能力的发展。具体来说，在歌词方面，歌词反映的主题与形象应当单一，是幼儿熟悉、理解并感兴趣的；歌词文字应简单，容易被幼儿理解；歌词篇幅短小，容易被幼儿记忆；歌词要有重复和发展的余地；歌词形象要鲜明。在曲调方面，曲调的音域要适宜幼儿演唱，避免音域过高或过低；曲调的节奏不能过难，如为小班幼儿选择的歌曲，应以二分音符、四分音符、八分音符等简单的节奏为主，为中、大班幼儿选择的歌曲，可适当增加一些附点音符、十六分音符、切分音符等难度较大的节奏，但也不能过难；曲调的旋律应较为平稳，最好不要选择六度、七度及连续大跳的音程的歌曲；曲调的结构不应太复杂，以短小工整为好，为小班幼儿选择的歌曲以含 2 ~ 4 个乐句为宜，总长度 8 小节左右，为中、大班幼儿选择的歌曲可以有 6 ~ 8 个乐句，总长度可增至 16 ~ 20 小节。在速度方面，中速歌曲最适合幼儿。当然，为中、大班幼儿选择歌曲时，可以适当选择一些偏快或偏慢的中速歌曲。

（2）歌曲的分析与设计

当选择好歌唱活动中所使用的歌曲之后，教师应当对其进行一定的分析。这里主要是指分析歌曲所反映的内容、主题及意义，歌曲包含的基本情绪，歌曲的节拍、节奏、旋律、结构等表现手段所起的作用等。对这些方面有所了解和掌握之后，教师应当对歌曲的演唱进行适宜的设计。这主要是指根据教学要求，对歌曲的速度、力度、音色等进行确定，使歌曲形象更为鲜明，更具有表现力。

（3）歌曲伴奏和前奏的设计

在歌唱活动中，让幼儿学唱的歌曲的伴奏应当以突出旋律为主，音量要小一些，不能将歌声盖过去，最好是选用具有较强艺术性的简单伴奏型。当然，为了培养幼儿的音准技能，就不能让他们经常用伴奏演唱，以便减少他们对伴奏的过分依赖。歌曲的前奏起到引入“正题”的作用，它主要用来提示整首歌曲的情绪、速度和音高等。在歌唱活动中，教师应注意，歌曲如果有前奏，就用前奏帮助幼儿齐唱，可以在前奏的最后一拍加上“唱”字；如果没有前奏，那么可以用歌曲的最后一句做前奏，也可以将歌曲的第一句作为前奏，再用呼拍的方式指示幼儿开始唱歌，如三拍子的歌曲呼“一、二，唱”；四拍子的歌曲呼“一、二、三，唱”。

（4）歌唱活动的组织模式

在组织幼儿园的歌唱活动时，教师一般采用两种组织模式：一是示范—模仿—练习的模式。这种模式的具体过程是引出主题；教师唱一遍新歌进行示范；教师分析讲解歌词，帮助幼儿对歌词产生较深的印象，并尽快记住；教师带幼儿唱一遍歌曲，使幼儿初步掌握歌曲，同时帮助幼儿消化歌曲中的难点；教师采用多种演唱形式，调动幼儿唱歌的积极性。让他们通过反复练唱学会整首歌曲。二是先分解后累加的模式。这种模式的具体过程是教师先将所选歌曲中的歌词、节奏、曲调分解出来，然后将其分别放在专门的语言文学活动、节奏活动、节奏朗诵活动、韵律活动等中，让幼儿对其进行初步的掌握；接着教师让幼儿按节奏朗诵歌词，同时认真倾听整首歌曲的曲调；最后由幼儿自己将歌词与曲调相结合唱出来。

（5）教师在歌唱活动组织中的指导

为了更好地开展歌唱活动，教师在组织过程中一定要发挥好自身的指导作用。教师在歌唱活动中的指导主要应注意以下几方面。

第一，在介绍要学习的歌曲时，教师应注意根据歌曲的特点和幼儿的音乐发展水平选择适宜的方法，使幼儿对歌曲产生兴趣，并更好地理解歌曲内容。

第二，为了更好地帮助幼儿熟悉、记忆歌词，教师可采用直观教具提示法、填充提问法、逻辑提问法、节奏朗诵法等。

第三，在教唱新歌时，教师既可以选择整体教唱法，也可以选择分句教唱法。不过，在实践中，一般是结合两种方法进行。整体教唱法，即教师先演唱整首歌曲进行示范，之后幼儿根据教师的示范从头至尾学唱。这种教唱方法对幼儿的记忆要求较高，且幼儿的注意力要高度集中，思维要保持积极活跃的状态。当幼儿学唱时，教师可以轻轻地合着幼儿一起唱。分句教唱法，即教师先唱一句，幼儿跟着学唱一句，直到将整首歌教唱完。这种教唱方法相对简单，尤其适合教师在教唱重点乐句和难点乐句时使用。

第四，教师在进行示范时应注意面对幼儿，示范时的感情要丰富，精神要饱满，可以灵活采用多种方式多次向幼儿示范歌曲。如果教师觉得自己的范唱不太好，也可以选择让幼儿倾听多媒体中的歌曲。

第五，在教幼儿唱歌时，教师要注意教给幼儿一些简单的唱歌技能，即让幼儿掌握一些初步的歌唱表现手法，使他们能有感情地唱歌，在对歌曲所表达的感情有所理解的情况下唱歌。

第六，在歌唱活动中，教师要注意幼儿创造能力的培养。教师可以通过幼儿自己为歌曲配动作、幼儿为歌曲增编歌词的方式由易到难，由少到多，逐步培养幼儿的创造能力。

第七，为了让幼儿真正学会歌曲，提高其在原唱歌水平上的表现力，教师应安排幼儿多复习歌曲。在复习过程中，教师要根据具体的复习要求和幼儿特点，采用各种方式、方法，如表演唱、分组唱、分句接唱、边唱边打节奏等，使幼儿保持新鲜感和积极性。

2. 韵律活动的开展

（1）动作的选择

选择韵律活动中的动作时主要应考虑幼儿的兴趣与能力，侧重体现在动作的类别与难度上。

幼儿韵律活动的动作主要包括基本动作、模仿动作与舞蹈动作三种类型。小班幼儿一般喜欢跟着音乐做熟悉的动作，那么教师可以更多选择走路、拍手、点头、拉耳朵、用手指点等基本动作；模仿动作是小班幼儿最喜欢的，因而在为小班幼儿选择韵律活动的动作类别时，宜以该阶段幼儿熟悉与感兴趣的模仿动作为主，如梳头洗脸、打鼓吹号、打枪开炮以及各种动物、交通工具等；小班幼儿的舞蹈动作宜选择一些简单的舞步配上幼儿熟悉的模仿动作，如小碎步开飞机、小碎步学小老鼠跑来跑去等。为中、大班幼儿选择韵律活动中的动作时应以模仿动作和舞蹈动作为主，模仿动作的主题与内容应有所扩展，如动画片中的卡通形象孙悟空、哪吒、花仙子、机器人等的动作，舞蹈动作则应满足幼儿情绪上的这一需要。

（2）音乐材料的选择

在幼儿园的音乐教育活动中，为韵律活动选择的音乐材料应具有以下几个方面的特点。

第一，音乐形象鲜明，旋律优美。形象鲜明的音乐有利于幼儿用动作模仿与表现音乐形象，旋律优美动听的音乐容易让幼儿产生兴趣，更易将幼儿随乐活动的欲望激发出来。

第二，音乐节奏清晰，结构工整。在韵律活动中，幼儿需要进行有秩序、有节奏、有规则的身体动作，如果音乐的节奏不清晰、结构不工整，很难将幼儿随乐活动的愿望激发出来，也就很难做出符合音乐节奏的身体动作来。

第三，速度适宜。音乐的速度不可太快，也不可太慢，否则幼儿的身体动作难以配合。当然，如果幼儿控制动作的能力有了显著的提升后，是可以适当选择稍快、稍慢以及速度逐渐变化的音乐的。

（3）道具的选择

在韵律活动过程中，很多时候并不需要使用道具，但也不排除使用道具的情况。如果使用，所选择的道具应当具有以下几方面的特点。

第一，新颖有趣，有助于增加活动的趣味性，增强动作的表现力。

第二，操作简便，不可太大、太重，以不妨碍幼儿的动作表现，不干扰幼儿的注意力为宜。

第三，安全卫生，不存在潜在的人身伤害的危险，且经济实用。

第四，造型、色彩等方面应富有美感，能引发和丰富幼儿对音乐及其动作的联想与想象。

（4）韵律活动的组织模式

在组织幼儿园音乐教育活动中的韵律活动时，教师一般采用三种模式进行。

第一，示范—模仿—练习的模式。这种模式的具体过程是：教师用幼儿感兴趣的方式将活动主题引出来；教师示范新的动作和动作组合，并利用幼儿容易听懂的语言向幼儿分析讲解动作的要领、动作表现的形象、情绪等；教师用慢速带领幼儿学习动作或动作组合，可分解较难的动作，幼儿掌握分解动作后，再让他们将其连贯起来；教师采用不同的方式让幼儿反复练习，最终达到熟练掌握韵律动作。

第二，引导探索创编的模式。这种模式的具体过程是：教师用幼儿感兴趣的方式将活动主题引出来，并引导他们想象与该主题有关的基础动作；教师让幼儿试着用自己想象的动作将本次活动涉及的主题形象、情节、情绪、节奏或结构等表现出来；教师安排幼儿认真倾听音乐，并让他们讨论哪些动作与音乐有关；教师让幼儿根据讨论结果随音乐做动作；教师根据幼儿的表现情况，让幼儿观看彼此的动作，让他们进一步掌握动作要领；在幼儿中选出优秀的范例进行评价及小结，并让全体幼儿在新一轮的活动中自由借鉴。

第三，模仿创造性发展的模式。这种模式的具体过程是，教师直接提出主题，或通过让幼儿回想与主题有关的经验来引出主题；教师做基本动作，并让幼儿模仿；教师教幼儿一些变化基本动作的方法，并鼓励他们运用多种方法变化自己的动作；教师引导幼儿集体创编动作组合；教师引导幼儿将创编出来的动作与音乐结合起来进行表演；幼儿独立表演。

（5）教师在韵律活动组织中的指导要点

第一，应注意在音乐的伴随下引导幼儿随着音乐做相应的动作，用动作解释听到的音乐，防止简单地喊“一二三四、二二三四”的口令，使动作指导与音乐脱离。

第二，重视基本动作的练习。韵律活动主要是培养幼儿随着音乐即兴创作简单的动作，发自内心地去表现音乐美，因而不应当总是追求高深的舞蹈动作技巧，基本动作的练习才是重点。

第三，注意精讲多练，注意幼儿练习时的动静交替。

第四，注重启发性的指导。教师不应总是一招一式地教幼儿做动作，而是要注意让幼儿根据自己对音乐的体会灵活自由地做动作，由此来培养幼儿在动作方面的想象力和创造力。

第五，在集体舞蹈的教授中，教师要面对音乐和动作的挑战，还要面对空间安置和人际交往两方面的挑战，因此要注意以下几点：一是让幼儿首先熟悉音乐；二是动作与队形变化要分开教授；三是与幼儿站成同一方向面对镜子教学，或者让幼儿拿着不同的道具来分辨队形中的左右方向；四是帮助幼儿分辨音乐的结构，记住动作和感知音乐情绪的变化。

3. 打击乐演奏活动的开展

（1）音乐作品的选择

适合演奏打击乐器的音乐作品，应节奏鲜明、速度适中、主题清晰、结构整齐，一般为进行曲、舞曲等。一些民间音乐作品旋律优美、节奏鲜明，也适用于打击乐，如《瑶族舞曲》《拔根芦柴花》《杨柳青》《打莲湘》等打击乐曲都很受幼儿喜欢。此外，教师也可选择一些幼儿日常生活中熟悉的幼儿歌曲、乐曲。

（2）音乐作品的分析

教师在选择了打击乐演奏活动中的音乐作品后，要对其性质、情绪和风格等进行分析，为选配合适的打击乐器和创编适宜的节奏型做好准备。例如，《瑶族舞曲》表达的是优美、柔和的舞曲性质，应选用铃鼓、摇铃、串铃和大鼓等乐器。

（3）乐器的选配

在选配乐器之前，首先应当对各种打击乐器的特点及其运用有所了解和掌握。在幼儿园中，常用的打击乐器主要有三角铁、碰铃、串铃、手铃、梆子、木鱼、铃鼓、沙球、大鼓等。每种打击乐器都有不同的特点。例如，三角铁、碰铃属于高音乐器，声音清脆明亮，可演奏颤音，可用于强、弱拍；梆子、木鱼属于中音乐器，音色浑厚，也可用于强、弱拍；大鼓属于低音乐器，多用于强拍，一般每小节敲一次。

在正式选配乐器时，首先乐器应符合幼儿不同年龄阶段所具备的不同演奏能力；其次应根据乐曲的特点添加混响音色组的乐器，使配器方案音色搭配协调，符合乐曲的性质、风格，如《小星星》应选配声音清脆明亮的碰铃、三角铁，而《解放军进行曲》应选配声音洪亮有力且节奏清晰的鼓、钹、铃鼓等；最后要综合考虑强弱拍的对比、节奏的对比、音色的对比、速度的对比和力度的对比。例如，《瑶族舞曲》曲调悠扬，需要反映优美和欢快的情绪，那么可以选择铃鼓、小铃和圆舞板。总之，所选配的乐器要与乐曲协调并帮助诠释音乐内容。

（4）节奏型的选择

教师应根据歌曲的音乐形象、情绪、节拍、节奏和旋律，选择 1 ~ 4 种与之相符的节奏型，如齐奏、合奏、轮奏等。节奏型应注意有所变化，不应当每一拍都敲击，并一直如此。一般情况下，短小的一段歌曲和乐曲，节奏型比较简单，乐句重复次数多。那么只要在高潮处或结束句有一定的变化即可；但是篇幅较长且有较多表现手法的乐曲或歌曲，则要考虑节奏的多样性，要注意变化，以丰富音响效果。

（5）打击乐演奏活动的组织模式

在组织幼儿园音乐教育活动中的打击乐演奏活动时，教师一般采用两种模式进行。

第一，从整体布局入手的模式。这种模式的具体过程是：教师用幼儿感兴趣的方式引出主题；教师组织幼儿感知音乐，分析和学习音乐；教师帮助幼儿掌握已经设计好的演奏方案，或者引导幼儿集体为乐曲设计打击乐配器方案；教师将幼儿分组，制定各个小组分别担任的声部，并指挥幼儿徒手做演奏动作，跟随音乐合奏；幼儿手拿乐器，在教师的指挥下与音乐合奏，教师组织幼儿自由地交换乐器并演奏；教师引导幼儿创造性地改编原配器方案并演奏。

第二，从主要声部入手的模式。这种模式的具体过程是：教师用幼儿感兴趣的方式方法引出主题；教师组织幼儿感知音乐，分析和学习音乐；教师先示范打击乐曲中的某一个主要声部的节奏和乐器演奏方法，然后让幼儿模仿；教师帮助幼儿掌握其他的辅助性声部的演奏方案；教师指挥幼儿用乐器跟随音乐合奏这些辅助声部；教师指导幼儿将主要声部和辅助声部合起来演奏，并让他们学会倾听主要声部与辅助声部的配合关系；教师组织幼儿自由地交换乐器并演奏；教师引导幼儿创造性地改编原配器方案并演奏。

（6）教师在打击乐演奏活动组织中的指导要点

第一，引导幼儿熟悉和欣赏打击乐使用的歌曲或乐曲的名称、主要内容，以及弄懂音乐的内容、情绪、速度、力度、风格、节奏等知识。

第二，出示乐曲中的节奏型，引领幼儿对乐谱进行认读。对于幼儿来说，变通总谱较容易掌握，即通过不同的动作来表现配器的记谱。在活动中，可以先组织幼儿用动作来学习各声部的节奏型，或者先用拍手的动作熟悉和掌握节奏。

第三，注意指导幼儿学习正确的打击乐演奏方法，帮助他们体验和感受打击乐器的表现力与音色特征。

第四，注重让幼儿随音乐节拍进行乐器演奏。可组织幼儿分乐器、分声部练习，等熟练掌握相关知识以后，再逐步进行完整的合奏。

第五，帮助幼儿学会看指挥的手势，了解、遵照指挥的手势、动作、意图进行乐曲的演奏。

第六，注意建立和明确良好的活动常规，以保证良好的活动秩序。例如，取乐器、放乐器要有统一的指令；除演奏需要，乐器不可以随意发声；开始演奏前，按照指挥的手势整齐地将乐器拿好，做好演奏的准备；演奏结束后，按照指挥的手势将乐器放回腿上；演奏时要注意力集中，不做与演奏无关的事情等。

4. 音乐欣赏活动的开展

（1）音乐欣赏作品的选择

在音乐欣赏活动中使用的艺术作品繁多，各种类型的歌曲、器乐曲、舞蹈、戏剧等都在可选范围之内。具体选择幼儿音乐欣赏作品时，教师应重点考虑以下三方面。

第一，音乐作品所反映的思想积极向上，音乐形象鲜明，具备较高的艺术性，不管是在听觉方面还是视觉方面都能给人以美的感受。

第二，音乐作品的内容、题材、表现形式、风格应丰富多样，以扩大幼儿的音乐视野，丰富幼儿听音乐的经验。

第三，音乐作品应与幼儿的生活经验和音乐知识相符合，便于幼儿感知和接受。教师可以在日常教育活动中通过介绍、图片、故事、参观等途径，帮助幼儿积累与欣赏内容有关的生活经验。

（2）音乐欣赏作品的分析

在选择好音乐欣赏作品后，教师还应注意对其进行分析。首先要了解作曲家的生平、音乐中蕴含的音乐知识，同时分析音乐作品的内容、情绪、结构及其主要表现手段；其次要在了解幼儿现有音乐发展水平的基础上，分析让幼儿欣赏该音乐作品会遇到什么困难，并思考如何解决这些困难。

（3）音乐欣赏辅助材料的选择

在音乐欣赏过程中，幼儿常常需要借助一些辅助手段，如视觉、肢体动作、语言觉等进行辅助，以强化听觉感受。因此，教师还应注意为幼儿的音乐欣赏活动选择一些适宜的辅助材料。常见的有动作材料、视觉材料、语言材料等。

动作材料主要指符合音乐的性质且能基本反映音乐的节奏、结构、旋律、内容与思想感情的身体节奏动作、舞蹈动作以及夸张滑稽的动作等。选择这些动作要注意不能太难，应是大多数幼儿都能自然表现的，同时动作不应过于具体与统一，要有助于幼儿独立选择与自主表现。

视觉材料主要指能形象反映音乐的形象、内容、节奏特点与结构等的可视材料，包括图片、幻灯、录像、多媒体课件等。选择这些视觉材料要从音乐出发，在线条、构图、造型、色彩、氛围等方面注意与音乐的情绪、内容相吻合，画面的变化与音乐的变化相一致，要有助于幼儿感受、理解音乐的意境与形象，同时还不能限制幼儿的思维。

语言材料主要指含有艺术形象的有声文字材料，如故事、散文、诗歌、儿歌、童谣或谜语等。语言材料的选择应与音乐的情感基调相一致，要有助于幼儿产生相似的情感体验，达到艺术沟通的效果；同时语言要优美，要具有较强的文学性，要能为幼儿所理解、接受与喜爱。

（4）音乐欣赏活动的组织

幼儿音乐欣赏活动的全过程可分为四个阶段。教师在指导各阶段活动时，要根据音乐欣赏作品的特点和幼儿对作品的反应，灵活组织和指导，采取多种多样的形式，引导他们正确感受音乐的美妙。

1. 准备阶段

在音乐欣赏活动的准备阶段，教师的主要任务是为幼儿创设生动的音乐欣赏环境，包括物质环境和心理环境。在活动开始前，教师首先应根据幼儿所要欣赏的音乐作品，创设适宜的物质环境，巧妙地将幼儿的注意力转移到音乐作品上来。例如，在欣赏民歌《摇篮曲》之前，教师可布置一座漂亮的小屋，屋外挂一轮明月，并告诉幼儿屋内有一位慈祥的妈妈正在哄宝宝睡觉。在欣赏音乐作品之前，帮助幼儿做好与音乐情绪相适应的心理准备也很重要。教师可以通过一些照片或情景视频，进行相关事物的回忆，以便激发他们的情感，从而更好地理解音乐作品。

2. 初步欣赏作品阶段

在这一阶段，教师可先让幼儿完整地听一至二遍音乐作品。为了提高幼儿最初的欣赏效果，教师可采用一些有效方法。例如，教师可以利用引导性谈话，包括讲解、说明、提示等，先介绍欣赏作品的名称，然后简单介绍作品的主要内容和情绪性质。在让幼儿初次欣赏音乐作品时，教师可以借助生动形象的直观教具，帮助幼儿更好地感受音乐作品。例如，在让幼儿初次欣赏《赛马》这首二胡曲时，可以用多媒体为幼儿展示一幅大草原的图画，并提供一些骏马的活动教具，这样既能很好地吸引幼儿的注意力，又能帮助幼儿很好地欣赏《赛马》这一音乐作品。需要注意的是，为了不限制幼儿的想象力，不分散幼儿对音乐作品的注意力，教师在初步欣赏作品阶段所运用的语言、教具要尽量恰到好处。

3. 重复欣赏作品阶段

在让幼儿初步欣赏过作品之后，教师需要让幼儿再次欣赏作品，以深化审美的效果。在重复欣赏作品阶段，教师一方面应要求幼儿掌握音乐作品的主要内容和情绪性质，另一方面应要求幼儿感受和理解音乐表现手段的表情作用，对音乐作品有较为完整的感知，并对音乐作品的主要音调进行识别和记忆。此外，在这一阶段，教师还应当注意引导幼儿通过语言、图画和动作等手段积极表达对音乐的感受和理解，以提高幼儿欣赏音乐作品的兴趣。

4. 复习巩固阶段

在间隔一段时间之后，教师让幼儿欣赏之前听过的音乐作品，然后观察幼儿的反应，让幼儿试着说出音乐作品的名称、内容、情绪，并用身体动作表达熟悉的音乐。检查幼儿记忆作品的情况，是音乐欣赏活动的继续。教师不可以忽视这一工作，其不仅有助于教师了解整个欣赏活动的效果，而且有助于教师根据实际情况及时调整与改进音乐欣赏活动。

二、幼儿园美术教育活动及其开展

（一）幼儿园美术教育活动的内容

幼儿园美术教育活动主要由美术操作活动和美术欣赏活动两个方面构成。

1. 美术操作活动

美术操作活动是幼儿园美术教育中的基本活动，是指幼儿利用一定工具加工、改造各种美术操作材料，将内在表象进行可视化的活动。它通常包括绘画活动和手工活动。

（1）绘画活动

绘画活动是指教师引导幼儿使用各种绘画工具和材料（笔、纸、颜料等），运用特定的艺术语言（线条、造型、色彩、构图等）创造出具体、生动、可感的视觉形象，从而表达幼儿思想、情感，发展幼儿审美创造能力的一种活动。这种活动的内容主要包括以下几个方面。

第一，绘画工具和材料的认识和使用。绘画工具和材料是幼儿绘画过程中必需的媒介和手段。幼儿绘画的成效如何，关键在于幼儿能否正确、合理、灵活地运用各种绘画工具和材料。在幼儿绘画活动中，经常使用的绘画工具和材料有彩色水笔、彩色铅笔、蜡笔、油画棒、油画笔、毛笔、水粉颜料、水墨、油墨、铅画纸、宣纸、卡纸、白报纸、棉签、印章等。

第二，绘画的形式语言的学习。绘画的形式语言主要指的是线条、形状、色彩、构图、明暗等这些美术要素。在绘画活动中，幼儿所需要学习的绘画的形式语言主要有以下几个，一是线条。线条是绘画的基础形式之一，也是幼儿最直接表现自我的一种绘画语言。对于线条，幼儿需要了解其基本形态（直线、曲线、折线）并体悟其艺术表现力；需要利用变化的线条进行美术创作。在美术活动中，线条有方向（垂直、平行、交叉等）、长度（线条的长短）和质感（线条的粗、细、疏、密、轻、重等）等方面的变化。二是形状。形状是由线条构成的轮廓和结构，主要包括基本几何形状（圆形、长方形、梯形等）、不规则的自由形状、由基本几何形状和不规则的自由形状组合起来的形状。三是色彩。幼儿对色彩的学习主要包括色彩的色相、明度、饱和度的辨认和色彩的运用。色相是指色彩的相貌、名称，如三原色、三间色、常见的复色等。明度是指色彩的明暗程度，如黄色、白色的明度高，而黑色、紫色的明度低。饱和度是指色彩含色度多少的程度，原色的纯度高，颜色鲜艳，如果加入黑、灰色后纯度就低，颜色灰暗。色彩的运用主要包括随类赋彩、主体色与背景色关系的处理、色彩的装饰和色彩的情感表现等。四是构图。这是指根据题材和主题思想的要求，将想要表现的形象进行适当的组织，构成一个协调的完整的画面。幼儿应在绘画活动中逐步掌握单独构图、并列构图、均衡构图等构图方式。

第三，绘画题材的学习。绘画题材是绘画者根据创作意图而选取的生活场景或现象。幼儿绘画的题材大多来自他们的生活，有人物、动植物、建筑物、自然景物、日常用品、交通工具、简单的生活事件等。

当然，学习正确的绘画姿态、握笔方法，养成集中注意完成作品的良好习惯等也是绘画活动中要掌握的内容。

2. 手工活动

手工活动是指教师引导幼儿徒手或借助简单工具，按照一定要求加工、改造具有可塑性的各种物质材料，制做出占有一定空间的具体形象的造型的一种活动。这种活动的内容主要包括以下几方面。

第一，手工工具和材料的使用方法的学习。幼儿在手工活动中常用的工具和材料有剪刀、泥工板、切片刀、胶水、沙子、纽扣、种子、绳子、线、吸管、树枝、纸、布、树叶、泥、纸盒等。

第二，手工材料基本制作技法的学习。泥工材料的基本制作技法，主要包括团圆（两手配合来回团成球状物）、搓长（前后搓动成圆柱形）、压扁（将长条或球形物拍压）、捏（用大拇指和食指配合挤压成型）、挖（用工具将立方体挖去中间部分的泥，再修正成型）等。纸工材料的基本制作技法，主要有折（包括对角折、对边折、双三角形折、双正方形折、集中一角折、集中一边折、四角向中心折等）、剪（包括目测剪、沿线剪、折叠剪等）、撕（包括目测撕、沿线撕、折叠撕等）、粘贴（包括图形粘贴、自然物粘贴等）等。废旧材料的制作，包括串联（从物体的中间穿过）、弯曲（如将纸卷曲）、连接（用糨糊等将物体连接）、渍染（将折好的纸插入染出）、点染（用笔蘸色点在纸上）等。

第三，塑造和制作不同形态的手工制品，如制作平面与立体的玩具、礼物，布置环境的装饰物，制作演出的道具等，利用它们表现自己的意愿。

第四，利用手工活动锻炼手部肌肉和手眼动作的灵巧和协调，同时培养干净、整洁、有序等良好的手工活动习惯。

3. 美术欣赏活动

美术欣赏活动是指教师根据幼儿美术欣赏的特点让其对美术作品进行观察感悟，并让其掌握一定欣赏知识和技能的活动。这一活动是幼儿园美术教育活动中不可或缺的一个组成部分。它以提高幼儿对美术作品的理解能力，加强幼儿的审美意识，发展幼儿的审美能力为主要目的。鉴于幼儿的年龄特点，开展美术欣赏活动的时间一般每次以 20 ~ 25 分钟为宜。此外，为了使整个美术欣赏活动有静有动，有丰富的视觉体验，有丰富的操作经验，教师应注意使欣赏活动与相应的操作活动更科学有序地结合进行。

（1）欣赏的对象与内容

幼儿美术欣赏的内容十分广泛、丰富，不仅包括经典绘画作品、雕塑作品和建筑艺术，还包括工艺美术作品，以及各种幼儿美术作品。

第一，绘画作品欣赏。绘画是幼儿最为熟悉的一种美术样式，其以平面视觉形象来进行表现。在实际的美术欣赏教育活动中，可以以平面挂图或图片的方式直接呈现给幼儿，操作非常方便。从创作所用的工具材料看，可供幼儿欣赏的绘画作品所用的工具材料和表现手法简单、清晰、明了，如油画、水墨画。从作品的题材内容看，可供幼儿欣赏的绘画作品的内容与幼儿生活经验接近、表现手法容易被幼儿理解，如各种人物画、风景画、动物画。从作品的存在形式看，幼儿欣赏的绘画作品以年画、连环画、宣传画等为主。

第二，雕塑作品欣赏。雕塑可谓是美术作品中非常具有实体感和立体性的艺术类型。从制作工艺看，幼儿欣赏的雕塑可分为雕和塑两类。雕是从完整而坚固的坯体上把多余的部分删削掉、挖凿掉，如石雕、木雕等；塑是用具有黏结性的材料堆积捏制成所需要的形体。这类作品生动、形象，表现出了一种生命的活力，如说唱陶俑、马踏匈奴石刻、《断臂维纳斯》雕塑、《思想者》雕塑等。

第三，建筑艺术欣赏。建筑艺术充分结合了审美性和实用性这两大特点。幼儿欣赏建筑艺术，一方面是在欣赏美的事物，获得美的享受，另一方面则是在扩展自身的社会文化知识。建筑艺术欣赏包括对纪念性建筑、宫殿陵墓类建筑、住宅建筑、桥梁建筑、公共建筑的欣赏。教师在为幼儿选择建筑艺术作品时，应特别注意建筑物造型的创造性。

第四，工艺美术作品欣赏。可供幼儿欣赏的工艺美术作品种类非常多。有日用工艺品（如经过装饰美化了的餐具、茶具、灯具、玩具、服饰等）和陈设工艺品（如具有较强艺术性的地毯、壁挂、陶艺、染织工艺等），有民间工艺品（如剪纸、面具、脸谱、花灯、风筝、皮影等）和现代工艺作品（如生活日用品、交通运输工具、广告、贺卡等）。教师在选择幼儿欣赏的工艺美术作品时，要注意选择那些与幼儿的生活非常贴近的工艺美术作品。

第五，幼儿美术作品欣赏。教师可以选出一些富有童趣和创意的幼儿作品让幼儿欣赏，也可以直接选择班上幼儿的优秀作品让幼儿欣赏。

当然，各种自然景物和社会环境也可以作为幼儿美术欣赏的对象。教师应当引导幼儿注意观察和欣赏家庭环境、幼儿园环境和社会环境中的美，让他们去发现自然之美，提高审美能力。

（2）欣赏的知识与技能

一定的美术欣赏知识与技能也是幼儿园美术欣赏活动中所包含的内容。对于幼儿来说，在美术欣赏活动中，需要掌握的美术欣赏知识主要是关于线条、色彩、构图等方面初步的美术知识和术语，艺术家的简单生平故事，艺术作品创作的背景等；需要掌握的欣赏技能主要是对艺术作品形式的分析、作品主题的分析、对作品的联想、对作品的表达等方面的能力。

（二）幼儿园美术教育活动的开展

1. 美术操作活动的开展

一般来说，美术操作活动的开展主要由四个阶段构成，即感知与体验、探索与发现、创作与表现、欣赏与评价。

（1）感知与体验阶段

感知与体验的过程就是教师引导幼儿感受、欣赏社会生活中美的事物和美术作品，使其获得内在的审美体验，吸收和拓展相关的知识经验，积累视觉语言和符号的过程。这一过程主要是帮助幼儿在具体操作之前积累更多的表象经验，将美的事物和美术作品中蕴涵的艺术语言、符号吸收内化到自己的头脑中，以便之后能真正迁移运用到自己的操作活动中。为了达到这一目的，教师可经常性地带领幼儿去观察大自然，去参观艺术博物馆、艺术展览等，以感受大自然的魅力，增强艺术感受力。

在美术操作活动的感知与体验阶段，教师应注意以下几点。

第一，提供给幼儿感知和体验的美术作品一方面要具备典型性，方便幼儿掌握某一事物的基本结构；另一方面要具备多样性，利于激发幼儿的想象力，开阔幼儿的眼界。例如，在绘画《各种各样的花瓶》之前，教师可以先让幼儿欣赏一些普通的花瓶，让他们掌握花瓶的瓶口、瓶颈、瓶腹、瓶底等基本结构，然后让他们欣赏一些形态各异的花瓶图片。再如，在泥工活动中，要求捏小动物，那么教师可先引导幼儿观察动物的头、身体、四肢、尾巴等基本结构，并帮助幼儿把握动物的形体特征。

第二，让幼儿感知和体验的美术作品应当与操作主题有密切的联系。例如，在绘画《野蜂飞舞》前，可以让幼儿通过看录像、听《野蜂飞舞》的音乐来感受小蜜蜂紧张、忙碌的感觉，进而鼓励幼儿用身体动作对小蜜蜂飞舞的样子进行模仿和体验，从而为掌握螺旋线的画法打好基础。

第三，尽可能调动幼儿的视觉、听觉、触觉等多种感官对提供的美术作品进行体验。

（2）探索与发现阶段

探索与发现主要是指教师指导幼儿对美术操作技法或各种工具材料特性及使用方法进行一定的探究与尝试。在美术操作活动的探索与发现阶段，教师的主要任务就是让幼儿接触操作材料，引发幼儿产生创作的意图和愿望，并提供机会让他们的意图有实现的可能。这一过程有助于激发幼儿以后的创作与表现兴趣。

在美术操作活动的探索与发现阶段，教师应注意以下几点。

第一，为幼儿提供与操作材料充分接触和使用的机会。幼儿的操作意图往往是在接触材料的过程中逐步产生的，因此，教师要注意多为幼儿提供与操作材料接触和使用的机会，如鼓励幼儿在撕撕贴贴、拍拍打打等活动中了解工具材料的特性及各种美术操作技法。

第二，适时引导幼儿从没有目的的操作转向有目的操作，从而明确自己的操作意图。例如，当幼儿在随意玩泥时，教师可以向幼儿提出“有没有想过这些泥可以做出什么来呢？”“你想不想用泥来变魔术？”等这样的问题，这些问题具有较强的启发作用，能够让幼儿意识到可以用泥做出某样东西。当幼儿产生了创作意图后，教师再给予适当的指导和帮助，就可以让他们更加明确自己要做什么。

第三，适当采取直接演示的方法。某些美术作品的操作程序比较特殊或复杂，如水粉脱色画、吹塑纸版画、彩墨画等的制作，手工的许多技法等，单靠幼儿自己的探索和尝试是难以掌握的。因此，并不是所有的操作活动都适于幼儿自我探索与发现。此时，教师可采用直接演示的方法，帮助幼儿以尽可能快的速度掌握操作方法，并使他们从操作过程和作品中获得更大的成就感和乐趣。

（3）创作与表现阶段

由于年龄尚小，幼儿的逻辑思维欠缺，言语表达能力不高，在这种情况下，艺术作品就成了他们表达自己的一种最好方式。在经过前面的感知与体验、探索与发现阶段后，幼儿已经具备了一定的创作基础，因此可以通过一定的创作将自己的经验、想法或情绪情感用艺术的手段表达出来。具体而言，幼儿的创作与表现可分为艺术构思与设计、操作与装饰两个阶段。

在艺术构思与设计阶段，由于幼儿的直觉思维占主导地位，因而经常是根据已有材料或物体形状联想出可以创作表现的具体形象。例如，在玩油泥的过程中，幼儿看到搓出的条形泥巴，就说自己在做面条，看到团出的球形泥巴，会说自己在做汤圆。在此阶段，教师应充分利用幼儿思维的可变性来发展他们的想象力与创造力。

在操作与装饰阶段，幼儿需要借助操作材料将头脑中已有构思与设计进行可视化操作。在此阶段，为了不影响幼儿操作活动的效果，教师应注意让幼儿对美术操作技法或各种工具材料特性及使用方法有较好的掌握。为了作品的完整性和美观性，幼儿在绘画完美术作品或是制作完手工作品后还会进行一定的装饰，装饰的方式如涂色、添加背景或细节刻画等。

在美术操作活动的创作与表现阶段，教师应注意以下几点。

第一，在幼儿创作之前应交代清楚操作的要求，帮助幼儿进一步明确要构思、创作的主题和进一步熟悉工具材料的使用方法和注意事项。

第二，注意为幼儿创设宽松的心理环境。在幼儿的操作过程中，教师要注意尊重和理解幼儿的创意，不轻易对幼儿正在创作过程中的作品进行评价。正确对待幼儿作品中显现的“粗糙”“不流畅”等特点，多给予他们鼓励，而非指责，从而给他们的创造心理带来安全感。

第三，注意引导幼儿将临摹、仿制与独创结合起来，鼓励幼儿在掌握基本方法的基础上努力创新，创作出属于自己的独特作品。

（4）欣赏与评价阶段

在作品创作完成后，教师还应当引导幼儿对自己和同伴的作品进行欣赏并做出评价。正确的欣赏与科学的评价不仅有助于促进幼儿审美能力和创造能力的发展，而且有助于幼儿良好行为习惯、意志品质的形成。在此阶段，教师要注意为幼儿提供作品展示的机会和作品展示的空间，以便幼儿能够展示自己的作品。

在美术操作活动的欣赏与评价阶段，教师应注意以下几点。

第一，评价应以幼儿的自我介绍及幼儿间的互相评说和欣赏为主，要鼓励幼儿大胆表达自己的想法，充分发挥他们的主体性。

第二，注重作品评价与过程评价的结合。评价已经成型的作品能够使幼儿体验成就感，而评价幼儿的创造过程则能够将评价融合在操作活动之中，关注到幼儿的主动性、独立性、专注程度和努力程度等学习品质方面的表现。因此，过程评价也很重要，应当将其与作品评价结合起来。

第三，采取幼儿自述、教师引导、同伴欣赏等相结合的方式进行具体化的评价。幼儿自述可培养幼儿的反思能力；教师引导评价能够对幼儿的审美评价能力起到正确的导向作用；同伴欣赏能够让幼儿在评价的过程中学会关注别人、尊重别人，客观公正地看待问题。

2. 美术欣赏活动的开展

一般来说，美术欣赏活动的开展主要由五个阶段构成，即整体感受、要素识别与形式关系分析、再次整体感受、主动评价、启发创作。

（1）整体感受阶段

对艺术品的初步印象，是幼儿进入美术欣赏的第一步。因此，在美术欣赏活动的第一阶段，教师要组织幼儿围绕美术作品进行整体感受，对作品的第一印象或感觉进行自由的谈论。此时，教师应将幼儿鲜活的个人体验置于优先地位，让他们尽可能地以自己的特点进行直接的描述。

在美术欣赏活动的整体感受阶段，教师应注意以下几点。

第一，选择适合幼儿欣赏水平和心境，并有利于目标达成的作品。

第二，注重为幼儿积累丰富的生活经验。因为丰富的生活经验能够帮助幼儿更好地理解和表达自己对艺术作品的感受。例如，在欣赏《小鸟的哺食》时，教师可引导幼儿回忆妈妈爱自己的生活经验，如生病时、饥饿时、下雨时等情况下妈妈是怎么关心照顾自己的，然后再让他们表达自己对艺术作品的初步印象。

第三，注意营造一种审美情境。教师的语气、语调、情感态度，周围环境的布置等都应当与所要欣赏的艺术作品中的内容与情感相协调。

第四，正确对待幼儿对欣赏对象第一印象的直觉描述。幼儿在初次看到艺术作品的瞬间，会把所看到的、感受到的和体悟到的东西汇集在一起，表现出特定的表情、姿态、动作和声音，出现情不自禁、忘乎所以的状况。对此，教师对幼儿的随意和不守规矩的态度不应采取制止、阻拦甚至训斥的态度，而是要支持、鼓励和激发他们的表现欲，给他们留有一定的自由时间。如果有必要，教师也可以和幼儿一起做出真实的反应。

（2）要素识别与形式关系分析阶段

幼儿欣赏美术作品，不仅要获得对作品的内容、主题、题材等的认识。还要逐渐养成能够透过画面所描绘的故事、情节和具体内容，进一步感知和体验画面形式意味的习惯和能力。因此，在整体感受结束后，幼儿的美术欣赏就进入了要素识别与形式关系分析阶段。所谓要素识别，就是指发现和识别作品中点、线、形、色等形式要素。所谓形式关系分析，就是指分析视觉对象内容的深层关系，如作品造型、色彩、构图及其所表现的对称、均衡、节奏、韵律、统一、变化等形式美的特征。对作品的形式关系进行分析，能够加深幼儿的审美体验。

在要素识别环节，教师可以以“你看到了什么”为线索对幼儿进行提问，启发、引导幼儿发现作品的点、线、形、色等要素。幼儿一开始可能会主要偏重于从描绘具体事物或点、线、形、色等要素所构成的东西“像什么”的角度来观察和感知，这是因为幼儿的想象非常丰富、思维非常活跃，教师对此要正确理解对待。

在形式关系分析环节，教师要引导幼儿进一步探讨要素与要素之间的关系。了解作品的美学意味。在识别了线、形、色等要素之后，幼儿感受和谈论的主要内容往往会转移到要素与要素之间所形成的关系，以及它们所表现的情感和蕴含的意境上来。例如，在欣赏《忧愁的国王》时，在正确识别了作品中的树叶形状和颜色后，教师就可以引导幼儿通过观察飘落的枯黄树叶，让他们感受那种伤心、难过的情绪。

在美术欣赏活动的要素识别与形式关系分析阶段，教师应注意不仅自己要对美的形式有一定的理解与欣赏能力，掌握形式美的原理，体验作品所蕴含的意味，同时要用启发诱导性的语言，引导幼儿多次深入感知、体验作品，让幼儿真正地理解这些形式语言与形式美原理的内涵。

（3）再次整体感受阶段

在幼儿对作品的各种要素及其美学意味有了深切感受和讨论之后，教师可引导幼儿再一次整体感受所欣赏的作品。这一步一般会涉及介绍作品的创作背景，解释作品所蕴含的意义，理解创作者个人特有的情感表达方式及一些约定俗成的具有象征意味的符号含义等。为了让幼儿表达对作品总的感受，教师可以让幼儿给作品起名，并说出为什么要起这样的名字。

在美术欣赏活动的再次整体感受阶段，教师一定要注意引导幼儿理解美术作品所蕴含的意义，而且必须在整体与部分的辩证运动中进行，通过部分理解整体，根据整体理解部分。例如，在欣赏希斯金的《橡树・傍晚》时，形式分析之后，教师带领幼儿再次整体感受作品，教师可以问幼儿："走在这样的树林里你有什么感觉？现在你就是画家，正走在树林里。"然后在乐曲《清晨》的音乐声中，教师有感情地引导幼儿一块儿走进画家笔下的这片橡树林："让我们放松自己，用你的身心去呼吸这林中清新的空气，感受这温暖的阳光。去吧，去拥抱这些古老的橡树，和它们说些悄悄话……听！微风正吹过树梢，不时传来一阵阵'簌簌、沙沙'的声音，好像有无数的小精灵在林间穿梭……"这样就能够更好地帮助幼儿理解作品，并使他们体会到美好的意境。

（4）主动评价阶段

主动评价，即幼儿对所欣赏的美术作品的价值进行积极的判断，并积极表达对作品的审美理解。这其实是一个较为高级的阶段。因为对美术作品进行主动评价，需要幼儿综合各方面的知识，调动多方面的能力。

教师可以指导幼儿对已欣赏的作品进行心理回忆，并与同伴进行讨论。心理回忆的方式可以让幼儿闭上眼睛回想已欣赏过了的作品中的形象和意境。这样能够在很大程度上加深幼儿对作品的印象和感受。对于幼儿来说，做出什么样的评价其实并不重要，重要的是有没有进行充分的思维表达。因此，在此阶段，教师注意在对美术作品的内容做出较为综合性的、具有一定指导意义的总结的同时，可以着重引导幼儿说出自己对美术作品的理解，以及喜欢与不喜欢该美术作品的理由。

（5）启发创作阶段

美术欣赏活动往往会引发幼儿的创作冲动，此时，教师要顺应这种冲动，启发和安排幼儿在欣赏后进行一定的创作。需要注意的是，在特定的欣赏之后进行的创作与一般的美术创作是不太一样的。让幼儿在欣赏后进行创作，教师一方面要充分尊重幼儿的意愿，给他们提供充分的自由度，另一方面要鼓励幼儿结合欣赏的经验，以及借鉴艺术家的创作方式和表现手法进行创作。此外，教师还应注意尽可能为幼儿提供多样化的、富有表现力的工具和材料，使幼儿能够自由地运用媒介和材料进行创作。

第三节　幼儿审美心理的发展与教育

一、幼儿审美心理特征

（一）感性思维占主导

幼儿的思维与成人的思维存在着很大的不同，对于幼儿来说，感性思维是他们的主要思维方式。在幼儿 1 ~ 1.5 岁这一期间，思维的基本单元是感知客体和运动性动作，而在 1.5 ~ 5 岁这一期间，思维的基本单元已变成了这类客体与动作之间的关系。先说一下感知运动思维，即动作就是思维，思维就是动作。这是伴随每个早期幼儿的情绪情感一起产生的一个基础性的心理特点。对于这个阶段的幼儿来说，他们认为看得见的东西才是存在的，而看不见的东西就不存在了。他们此时的思维不是凭借具体的生活经验，更不是凭借抽象的思维，而是直接与行动联系在一起，是在动作中进行的。这个时候的幼儿，只要映入眼帘的事物是自己喜欢的，就会毫不犹豫地用手去拿，没有危险意识，也没有生活常识，会把不能吃的东西放到嘴里。如果得到就会很开心，如果得不到还会着急地哭。就拿小孩子上床这个例子来说，他们在这个阶段还不会用语言，只会拉着大人的手到床边，然后自己趴到床沿上，另一只手则拿着大人的手向上托自己的臀部寻求帮助。这个年龄段幼儿的日常生活、与人交往靠的是动作。

随着年龄的增长，幼儿的心理活动能力也通过不断掌握外部动作而发展起来，思维方式也随之发展起来。在 1.5 ~ 5 岁这一期间，幼儿思维的特点类似于美学家谷鲁斯所说的“内模仿”，即幼儿在内心模仿外界事物精神上或物质上的特点。例如，当幼儿画到自己的“军队”的枪炮射出的子弹与炮火落在“敌人”人群中时，一边从嘴里发出“哒哒哒”“轰隆隆”的声音，一边又把自己变成“中弹的敌人”，然后“啊”的一声倒毙在地上。到了这个阶段，他们已能摆脱具体的动作，开始习惯于对那些曾经见过的事物进行思考，开始了从动作思维到形象思维的升华。所谓形象思维，就是借助于事物的形象或表象来认识世界的一种思维方式，它的最大特点是自始至终都离不开具体的形象。例如，你问孩子“2+1=？”这样抽象的问题，这个阶段的幼儿是无法回答的。可是我们拿两个苹果，再拿一个苹果，然后放到一起，让幼儿去数一共多少个，他就会说：“一共是 3 个。”只有到了学龄阶段，当他们有了数的概念以后，才开始脱离形象，快速、正确地算出这道题目的答案来。形象是幼儿思维的材料，这种形象对幼儿来说不仅是具体的，而且应该是醒目的、富有特色的。德国艺术史家格罗塞认为，从原始时代起，人类喜爱红色的癖好一直保留到今天，这一说法在小孩子身上最为明显，他说：“我们只要留神观察我们的小孩，就可以晓得人类对于颜色的爱好至今都很少改变。在每一个水彩画的颜料盒中，装朱砂红的管子都是最先用空。”正是形象思维的特点决定了幼儿对美和艺术的偏爱，因为凡是美的东西，总是具体的、形象的，也总是生动的、富有感染力的，因此，它也最能为幼儿所接受。幼儿对动画片的偏爱就是个典型的例子。

（二）阶段性审美发展

幼儿在什么时候开始出现审美的能力？这是一个尚未解决的问题。一般认为，幼儿的审美能力最初来自遗传的普通感知能力。一些研究表明，3 ~ 4 个月的婴儿已经能够分辨彩色和非彩色，红色能够引起幼儿的兴奋。4 ~ 8 个月的婴儿最喜欢波长较长的温暖色，如红色、橙色、黄色，不喜欢波长较短的冷色，如蓝色、紫色等；喜欢明亮的颜色，不喜欢暗淡的颜色、关于颜色视觉偏爱的研究也表明，3 个月左右的婴儿观看彩色圆盘的时间比灰色圆盘长一倍；幼儿掌握颜色的顺序为黄、红、绿、蓝、紫、橙。而形状知觉的研究表明，很小的婴儿也喜欢看有图案的模式，不喜欢看没有图案的模式；喜欢看清晰的图像，不喜欢看模糊的图像；喜欢看活动的图像，不喜欢看静止的图像；喜欢看轮廓多的图像，不喜欢看轮廓少的图像；喜欢看曲线，不喜欢看直线和角；喜欢看人脸图像，不喜欢看非人脸的图像；喜欢看结构复杂的图像，不喜欢看结构简单的图像。这些研究没有指明幼儿的上述“喜欢”是生理性的快感还是审美意义上的快感，但许多研究都指出，幼儿最初的美感与生理的快感是难以截然区分的，幼儿的美感来自生理的快感；一些研究者还从动物进化的角度提供了美感来自最初的生理快感的证据。有研究表明，5 个月的婴儿能够表现出识别旋律轮廓的能力，同时也具有了识别简单节奏模式的能力。还有研究认为：4 岁是图形知觉的敏感期，在这时对幼儿进行图像的训练能够得到更好的效果。从上述研究结果可以推测，幼儿的审美心理的萌芽期应当是在婴儿期，具体地说，婴儿在 2 ~ 3 个月的时候就已经具备了感知美的事物的能力。

幼儿早期的美感表现是不太一致的。到婴儿末期，多数女孩表现出初级的美感体验，如在给成人表演舞蹈时，会表现出自豪感和愉悦感；有的幼儿表现出明显的音乐快感，当听到熟悉的音乐或节奏明快的音乐时，会感到愉快、兴奋和快乐；有的幼儿的美感表现在服饰美上，穿上自己喜欢的服饰就会感到有信心、感到愉快，甚至还有炫耀感。

进入幼儿阶段的幼儿开始学习简单的绘画、音乐、舞蹈、体操和手工等，他们在这些活动中能够明显地感受到与生理快感不同的审美快感，但他们对美的评价还没有较完善的标准。例如，在评价同伴或自己的绘画作品时，往往以绘画内容的真实性或与现实的接近程度作为评价的标准；在评价歌唱水平时，这时的幼儿往往不看演唱者的艺术水平，而是简单地看是否唱完或看谁的声音更大。他们还不能进行明确的欣赏活动，但对自己的创作活动则表现出津津乐道，兴趣盎然。例如，有的幼儿特别喜欢跳舞唱歌，他们能够在自己的演唱活动中感到巨大的愉悦；有的幼儿特别喜欢绘画，他们在绘画的过程中感到莫大的幸福。

（三）游戏审美方式

幼儿时代是游戏的时代，游戏是幼儿最基本的生活和学习方式，也是他们最基本的审美方式。游戏是幼儿充沛的生命活力自然涌现的结果，它是无实际功利目的的，游戏过程就是目的。然而，恰恰正是这种无功利目的的活动，促进了幼儿各方面的健康成长。幼儿游戏的上述特征与成人的审美活动有着深刻的内在联系，所以，在中外美术史上都有“游戏说”，用以说明审美或艺术活动的特殊性质和规律。

幼儿总是喜欢生动活泼、充满趣味性的活动。他们不喜欢也不理解过于严肃、枯燥无趣的说教。而且，幼儿的审美活动最好是全身心参与，既动脑，又动手，使整个身心都得到解放。如幼儿活动“我们身边的线条”，教师将学生的兴趣引向高潮后，让学生自己去寻找不同的线条，学生们就像小鸟一样，飞到校园的各处，按自己的审美方式和兴趣尽情地去找，结果也是非常真实生动的。在学生全身心参与活动的过程中，他们得到了整个身心的解放，也将知识的趣味性渗透在游戏活动的各个环节中。

（四）“泛灵论”审美倾向

幼儿的“泛灵论”心理，为他们的审美活动带来了很大的优势，其中最为突出的一点是表现出非凡的想象力，这样就极大地拓宽了幼儿审美的天地。他们总是自主、自由地创造着审美对象。他们在游戏中，总是很愉快地把自己扮成各种小动物，在绘画中，他们也尽情地创造审美对象。一位6岁小姑娘的绘画作品，畅想到月亮上荡秋千，在联合国举办的世界幼儿绘画比赛中获得了一等奖。

幼儿的这种“泛灵论”倾向或者说这种“审美移情”产生的原因，皮亚杰认为与幼儿的自我中心主义有关。就是说，当幼儿面对外物时，他们并不按照成人的逻辑标准对事物进行分类，而是从自己的心灵出发与对象进行沟通。例如，兄妹两人一起上街为父母挑选生日礼物，7岁的哥哥会选按摩器，因为他看到父母上班很辛苦，需要按摩器来放松放松。3岁的妹妹却会选一根棒棒糖，她以为父母也会像自己一样非常喜欢吃棒棒糖。他们就是这样从自己的生活经验出发、从自己的情感体验出发、从自己的感官出发，自由地表达。

幼儿“泛灵论”的心理特点，为幼儿美育提供了有利的条件。正因为有“泛灵论”的心理特点，幼儿对各种形式的美充满了兴趣、充满了想象。在没有外力的干扰时，他们会自由地选择、创造，从而愉悦身心，提高审美能力。

二、幼儿审美心理结构

审美心理结构，即审美心理机能、审美心理形式，是主体在长期的审美实践中形成的，由审美对象引起的特殊的心理活动的构成，包括感知、想象、理解、情感等因素。幼儿的审美心理结构主要由审美认知、审美情感、审美想象构成。

（一）审美认知

审美认知是个体审美心理结构中的核心成分，它在个体的审美活动中具有举足轻重的地位，一切审美信息都是由审美认知进行加工和处理。审美认知是一切审美活动的信息加工基础，没有审美认知的作用，就没有个体的审美活动。审美认知的发展在整个审美心理的形成和发展中占有重要地位。因此，对审美认知的研究历来是审美心理学的重要课题。一些审美心理学家对审美认知进行了详细的研究，提出了审美认知发展的阶段理论，用来说明个体审美认知的发展过程。

1. 审美认知发展的五阶段理论

加德纳既是当代著名的幼儿发展心理学家，也是著名的艺术心理学家，他成功地将艺术与心理学结合起来，研究了艺术在人类个体心理发展中的作用。他根据对幼儿绘画心理的研究，提出了审美认知发展的五阶段理论，其中涉及幼儿的有两个阶段。

（1）第一阶段：0 ~ 2 岁，婴儿知觉期

婴儿的主要任务是认识他人和几何形体，发展最初的知觉能力。一般来说，这时的幼儿还缺乏与艺术品的直接联系，即使在他周围布满艺术品也是一样，因为对艺术的整体特征的掌握远远超出了他们的能力范围。但这时他们能够注意光源，趋向明暗对比强烈的物体，有了人像偏爱，甚至流露出对有组织的形式（如方格图案的棋盘）的偏爱。这种萌芽状态的、对非组织性或分离性形式的认知和排斥，对今后的审美发展具有十分重要的意义。

（2）第二阶段：2 ~ 7 岁，符号认知阶段

幼儿开始掌握图像、手势、声音、数、形式和语言等多种符号的意义。对符号意义的理解和掌握，是幼儿进一步理解艺术的整体特性的基础，因为符号及其意义是艺术品的基本语言。但因相应知识不足，这时幼儿还不易掌握艺术品的整体特征。他们可以依据再现内容的类型对绘画作品进行分类，但不会从艺术品的风格或形式方面判明艺术品的类别。他们已能区分色彩和线条的“响亮”或“安宁”等表现性，因而，在精心设计的条件下，幼儿可以获得一定程度的审美能力，但条件一旦消失，短时获得的审美能力也将很快下降或消失。

2. 审美认知发展的三阶段理论

美国心理学家丹尼 · 伍尔夫提出了审美认知发展的三阶段理论，用来解释幼儿审美认知的发展。其中涉及幼儿的是第一阶段（4 ~ 7 岁），即理解绘画符号阶段，幼儿的感觉、期望都偏向实用目的。2 ~ 5 岁时，随着对母语中的数字以及音乐的掌握能力的提高，他们就逐步趋向符号，从而有可能成为地道的图像读者，与图像制作也发生较深刻的关系。这意味着他们开始具备领悟图像的需要和能力。

（二）审美情感

幼儿的情感表达更加真实和直率，他们从生活经验出发，自然地表达自己的审美情感。幼儿在评价谁最好的时候，会很直接地做出评价，他们的审美情感表达得真实和直率，没有任何掩饰。相对于幼儿而言，成人则显得内敛多了，他们几乎不会直接地表达自己的爱憎，而是表现出一种从众心理，收敛了自己的审美情感。

（三）审美想象

幼儿审美想象的发展有着一定的特点和规律。陈帼眉等认为，幼儿 1 ~ 2 岁时没有想象心理。因为进行想象必须有相当数量的记忆表象，并且有对记忆表象进行加工改造的能力，而此时的幼儿尚不具备这种能力。到了 2 岁左右，幼儿开始出现想象，但是此时只是萌芽。幼儿 3 ~ 4 岁时，想象逐渐发展起来，但是主要表现为无意想象。

纳塔杰针对 4 ~ 6 岁幼儿进行的定式想象实验结果表明，4 岁幼儿完全不能形成想象定式的比例相当大。幼儿 5 ~ 6 岁时，有意想象和创造想象已经相当明显，主要具有以下特点：（1）想象的有意性相当明显；（2）想象内容进一步丰富、有情节；（3）想象内容新颖性程度增加；（4）想象形象力求符合客观逻辑。

三、幼儿审美心理影响因素

幼儿审美心理发展受到遗传、成长环境及教育的共同影响。幼儿最初的审美心理是通过感知力的发展而获得的，而感知力的发展由遗传素质提供，所以遗传因素是幼儿审美心理发展的基础。后天的成长环境和教育引导了幼儿审美心理的发展方向，影响幼儿审美心理结构的形成。

（一）先天遗传因素

幼儿的审美能力最初来源于遗传得来的普通感知力。普通感知力是孩子由遗传所得，不需要具体的学习和模仿，随着年龄的增加，普通感知力逐渐增强。孔起英就提到过：婴儿在 3 至 4 个月的时候就能分辨出颜色是彩色还是非彩色；在 11 周至 12 周时就可以在各种声音中辨别出人的声音，尤其是自己的妈妈的声音。随着年龄的增长，这种感知力越来越强，在 4 至 8 个月的时候，婴儿开始喜欢彩色中的温暖色和明亮色；在 6 个月的时候，会开始对音乐做出一定的反应，会向音乐响起的方向转头，并做出一定的表情反应。婴儿的这些具体行为，都不是通过教育或学习、模仿得来，而是先天就已经具备。就幼儿审美心理结构的形成而言，先天性的遗传使孩子具备了最基本的审美能力。

（二）后天成长环境和教育

后天的成长环境和教育对幼儿审美心理结构的形成发挥着至关重要的作用。随着年龄的增长，幼儿所面对的环境更加复杂。出生后，孩子主要生活在家庭环境之中。家庭环境包括家居布置、家庭成员的基本关系、家庭之中的氛围。

家居布置会对孩子的形象思维产生影响，例如家居布置整齐、干净、颜色明亮，会让孩子对美的事物进行感知，认为美的事物就是应该有序、干净、明亮的色彩；家庭关系会对孩子的情感性思维产生影响，例如父母关系和睦的家庭，孩子的生活中充满爱，孩子也会用爱的眼光去审视世界，从而更容易得到美的体验；家庭之中的氛围会对孩子的审美选择能力产生影响，例如在一个充满艺术氛围的家庭，孩子从小受到艺术的陶冶，就会在以后的成长中对美好的事物充满向往与憧憬。到了入园的年龄，孩子就会接触到学校环境。学校环境包括学校的自然环境以及人文环境。学校的自然环境指的是校园的植被建设和校园建筑设计，它作用于幼儿的直观感受，培养幼儿的形象思维；人文环境指的是在学校开设图书馆，在校园墙壁上挂名人名言，展示学校的校风、校训、校歌和教育教学活动等，它更偏重于对孩子审美情感的激发。随着幼儿的成长，他们会进一步接触到简单的社会环境。社会环境中的风俗礼仪、道德观念等也会对孩子的审美心理产生一定的影响。

四、幼儿审美培育

幼儿审美心理的发展，更多依赖于我们的培养。柏拉图认为，人应该从小就接受严格的教育，培养幼儿的审美心理，它直接关乎孩子对形式美的感受力，也便于培养孩子健康的心灵，使孩子在生理和心理方面都能健康地成长。幼儿审美心理的培养主要从自然审美、艺术审美、生活审美三个方面来进行。

（一）感受自然审美

幼儿对自然美的审美经验积累应该是一个循序渐进的过程，我们应该对他们一步步地进行引导，使他们在自然审美中养成热爱自然的审美情趣并积累审美经验。

感受自然对于幼儿审美经验的积累如此重要，我们就更应该对孩子感受自然的方法进行积极的引导。首先，要引导幼儿全身心地去感受自然。我们要引导孩子在感受自然时充分调动五官的生理感觉，同时也要充分发挥想象和联想，将自己的生活经验与大自然相联系，从而更好地感受大自然带来的美。例如，我们带着幼儿观看一条小溪，不仅要引导幼儿看见清澈见底的溪水和听见潺潺的流水声，还要引导孩子从自己的生活经验出发，想到小溪弯弯曲曲的样子像生活中的彩带等。其次，要引导幼儿积极参与在大自然中的实践活动。带着幼儿爬山，可以让孩子体会到先吃苦而后“一览众山小”的豁然开朗；带幼儿种树养花，可以让孩子在照顾它们的同时，体会到劳动的艰辛，在花开时感受到大自然的神奇，也体验到自己创造价值的乐趣。

（二）提高艺术审美

相较于自然审美而言，学校教育更偏重于艺术审美。柏拉图曾经说过：“我们不是应该寻找一些有本领的艺术家，把自然的优美方面描绘出来，使我们的青年们像住在风和日暖的地带一样，四周一切都对健康有益，天天耳濡目染于优美的作品，像从一种清幽境界呼吸一阵清风，来呼吸它们的好影响，使他们不知不觉地从小就培养起对美的爱好”，把自然的优美描绘出来，就成了艺术的形式。能够使幼儿养成对美的爱好的优美作品，就是我们所要谈的艺术。艺术美是幼儿经常接触到的审美对象，因此，艺术审美是审美经验积累最有效的来源，形式也最为多样。

（三）升华生活审美

生活美蕴含于日常生活之中。对幼儿而言，如何在日常生活中发现美是一个比较难的问题，而且如何区分日常生活经验与审美经验，对于幼儿而言更是问题，因此，我们要对幼儿的生活美审美经验做出积极的引导。

随着时代的发展，很多人对生活美的认识偏离了正轨，觉得现代的生活美是越贵越美，于是为了跟随潮流而盲目追求奢侈品。以贵为美，已经成为现在日常生活中审美的常态。因此，幼儿在生活之中的“童心”需要得到引导和保护。引导幼儿保持“童心”，首先要注重使幼儿逐渐学会对生活审美进行选择。我们每天面对的生活现象和生活事件，有真善美，也有假恶丑，幼儿的知识体系不完整，心理结构不完善，所以他们对于生活之中的美丑是无法很好地进行分辨的。引导、保护幼儿“童心”，就不能让他们的“童心”被假恶丑所污染。比如幼儿看见街头站着的小混混嘴里叼着一根烟的样子，如果没有及时得到家长或老师的引导，那么他们就可能会错误地以为那是美的。所以，引导幼儿正确选择生活美是家长与教师的责任，我们必须在生活中引导幼儿选择真善美，这样才有利于审美经验的积累，从而保护他们的“童心”。

比起自然审美与艺术审美，生活审美涉及的范围更加广泛，包括生活的方方面面。要感受生活美，就要让孩子全身心投入到生活中去，从多个层次引导幼儿体验生活。生活是以丰富多彩的形态向幼儿展开的，我们要引导孩子在生活的多样性中遨游，让他们感受到生活的酸甜苦辣，从而形成更加全面的审美心理结构，增长生活阅历，积累审美经验。引导幼儿全身心地体验生活，首先，要引导幼儿进行劳动和吃苦体验。其次，要引导幼儿进行活动和交友体验，主要是体育活动和游戏活动。无论体育活动还是游戏活动，幼儿都应该处于一定的群体之中，产生交友体验。最后，要引导幼儿进行成功和幸福体验。成功和幸福体验往往包含在上面几种体验之中，当它们达到完满状态时，幼儿往往就会有成功和幸福的体验。这两种体验也是审美体验最直接的来源。

第四节 幼儿学习与教育

一、学习的概述

学习是教育心理学研究的核心问题。从古至今，许多哲学家、教育家进行了大量的理论研究和实验探讨。那么，心理学家是如何研究和解释学习的呢？

（一）什么是学习

学习是人类和动物普遍存在的心理现象。到目前为止，还没有一个学者为学习下的定义是被公认的。一般来讲，对于学习这个概念，可以从广义和狭义两个角度给予理解。

1. 广义的学习

广义的学习是指人和动物在生活中获得经验，并由经验引起的行为或行为潜能的较持久的适应性变化。这个关于学习的定义，是被教育心理学界大多数人认可的。广义的学习概念，应该从下面四个方面来理解。

第一，学习是人和动物所共有的心理现象。学习不仅是人类普遍具有的，动物界也广泛地存在学习现象。尽管人的学习是非常复杂的，与动物的学习有着本质的区别，但是不能否认动物也有学习，比如老鼠跑迷津等。即使是低等的无脊椎动物，也具有简单的学习现象。

第二，学习不是本能行为，而是后天习得性行为。本能行为是通过遗传而获得的经验，是生来就有的、不学而会的。习得性行为是人和动物在后天与环境相互作用过程中获得的经验，如猴子跳圈、狮子滚绣球，小孩学游泳、学写字等。尽管由于动物的进化不同，学习水平差异很大，但是所有个体的学习都是后天由于经验或实践引起的。

第三，任何水平的学习都能够引起适应性的行为变化。不仅有外显行为的变化（有时并不明显），也有内隐行为或内部过程的变化，即个体内部经验的组织和再组织。比如人类思想、观念思维的变化，这种变化都不是短暂的，而是比较持久的。

第四，不能把个体的所有变化都看作学习。例如，由于药物、疲劳、生长、机体损伤以及其他生理变化所产生的变化就不属于学习，只有通过实践活动所产生的变化才是学习。例如，运动员由于服用兴奋剂而提高了比赛成绩、学生学习疲劳后会降低效率等，尽管行为发生了变化，但是都不属于学习。

2. 狭义的学习

狭义的学习是指人类的学习。人的学习是在社会生活实践中，以语言为中介，通过思维活动而积累经验，进而产生行为、能力和心理倾向的相对持久变化的过程。

人和动物的学习有许多相似的地方。例如，人在解决问题或遇到困难情境时，往往要通过尝试摸索，然后逐渐保留有效尝试，放弃无效尝试，最后才能找到解决问题的方法。有时也会灵机一动，在百思不得其解的过程中突然领悟，发现解决问题的关键，从而解决问题。但是，人和动物的学习有本质的区别，人类的学习有一些显著的特点。

第一，从内容和形式上看，动物只有学习个体的直接经验，人类学习除了获得个体经验外，还要掌握几千年来积累的社会历史经验，即科学文化知识；人类学习的方式是社会传递，通过语言来获得间接经验，而间接经验的学习对人类的意义更大。

第二，从功利和动力上看，动物学习是为了适应环境，人类的学习还要改造环境；动物学习是以满足生理需要为动力，而人类的需要是多种多样的，除了满足生理需要外，更主要的是满足心理和社会方面的需要。

第三，从能动上看，动物的学习只是被动的消极适应过程，而人类的学习是一种有目的的、自觉的、积极主动的过程。

（二）学习的作用

1. 学习是有机体和环境取得平衡的条件

学习是有机体与其生存环境保持平衡的必要条件。动物为了适应变化的环境，需要学习；而人不仅要适应环境，而且要改造环境，这就更需要不断的学习。广义地说，学习与生命并存，对一切具有高度组织形式的生物而言，生活就是学习的过程。但生物的发展水平不同，它们生存的环境也各不相同，因此学习在它们生活中所起的作用也就不同。

2. 学习能促进成熟与心理发展

学习可以影响成熟。所谓成熟，指个体生理方面的发展，它受生物学规律支配。生理的结构和机能为学习提供了可能性，但是，如果个体的生理结构得不到使用面的刺激作用，则可以影响其相应的感觉器官的发育和成熟。相反，给个体以充分的条件刺激，可以极大激发人脑智力的潜力，从而促进个体心理的发展。我们知道，有些人在小时候的学习成绩和能力水平都很差，但后来他们却成为了伟人，有了很高的智力水平和伟大成就。

（三）学习过程

学习是一个过程。对于人类的学习来说，学习是一个很复杂的过程。由于它的复杂性，人们曾经从多个方面进行研究和分析。我国古代孔门弟子把学习过程分为七个阶段：立志、博学、审问、慎思、明辨、时习、笃行。19 世纪，德国心理学家和教育学家赫尔巴特把学习划分为连续进行的四个步骤：明了、联想、系统、方法，后来进一步发展为五个步骤：准备、提示、比较与抽象、概括、应用。我国教育心理学家在前人的基础上，认为学习可以划分为动机、感知、理解、巩固和应用五个阶段，这与前人的学习阶段论观点基本相同。

这里，我们重点介绍美国著名的教育心理学家加涅（R.M.Gagne）的学习过程基本模式。加涅根据信息加工的流程，把学习过程划分为八个有机联系的阶段。

第一，动机阶段。动机反映了学习者要控制和掌握他周围的环境来达到既定目标的自然倾向。学习需要动机，动机建立在对事物的期待上，不仅要讲明学习的作用，还要把学习兴趣和学习目的结合起来。

第二，领会阶段。学习的领会阶段包括学习者对刺激的注意和知觉。有了学习动机之后，把与目标有关的刺激优先选择出来并加以安排，教师应该善于引起学生的注意，学生要善于与分心做斗争。

第三，获得阶段。这个阶段主要是学习者对信息加工处理的过程，即编码并存储在大脑中，教师的指导作用主要表现在这个阶段。

第四，保持阶段。把编码的信息保存起来。这个阶段强调对经过编码存储的知识进行巩固、增强和保持。

第五，回忆阶段。把学习的东西恢复出来，用信息加工理论来说，就是检索过程。

第六，概括阶段。学到的知识将来能够用得上，即迁移。

第七，动作（或作业）阶段。学生把所学的知识组织起来，做出行动，学生动作（作业）能够反映出学生学到多少知识。

第八，反馈阶段，即强化阶段。反馈是学习的最后阶段，它是通过强化过程发生的。

加涅认为,与学习过程各阶段相应的心理状态不是自发产生的,而是在教学环境影响下出现的。

（四）学习的分类

1. 我国心理学家对学习的分类

我国对学习著名的教育心理学家冯忠良教授把学习划分为三种类型，为研究者们所认同。

第一，知识的学习。主要指知识的理解、巩固、应用。

第二，技能的学习。包括动作技能和智力技能的学习。

第三，行为规范的学习。

我国的分类在日常教育中常常被采用，优点是比较符合教育工作的实际需要；缺点是不能简单地把知识进行化分，因为在学习过程中，这几类学习是密切联系的。

2. 奥苏伯尔对学习的分类

奥苏伯尔主要是研究学校学生的学习，他的学习分类非常引人注意和受到重视。首先，他根据学习进行的方式，把学习分为接受学习和发现学习；其次，他根据学习内容和学生已有知识经验之间的关系，把学习分为机械学习和有意义学习。他的接受—发现、机械—有意义是划分学习的两个维度，它们之间互不依赖、彼此独立。不能把接受学习与机械学习、发现学习与有意义学习等同。而且，这两个维度的每一个方面都不是绝对的，在它们之间还有过渡形式。

奥苏伯尔认为，学生的学习主要是有意义的言语学习，有意义学习有三种类型。

第一，符号学习，即学习单个符号的意义。

第二，概念学习，即掌握概念的关键特征，是通过概念形成和概念同化两种方式获得的。

第三，命题学习，即学习由概念组成的句子。

奥苏伯尔对学习的分类比较符合教育实际，对我们进一步深入研究学习很有启发意义。

3. 加涅对学习的分类

加涅几乎终生从事学习分类的研究工作。他出版的《学习的条件》一书，提出了他对学习的分类。

早期，加涅根据学习的情境、学习的水平，由简单到复杂把学习分为八种类型。

第一，信号的学习。它是指学习对某一符号做出某种反应，例如巴甫洛夫的经典条件反射。

第二，刺激—反应学习。它是指学习使一定的刺激与一定的反应相结合，并得到强化，学会以某种反应获得某种结果，例如桑代克的刺激与反应联结和斯金纳的操作条件反射。

第三，连锁学习。它是指学习形成两个或更多的刺激与反应联结，即形成一系列的刺激与反应联结。

第四，言语学习。形成一系列的连续性的词语联结，同第三类学习一样，只不过它是语言单位的联结。

第五，辨别学习。学会对不同的刺激做出不同的反应。

第六，概念学习。学会对一类刺激做出相同的反应。

第七，原理（或规则）学习。学习概念的联结，也就是形成两个以上的概念联结。因为加涅认为原理是由概念联结而成的。

第八，解决问题的学习，即学会用原理去解决问题。

加涅提出按学习结果对学习进行分类，认为学习结果是各种习得能力，即五种学习能力。

第一，智力技能。它是指个体运用符号与环境相互作用，这在数学、语文等课程学习中体现得最明显、最典型。智力技能的最典型形式是规则，当学生获得一条规则后，他就会表现出用规则支配行为。

第二，言语信息能力。它是指"能够陈述观念的一种习得能力"。言语信息的获得是以"学习者能够按同样的呈现顺序用口头或书写重现词或词的序列"为标志的。

第三，认知策略。加涅认为，认知策略是内部组织起来的，学习者用来指导自己的注意、记忆、思维和解决问题的能力。在信息加工模式中，认知策略起到执行控制作用。智力技能是朝向学习者的环境，使他能够处理“外在”的数字、词语和符号，而认知策略是控制自己应付环境的行为，在某种意义上说是处理“内在的”种种因素。

第四，动作技能。动作技能不难识别，其中虽然包括信息、智力技能和态度等多种其他能力，但是，动作技能的特征是肌肉运动的流畅性和精确性。如果看到这些特征，就可以证实动作技能的获得。

第五，态度。加涅认为，态度是一种获得的内部状态。该内部状态影响一个人对某类事物、人或事件的选择。从学习的信息加工模式看，这种内部状态的影响是内部结构的控制过程。但是，它们并不控制行为，只是影响行为。这种影响有积极和消极之分。通过观察个体对自身行为的选择，就可以了解他态度的性质。

加涅认为，这五类学习不存在等级关系，它们只是一些不同的学习。这五种学习又分为三个领域：前三种学习结果属于认知领域（包括知识、技能和策略），第四种学习结果属于动作技能领域，第五种学习结果属于情感领域。把人类学习结果分为认知、情感和动作三个领域几乎成了所有学习心理学家和教育心理学家的共识。

4. 布鲁姆（B.S.Bloom）的教育目标分类

布鲁姆的学习分类是对教育目标的分类：认知领域、情感领域和动作领域的教育目标分类。这三类目标中，每一类目标又分成由低到高的若干等级。其中认知目标包括知识、了解、应用、分析综合和评价；情感目标包括接受、反应、价值判断、组织、性格化；动作技能目标包括知觉、定向、机械动作、复杂的外显反应等。布鲁姆的教育目标分类理论对我国当前教育改革产生了重大的影响。

二、脑科学与幼儿的学习

脑是个体心理发展必要的“硬件”，其质量直接影响人的发展，而学前期是脑的形态、结构和技能发展最为迅速、关键的时期，同时这一时期的发展又在很大程度上受到早期环境和教育质量的影响，这就直接为学前教育对人的全面发展和国民素质的提高产生长远、深刻的影响，并为此导致了提供了生理基础和依据。

（一）脑科学研究与幼儿的学习

脑科学是21世纪自然科学发展的主流。诺贝尔奖获得者沃森在其专著《脑》这本书中提出：“20世纪是基因的世纪，21世纪是脑的世纪。”

1. 脑发育与学习

（1）脑发育的不等速性

人脑有非凡的生长速度，胎儿时期神经系统发育最早，尤其是脑的发育最为迅速，出生后头几年是大脑发育最迅速的时期，表现为脑重、头围、神经细胞发育、髓鞘的发育等几方面。

人脑中有 140 多亿个细胞，出生后 3 个月内脑细胞第一次迅速增殖，70% ~ 80% 的脑细胞是在 3 岁前形成的。脑重的研究则告诉我们，脑的发育速度在 7 岁前是最快的。大脑皮质的研究揭示，幼儿出生时脑细胞已分化，出生后皮质细胞迅速发展，层次扩展。皮质的广度与脑细胞髓鞘化的程度密切相关，婴幼儿期大脑的髓鞘化程度是脑细胞成熟状态的一个重要指标。脑细胞髓鞘化在 0 ~ 1 岁形成，2 ~ 3 岁为加速期，7 岁基本完成。大脑发育的成熟为幼儿的学习奠定了生理基础。

（2）脑发育的关键期

关键期是指学习或形成某种行为的最佳时期。脑发育的关键期内适宜的经验和刺激是运动、感觉、语言及其他脑高级功能正常发展的重要前提。错过这一时期，有的功能将难以获得。有关脑发育的关键期的研究集中在视觉、语言等方面。

第一，视觉关键期：“盲猫试验”：出生后 4 ~ 5 天缝合小猫的眼睛，4 个月放开后，小猫不再具有视觉功能。电镜下，神经细胞萎缩消失，突触减少。说明这段时间，是猫获得形状和色觉的关键期。在关键期以后将猫的眼睛缝上，则不会变盲。

人的视觉关键期，最敏感期是在出生后半年内，可长达 4 ~ 5 年。先天性白内障的婴儿出生后缺乏视觉刺激，如果到了 3 岁不能复明，其视觉脑细胞萎缩或转而从事其他任务，即使做手术治疗，患儿仍将永久性地丧失视觉功能。

第二，语言学习关键期：一般是 2 ~ 5 岁。耳聋幼儿如果在 1 岁前被发现，佩戴助听器，才能聋而不哑，学会正常的语言发音。如果 1 岁以后才采取措施，学习发音会十分困难。

（3）大脑单侧化

大脑单侧化即在大脑某个半球建立特定功能的过程，是大脑机能发展的另一重要方面。新生儿就具有大脑单侧化的倾向，这种倾向则表明了大脑两半球在功能上存在着量的差异。随着幼儿期大脑逐步发育成熟，单侧化倾向逐渐发展，两半球在功能上出现质的差异。5 岁后左右脑功能基本完成分化。这在很大程度上受到环境和教育的影响与制约，表现为大脑在学前期具有巨大的可塑性。研究表明，左右脑协调运用，可提高学习效率 5 ~ 10 倍。丰富的环境刺激可以促进脑的发展。大量的动物和人类婴幼儿的研究结果也表明，幼年期持续的早期经验的剥夺将会导致中枢神经系统的发展出现减慢甚至停止现象，并构成永久伤害。

（4）脑结构和功能的可塑性

脑的可塑性，指脑结构损伤所致的神经缺陷的功能性适应。脑的可塑性表现为功能的可变更性和代偿性。可变更性是指某些细胞的特殊功能可以变更。例如，视觉系统细胞移植到其他器官系统，视觉细胞改变它的功能起新的作用，并表现有足够的功能。不过移植时间要早，过了一定敏感期，移植细胞不但不会起新的作用，而且会死亡。代偿性指一些细胞能代替另一些细胞的功能，在神经元丧失或损失后可以得到功能代偿，但过了脑发育的关键期，缺陷将成为永久性。一般来讲，成人脑损伤是难以弥补的，其原因之一在于脑细胞的生长不同于身体细胞，一旦完成就不会再增殖。而婴幼儿脑某半球受损后，通过某种适宜的学习、训练的过程，另侧半球可以产生替代性的功能，从而使脑损伤获得一定程度的修复。例如，5 岁以前任何一侧的损伤都不会导致永久性的语言功能的丧失，因此语言中枢可以通过适宜的早期语言训练较快地移向另一半球，以克服言语障碍。

2. 幼儿脑生理发展的教育启迪

（1）为大脑的可塑性发展创造条件

第一，为大脑发育提供充足的营养。给大脑提供必需的营养与能量，是促进大脑发育的一个必要条件。一方面，要及时提供大脑所需营养，特别强调早餐的重要性；另一方面，要优化幼儿用膳结构，制定科学、健康、全面的食谱，合理化幼儿的饮食结构。

第二，为大脑发展提供丰富多彩的环境刺激。人类大脑的潜能无限，但是人类个体平常只发挥了大脑功能的极小部分。引起大脑可塑性变化的一个必要条件是环境中的适宜刺激。教育者要努力创造有助于幼儿大脑潜能全面开发的良好环境，以形象、生动的方式，对脑的功能和结构进行塑造。

（2）遵循可塑性原则，充分开发幼儿潜能

人类大脑有巨大的潜能，正常大脑的潜能几乎是无限的。人脑可储存的信息量大约相当于美国国立图书馆 1000 万册藏书的 50 倍，即人脑有储存 5 亿本书信息量的能力，实际上人脑潜能只利用了 5% 左右。幼儿的潜在能力遵循着一条递减规律：生下来具有 100 分潜在能力的幼儿，一出生就进行理想的教育，将成为具有 100 分能力的人；5 岁开始教育，只能成为 80 分能力的人；10 岁开始教育则只能成为 60 分能力的人。也就是说，教育开始越晚，幼儿潜在能力发挥出来的比例就越小。因此，适时开展早期教育，为幼儿提供丰富的发展资源是幼儿教育的重要使命。

（3）抓住关键期，教育事半功倍

在身心发展的关键期内，越早给孩子进行教育和训练，孩子的大脑就越聪明、灵活。例如，孩子 4 ~ 6 个月是吞咽咀嚼的关键期；8 ~ 9 个月是分辨大小、多少的关键期；7 ~ 10 个月是爬的关键期；10 ~ 12 个月是站走的关键期；2 ~ 3 岁是口头语言发育的关键期，也是计数发展的关键期；2.5 ~ 3 岁是立规矩的关键期；3 岁是培养性格的关键期；4 岁以前是形象视觉发展的关键期；4 ~ 5 岁是开始学习书面语言的关键期；5 岁是掌握数学概念的关键期，也是幼儿口头语言发展的第二个关键期；5 ~ 6 岁是掌握语言词汇能力的关键期。

研究发现，在关键期的开始及结尾阶段，幼儿对环境的敏感度较低，在中间阶段最高。因此，要科学地认识幼儿发展各方面的关键期，敏感地觉察孩子发展的关键期；充分利用关键期良好时机，采取积极的教育措施促进其发展，而不是等待自然发展。

（二）脑生理机制与幼儿学习障碍

幼儿学习中出现的很多学习问题，不是由于学习习惯、学习态度所致，往往与神经系统的发育有关。多动症、阅读困难是其中的两类典型。

1. 多动症

注意力缺失过动症（ADHD）又称多动症，是幼儿期最为常见的一种心理行为障碍。各国统计数据表明，多动症的患病率平均为 3% ~ 6%。多动症的主要表现是不专注、过动和情绪冲动，很难遵守规则行为或者维持固定的表现。多动症幼儿的心理行为问题多半是衍生性的，由于其原生障碍——多动症的缘故，导致他们不仅有注意缺陷或多动、冲动，而且由此衍生出一系列学习、情绪、行为及适应问题。

多动症的成因相当复杂。常被列举出来探讨的生理方面的成因包括脑伤、遗传、脑的生化作用或额前叶的脑波不够活跃，铅中毒或糖、食用色素食用过多。

（1）脑损伤

脑损伤指围产期的并发症与母亲怀孕期间孩子所受到的伤害。科学家曾做过实验，破坏大脑背侧额叶，猴子就会出现多动和注意力分散的现象。有关研究也发现，多动症幼儿的大脑额叶及间脑之间的血流量及营养和能量消耗较低。加上大脑额叶本身被认为与动作的控制、协调和冲动控制有关，因此，脑损伤而致脑功能失调是导致幼儿多动症发生的重要因素之一。

（2）生化因素

多动症的发生还可能与中枢神经系统中多种化学物质的代谢异常有关，有专家研究发现，多动症幼儿中枢神经介质儿茶酚胺水平较正常水平低，也可能是导致幼儿多动症的因素。

（3）前庭系统失常

前庭神经核在其他体系配合下，维持全身的肌肉张力、姿势和运动平衡，若前庭系统活动量不足，且调幅作用不良时，常表现为好动分心，由此得出结论：过度好动分心是神经生理统合失常的症状。

（4）遗传

多动症幼儿有家族聚集出现的倾向，其兄弟姐妹出现多动症的概率比一般人更高。男性方面的亲属较多出现酗酒或反社会性人格，女性方面的亲属则易多发歇斯底里症。

尽管上述因素常被认为可导致幼儿多动症，但脑功能失调导致幼儿多动症是目前病因学研究的主流观点，至于是脑的哪一部分功能失调导致多动症则众说纷纭，多数认为是额叶功能失调。总之，大脑功能失调等生理因素都是造成幼儿多动症的主要原因，继而引发了多动症幼儿一系列的心理问题。

2. 阅读障碍

阅读障碍是幼儿中常见的一种学习障碍，约占学习障碍的 4/5。在临床上，阅读障碍分为获得性阅读障碍和发展性阅读障碍。获得性阅读障碍是指先天或后天的脑损伤以及相应视听觉障碍造成的阅读困难。发展性阅读障碍是指智力正常的幼儿在发展过程中没有明显的神经或器质性损伤，而阅读水平却显著落后于其相应智力水平或生理年龄的现象。

（1）阅读障碍的表现

在字母书写系统中，阅读障碍早期阶段可能表现为背诵字母，说出字母正确名称、词的分节、读音的分析或分类等障碍。之后，在口语阅读方面显示出不足：朗读时遗漏字、加字、念错字、写错字、替换字，朗读速度慢，长时间的停顿或不能正确地分节。阅读理解方面也存在缺陷，不能回忆起所读的内容，不能从听读的资料中得出结论或推理，不能用一般常识回答所读特殊故事里的问题，不能利用故事里的信息。

在中文系统中，阅读障碍还表现为：音调念错，念相似结构的音（如“狐”念“孤”），多音字读错，读错两个字组成的词中的一个字。有的阅读障碍幼儿在学前也可表现出一定的语言缺陷和认知功能障碍。如在临摹图画时，他们往往分不清主题与背景的关系，不能分析图形的组合，也不能将图形中各部分综合成一整体。学龄期可伴有语言技能障碍、拼读障碍、计算障碍等，并常伴有多动症和行为问题。

（2）阅读障碍的成因

在对阅读障碍多年研究的基础上，西方研究形成了三个最具影响力的理论，即语音缺陷理论、感知觉缺陷理论、小脑缺陷理论。

语音缺陷理论认为阅读障碍者的大脑左外侧裂周围皮层——尤其是左颞顶联合区、左额下回功能失调，引起语音缺陷，导致语音技能低下和阅读能力受损。

一般的感知觉缺陷理论认为阅读障碍是由基本的感知觉缺陷造成的，包括视觉加工缺陷和听觉加工缺陷。视觉加工缺陷直接影响阅读；听觉加工缺陷导致语音缺陷，进而影响阅读。阅读障碍者存在视觉和听觉加工的缺陷，是由大脑细胞系统的异常所致。

小脑理论认为阅读障碍者的小脑活动的异常，造成小脑功能失调，形成自动化缺陷，进而影响了形—音对应，致使幼儿的阅读能力下降。

以脑生理、心理研究为主要内容的幼儿早期心理和教育研究的深入，正使人们对于学前教育重要性和价值的认识不断地提高和深化。加强早期幼儿教育，为每一个幼儿创造受到高质量的学前教育的机会，正成为世界各国教育改革与发展的一个重要方面。我国也必须放眼未来，立足当下，力促学前教育的良性发展。

三、幼儿学习的方式与特征

随着年龄的增长，幼儿的身心素质不断发展，幼儿学习的方式逐步丰富多彩，学习特点也渐趋凸显。对每一个孩子而言，其真实的学习能力决定了他学什么和怎么学，哪些方式是适合自己的，是否能享受到学习的乐趣。了解孩子的学习方式与特点，就可以更好地观察和把握孩子的能力，有效地引导其学习成长。

（一）幼儿学习的主要方式

每个人的学习方式都不同。有的孩子通过听来学习的能力很好；而有的孩子却必须通过动手实际操作，或用体验去了解所学的内容；有的孩子是依靠讲述来学习；还有的孩子一读起书来废寝忘食，通过阅读和知识反复发生着关系，这就是属于他的学习方式。

幼儿常见的学习方式有适应性学习、操作性学习、观察模仿学习、言语理解学习、游戏学习、交往学习等。

1. 适应性学习

适应性学习建立在经典条件作用的基础上。经典条件作用是婴幼儿自然出现的一种学习方式，它以基础反射为重点。经典学习方式是婴儿最早的学习方式，也是幼儿主要的学习方式。比如，午睡时要把灯关闭，而且把窗帘拉拢，营造一个睡觉的环境；而当要起床的时候，就把灯打开。幼儿通过感受这种亮度的变化，就知道什么时候该睡觉，什么时候该起床了。

2. 操作性学习

操作条件作用是幼儿在教育者影响下形成的条件反射学习方式，表现出幼儿学习的主动性。操作条件作用以奖励某种行为作用为重点。在幼儿年龄增长过程中，起更多作用的是操作性条件作用。幼儿学习很多体现在运动方面，而操作性学习是提高幼儿运动技能最重要的方式，操作性学习使幼儿获得成就感与自我价值感，操作性学习还可以弥补语言理解和表达的不足。

3. 观察模仿学习

观察是幼儿学习的主要方式，幼儿主要通过感官直接接触，即视觉、听觉、触觉、嗅觉、味觉等，即广义的观察来学习。而幼儿的观察学习常常与模仿相联系。模仿是后天习得的，年幼的孩子主要靠模仿一些表面现象而获得社会化经验。

4. 语言理解学习

与婴儿相比，幼儿大量使用语言理解的学习方式，包括倾听、提问、对话等。他们更容易接受语言及其所携带的“文化因素”，这个时期学习语言，不仅记忆快，孩子还能培养思维能力以及对文化的初步认识。幼儿的语言学习与其对事物的理解相对应。幼儿对语言的掌握、词义的理解、语法的运用还很不成熟，常常出现理解错误、表达错误的情况，这是幼儿语言发展过程的年龄特点。

5. 交往学习

交往也是幼儿学习与发展的重要方式。交往能帮助幼儿尽可能地扩大认识范围、加深认知程度，学习并掌握人类正确运用物体的动作，激发幼儿的言语与发展，积极地用语言与非语言方式与他人交流。交往还能满足幼儿得到认可与支持的需要，获得情感上的满足；促进幼儿主动性与创造性的发展，并进一步发现自己，生成自我意识。

6. 游戏活动

游戏是幼儿学习和发展社会性、情绪及认知能力的重要方式。通过游戏，幼儿了解世界，发展认知力，表达内在需求。维果茨基指出，有游戏才有发展。象征性游戏可以促进幼儿象征能力的发展，角色游戏则能让幼儿体验社会生活。在游戏过程中，加强了幼儿间的交流和合作，促进社会性发展，更好地了解社会，增加责任感。

幼儿的学习方式是多种多样的。然而，无论何种学习，动手都是婴幼儿获取知识经验必不可少的方式。杜威的“从做中学”、皮亚杰的认知建构理论都清楚地阐明了动手对婴幼儿发展的重要性。幼儿教育必须以活动为主要教育途径，而非教师讲、幼儿被动听课等静止模式。

需要指出的是，在学习上，我们看待孩子的角度，不能只从成绩出发。一个偏重发展认知的人，尽管头脑可能很发达，但他的生命是僵硬的，缺乏敏感的，欠缺了其他方面的发展，人的内在就处于残缺的状态。而完整的发展是要让孩子成长为一个跟自己的身体、情绪、感觉、心理、认知、精神都有连接的人，这样的人能跟自己连接，他的生命是丰富的、立体的、流动的。尊重孩子的学习方式，就是尊重他和自己内在各个部分的连接。而我们追寻幸福生活的能力，就来自内在的完整。

（二）幼儿学习的基本特征

幼儿在身心各方面都得到一定的发展，除游戏外，常常愿意模仿哥哥、姐姐或成人进行学习。事实上，幼儿也可以在一定时间内、一定程度上进行一些有目的、有组织的学习活动，掌握一些周围的知识和技能。然而，幼儿的学习不同于小学生的学习，幼儿学习的特点主要表现为以下几方面。

第一，幼儿的学习与自身兴趣和需求有直接关系。幼儿的学习和他的日常生活联系密切，幼儿的认识活动更会受到兴趣和需求的直接影响。要使幼儿成为主动的学习者，幼儿的兴趣和需求必须得到足够的尊重。

第二，幼儿的学习以直接经验为基础。幼儿对世界的认识还是感性的、具体的、形象的，常常需要用动作来帮助思维，这就决定了他们的学习是以直接经验为基础的。给幼儿尽可能丰富多样的材料，让幼儿亲自去尝试、去体验，可以促进幼儿主动学习。

第三，幼儿的学习常常与游戏分不开。年龄越小，游戏成分越大。到5～6岁，幼儿才逐渐形成把学习当成任务来看待的认识。

第四，操作是婴幼儿获取知识经验必不可少的途径。幼儿的学习主要是通过掌握周围生活中有关自然和社会的粗浅知识和技能，进行基本动作训练，培养文明卫生习惯来进行，与日常生活密不可分。杜威的“从做中学”思想、皮亚杰的认知建构理论都清楚地阐明了操作对婴幼儿发展的重要性。

也有学者认为，与人类一般学习相比，幼儿学习的特点包括如下几点。

第一，容易被扼杀的学习主动性。幼儿学习的主动表现为好奇、好问、好探究、好模仿。幼儿学习的主动性往往被忽视，甚至被扼杀。

第二，从兴趣出发的学习积极性。幼儿愿意做有趣的事情，他们的学习也往往从兴趣出发。

第三，学习的无意性和内隐性。幼儿的学习以无意性为主，幼儿在学习过程中的记忆往往是无意记忆；幼儿的联想往往是无意的自由联想。

第四，经验与体验作用的显著性。幼儿的学习主要以行为实践为主，直接参与的经验是幼儿学习的要素，幼儿教育应该以其真实的事件为基础。

第五，语言指导下的直观形象性。直观形象的学习内容幼儿比较容易接受。

第六，对环境依赖性大。在安全的、丰富的、具有挑战性的环境下，幼儿可以获得最佳的学习与发展。

第七，个别差异性显著，幼儿以多样化的方式了解世界，其学习方式各有不同。

总之，幼儿的学习与人类的学习是特殊与一般的关系，既具有人类认识过程的典型特点，又有其特殊性。了解幼儿学习的特征，根据其特征组织学习活动，才能使教育活动有效开展，助推幼儿的身心发展。

四、幼儿学习品质及培养

（一）幼儿学习品质的维度

“学习品质”的定义十分模糊，且没有定论。但诸多学者与文件都提出“学习品质”包括：

第一，好奇心、兴趣。具有好奇感，有寻求新信息的兴趣，有对新知识的敏锐，渴望学习，比如喜欢对新事物问“为什么”。

第二，主动性。指肯接受任务、合理冒险。这是一种积极的探究心理，主动拥抱世界，而不是被动适应，主动寻找需要的信息，而不是等着老师父母来“喂养”。

第三，坚持与注意。在完成任务时，能坚持、专注，集中注意，不容易被干扰或被弄得很沮丧。并且能有意识地控制自己的注意力，比如塞住耳朵不被打扰。

第四，创造与发明。利用想象等拓展知识，进行新的学习。这里不是指儿童创造与发明的具体表现，而是指利用想象、创造与发明来进行学习。比如自己能否将一个具体的玩具想象成另外一个物品，如将一支笔想象成一个电话、一个魔法棒，等等。

第五，反思与解释。吸收、思考、理解已有知识和信息，以便进行进一步的学习，这也是一种信息素养和内化能力。

学习品质不同于学习风格，如视觉、听觉、大脑单侧化等，也不仅仅包括学习动机、学习兴趣和学习策略，而具有更广泛的意义。

（二）培养幼儿学习品质的措施

1. 培养幼儿学习品质应遵循的原则

不管是幼儿园老师还是家长我们都要知道：一个人所具备的学习品质不是与生俱来的，而是经过后天的培养逐渐形成的。而良好的学习品质也不是一朝一夕的事情，这里需要个漫长过程。在这个过程当中，我们要遵循两个原则：一是“循序渐进”，二是“潜移默化”。就是让我们凡事要先基础后综合，不能对孩子要求太高得一步一步来进行学习。并根据孩子不同年龄阶段，不同的生活经验提出不同的要求。有诗云：“随风潜入夜，润物细无声。”这就是说到了一个潜移默化的一个长期过程，我们可以根据幼儿有记忆占优势和机械记忆能力强的特点，通过说教或提醒来达到让幼儿记忆的目的。记忆之后就形成一种信念，行动的先导是信念，而信念能激励人以正确的理论、观念去行动。

2. 培养幼儿学习品质的措施

要培养良好的学习品质可以考虑以下几方面：

第一，要让孩子有个良好的学习态度。学习态度分为几种：厌学型、被动型、机械型、进取型和自主型。当然我们要有的学习态度是自主型。因为这样的态度是主动的、积极的、自由的、快乐的、激情的并富有想象力的。

第二，培养孩子的学习兴趣。学习若能给孩子带来快乐，那么孩子一定会喜欢学习。

第三，培养孩子良好的注意力。良好的注意力是伴随孩子成长不可忽视的一个重要因素。

第四，培养良好的习惯。中国青少年研究中心的专家孙云晓指出："习惯决定孩子的命运。"良好的习惯与学习品质是孩子成功的基础，是孩子一生取之不尽，用之不竭的宝库。一个孩子一旦有了良好的习惯就会不自觉地在这个轨道上运行。而好的学习习惯能让孩子在一定的学习情景下自觉地去进行活动，也就是说到了哪一个时间，孩子会自觉地去学习。一般说来，习惯可以在有目的、有计划的训练中形成，也可以在无意识状态中形成。而良好的学习习惯必须在有意识的训练中来形成，不可能在无意识中自发地形成，这是学习习惯与一般习惯的根本区别。

第五，培养幼儿善于与他人合作。俗话说："一根筷子轻轻被折断，十双筷子牢牢抱成团"。这就是合作的力量。与他人合作，可以学到自己所学不到的东西，可以感受到团队的力量，并从中感受到学习的快乐！

第六，与家长沟通，在家培养良好的学习品质。幼儿良好学习品质的养成与父母的家庭教养方式息息相关。研究结果表明：不同的家庭教养方式对幼儿学习品质的影响较大。表现为启发诱导型家庭教养方式幼儿的学习品质较好，而溺爱娇纵型次之，放任自流型教养方式则基本处于最低水平。由此可见，幼儿的良好学习品质的构建除了在幼儿园的培养，在家一样起到举足轻重的影响。要使家庭教养方式能够更好地促进幼儿学习品质的形成，家长们需做好几方面：一是父母应努力创设一个温馨的家庭氛围以促进幼儿学习品质的发展，不仅要营造温馨的家庭生活环境，而且家长与幼儿之间要建立亲密无间的亲子关系。二是父母要不断学习，努力提高自己的教养水平。父母不仅要掌握幼儿身体及心理发展的规律和特征，而且要不断学习先进的教养理念及方法，同时父母要加强自身个性的修养，为幼儿树立良好的榜样。三是要改善父母教养行为，这就要求父母要民主、平等地对待幼儿；关心幼儿，善于沟通；敢于放手，鼓励引导；慎用批评，杜绝体罚。

总之，要培养幼儿有良好的学习品质，我们应选择合适的实施途径，有计划、有步骤地进行。当然也要坚信：只要我们遵循一定的原则，采取适当的方法，就一定会取得好的效果。

第七章 幼儿的心理健康与教育

第一节 幼儿心理卫生与心理健康

一、心理卫生

心理卫生又称精神卫生，是指维护和增进人的心理健康的心理学原则、方法和措施等。心理卫生不仅能预防心理疾病的发生，而且可以培养人良好的性格，陶冶人的情操，促进人的心理健康。不同年龄阶段，有不同的心理特点，心理卫生的内容也不尽相同。人在不同年龄阶段，各有一定的生理特点与心理特点，并且出现与之相联系的心理问题。幼儿心理疾病发病率比较高，据联合国卫生组织统计，在发达国家中 3 ~ 5 岁的幼儿，有心理疾病的占 5% ~ 15%。

幼儿时期心理卫生将直接影响到其一生的健康成长。因此，关注幼儿心理卫生，对当前幼儿健康成长和幼儿教育的发展有着十分重要的意义。但是，在幼儿教育过程中，人们往往只重视身体健康教育而忽略了心理卫生。心理卫生已成为健康这一概念的重要组成部分，人们应该意识到，幼儿的心理健康和身体健康是同等重要的问题。

二、心理健康

长期以来，人们对健康的认识有一个片面的看法："无病即健康"，只要身体没有疾病，一个人就是健康的。随着社会的发展，人们对健康的内涵有了新的认识，意识到心理健康和社会文化因素也与人的健康有密切的关系，传统的生物医学模式演变成了生物—心理—社会医学模式，"心理健康"的概念也提了出来。相应地，心理学家们提出了心理健康的标准。

（一）心理健康的概念

健康不仅仅是指躯体健康，还指心理、社会适应、道德品质相互依存、相互促进和有机结合。也就是说，健康不只是不生病；防止疾病是健康的一部分，但不是最主要的一部分；健康是生理、心理、社会适应和道德健康等几个层面的健康。心理健康是指个人能够充分发挥自己的最大潜能，以及妥善地处理和适应人与人之间、人与环境之间的相互关系。心理健康概念就是一种良好的、持续的心理状态与过程，表现为个人具有生命的活力、积极的内心体验、良好的社会适应，能有效地发挥个人的身心潜力以及作为社会一员的积极的社会功能。具体说来，心理健康至少应包括两层含义：一是无心理疾病，二是具有一种积极发展的心理状态，"无心理疾病"是心理健康的前提基础条件，心理疾病包括所有各种心理及行为异常的状态。“具有积极发展的心理状态”则是从积极的、预防的角度对人们提出要求，因此心理健康往往指的是个体的心理活动处于正常状态下，即认知正常，情感协调，意志健全，个性完整和适应良好，能够充分发挥自身的最大潜能，以适应生活、学习、工作和社会环境的发展与变化的需要。

（二）心理健康的标准

心理健康标准是心理健康概念的进一步具体化。美国心理学家马斯洛（H.A.Maslow）提出了16条心理健康标准。

第一，了解并认识现实，持有较为实际的人生观。

第二，悦纳自己、别人以及周围世界。

第三，情绪与思想表达比较真实自然。

第四，有较宽广的视野，以问题为中心，而不是以自我为中心。

第五，有超凡脱俗的本质、静居独处的需要。

第六，有自主的、独立于环境和文化的倾向性。

第七，有永不衰退的欣赏力。

第八，曾有引起心灵震动的高峰经验、浩瀚澎湃的心灵感受。

第九，爱人类并认同自己为全人类的一员。

第十，与为数不多的朋友建立深厚的个人友谊。

第十一，有民主风格，尊重他人意见。

第十二，有高度德行，能区别手段与目的，绝不为达到目的而不择手段。

第十三，带有哲学气质，有幽默感。

第十四，有创见，不墨守成规。

第十五，对世俗合而不同。

第十六，对生活环境有改进的意愿与能力。

世界卫生组织对健康的定义细则如下。

第一，有足够充沛的精力，能从容不迫地应付日常生活和工作的压力而不感到过分紧张。

第二，处事乐观，态度积极，乐于承担责任，事无巨细不挑剔。

第三，善于休息，睡眠良好。

第四，应变能力强，能适应外界环境的各种变化。

第五，能够抵抗一般性感冒和传染病。

第六，体重得当，身材均匀，站立时，头肩、臂位置协调。

第七，眼睛明亮，反应敏锐，眼睑不易发炎。

第八，牙齿清洁，无空洞，无痛感，齿龈颜色正常，无出血现象。

第九，头发有光泽、无头屑。

第十，肌肉、皮肤有弹性。

一般来说心理健康具有以下标准。

第一，自我意识正确。对自己有正确的认识，对个人动机，情感有一定知觉，能现实地评价自己的长处和短处，并能接纳自己，不过于掩饰自己，不刻意取悦于人，以保持自己适度的自尊。有控制自己行为的能力，必要时能遏制自己的非理性冲动，有调节自己心理冲突的能力。有成长的意愿，能有效地调动自己身心的力量，在有关领域实现较高水平的目标。

第二，人际关系协调。有正确的人际交往态度和有效的人际沟通技能，关心他人，善于合作；不为满足自己的需要而苛求于人，人际关系良好，有知心朋友，有亲密家人。

第三，性别角色分化。能够获得相应的性别角色，行为方式与相应的性别角色规范一致。

第四，社会适应良好。能面对、接受和适应现实。具有对现实的有效知觉。在认识与解释周围发生的事物时，能持客观态度，重视证据，对他人内心活动有较敏锐的觉察力，不会总是误解他人的言行，很少有错误的知觉。

第五，情绪积极稳定。生活热情，工作高效率。热爱生活，乐于工作。有从经验中学习的能力、创造性地解决问题的能力，工作较有成效；有独立谋生的能力与意愿，能在学习、工作、娱乐享受活动的过程中追求生活的充实和人生的意义。

第六，人格结构完整。各项心理机能健全并有较高整合水平，人格结构中本我、自我、超我处于动态平衡，理想自我与现实自我差距适度，认识与情感协调，行动手段与目标相适应。由于形成了稳定的内部调节机制，故个人具有独立的抉择能力，行动上表现出自主性。

（三）幼儿心理健康的标准

对于幼儿的心理健康，近年来国内外有不少幼儿教育工作者与心理卫生专家共同研究认为，一般心理健康的幼儿都具有如下特点：智力发育正常，喜学爱问，情感丰富，情绪开朗，行为活泼而有一定的自我控制能力；合群、乐群，能适应集体生活，能与同伴友好相处。具体说来，他们在生活、学习、劳动以及与人相处等方面应有如下表现。

第一，智力正常。能胜任学习与工作任务，从事正常的生活和活动，并保持在一定的能力水平上。一般智商在 70 以上（包括 130 以上的超常幼儿）都属于此列。

第二，社会适应能力良好。能与老师、同伴或其他成人保持良好的人际关系，乐于与人交往，乐于帮助别人。对人有同情心和友好行为，不随便打人骂人，不因一点小事妒忌同伴，在集体中能愉快地生活，在成人指导下，愿意为集体做力所能及的事情。对自然环境中的气候变化，不同的地理环境条件及生活环境中的各种变化有一定的适应能力。

第三，情绪稳定、愉快。基本生活能够自理，生活起居正常，能睡眠安稳，少梦魇，无吮吸手指或咬物入睡的习惯，基本上能听从成人的合理嘱咐，不过分地挑食、挑穿，不无理取闹。

第四，求知欲较强。对于外界事物保持一定的好奇心，喜欢提问题并积极寻求解答，学习时或完成任何力所能及的任务时，注意力集中，记忆力正常，能够正确地表达心中的想法，语言表达能力同年龄相符，无口吃情况；生活中对力所能及的事，乐于自己做，不过分依赖别人的帮助，能比较认真地完成别人委托的事。

第五，心理特点符合实际年龄。根据幼儿在生长发育过程中生理、心理发展变化的特点和规律，可区分为四种年龄：实际年龄，即时间（日历）年龄；心理年龄，即由人的心理发展特征所反映的年龄；生理年龄，即由身体发育成熟水平所反映的年龄，社会年龄；即指待人处世、适应社会能力的水平所反映的年龄。由于受身体状况和环境、气候等因素的影响，生理年龄可以与实际年龄不相一致，但要求幼儿的心理年龄与社会年龄和实际年龄相一致，既不表现得过于少年老成，也不过于幼稚。

第六，有自尊心和自信心。对别人的称赞感到高兴，对批评、指责感到羞愧，希望做受人欢迎的事，不愿意做一些对别人有危害的事情等。

三、幼儿保持心理健康的意义

重视幼儿的心理健康对幼儿及其一生的发展都有着重大意义，这是幼儿身心发展的特点和社会的需要所决定的，也是幼儿教育健康发展所决定的。

（一）幼儿身体、心理发展的需要

健康不仅包括身体健康，还包括心理健康，因此关心幼儿的成长就必须兼顾他们生理、心理两方面的健康。幼儿的身体和心理之间是相互影响、相互制约、不可分割的。幼儿的生理、心理发展迅速，要达到身体、心理的健全发展，就必须重视心理健康教育。

（二）幼儿人格健全发展的需要

幼儿的成长过程，不仅是增长知识、发展智能、增强身体健康的过程，而且也是优良人格形成和发展的过程。但目前许多家长仅仅重视幼儿知识的获得和智力的发展，而忽视对其优良品质和积极人格的塑造。幼儿心理健康的高层次的标准，其实质即健全人格的标准。关注心理卫生，重视幼儿心理健康，是幼儿人格健全发展的需要，它有助于幼儿人格健康、全面、和谐地发展。

（三）幼儿社会适应能力发展的需要

良好的社会适应能力是幼儿健康发展的重要方面，所以家长、教师和社会更应该关心幼儿社会适应能力的培养。幼儿期是人生社会化的起始阶段，影响着幼儿将来能否积极适应各种环境，能否协调好与他人、与集体的关系。因此，幼儿期心理教育的任务要求创设良好的教育环境，形成积极乐观的生活态度，增强社会性，提高社会适应力。

（四）有利于培养幼儿良好的性格和品德

幼儿期是人一生中生理、心理快速发展的重要阶段，更是心理健康教育的关键时期。这就需要根据幼儿好奇、好问、好动、爱模仿的年龄特点和心理特征，将人格和情感的培养贯穿在日常生活能力的培养之中，使幼儿得到健康全面的发展。让幼儿在幼儿园的课堂上学会自尊、自爱、自律、自信，有意识地培养幼儿，使其行为习惯得到改进和提高，让幼儿健康快乐地成长，潜移默化地提升自身的素质。

第二节 幼儿心理健康的影响因素和教育建议

一、影响幼儿心理健康的因素

影响幼儿心理健康的因素是复杂多样的，这其中既有个人自身的因素，也有与之相关的家庭、幼儿园、环境等因素。要为幼儿提供一个健康成长的良好氛围，就要对这些因素进行深入、细致地分析。从各种制约因素的性质来说，主要有生物遗传因素、心理环境因素和社会环境因素。

（一）生物因素

1. 生物遗传因素

人的心理活动主要是在后天的社会环境影响下形成和发展起来的，但是，遗传因素对个体发展的影响却十分密切，遗传为人的身心发展提供了必要的生物前提和发展的潜在可能性。遗传素质的生理成熟程度制约着人的身心发展的过程及其阶段；遗传素质的差异性对人的发展有一定影响，这种影响的大小与其本身是否符合常态有关；遗传素质对人的影响在人的发展的不同阶段作用不同。尤其是一个人的气质、神经系统的活动特点、能力与性格的某些成分等都受遗传因素的影响。统计调查及临床观察都表明，在精神病患者家庭中，确实有一定的成员更容易患有神经性精神病或有某些异常的心理行为表现，如精神分裂、精神发育不全等。

2. 病菌、病毒感染

人如果患了斑疹伤寒、流行性脑炎等中枢神经系统的传染病，可能会由于病菌、病毒损害神经组织结构而导致器质性心理障碍或精神失常。如果患者是幼儿，则可能阻抑心理的发展，它可以阻抑幼儿心理与智力的发展，是造成幼儿智力迟滞或痴呆的重要原因。

3. 脑外伤或化学物质中毒

因摔伤、碰伤或战争时的战伤造成的脑震荡、脑挫伤等，都可导致心理障碍，如意识障碍、遗忘症和人格改变等。有害的化学物质侵入人体内，可以毒害中枢神经系统，造成心理障碍，如酒精中毒、食物中毒以及某些药物中毒等。

4. 躯体疾病或生理功能障碍

某些严重的躯体疾病或生理功能障碍的影响也可以成为心理障碍与精神失常的原因。例如各种原因造成的脑震荡、脑损伤等，都可能导致心理障碍，如意识障碍、遗忘症、言语障碍和人格改变等；甲状腺机能混乱，机能亢进时出现敏感、易怒、暴躁、情绪不稳定和自制力减弱等心理异常表现；碘缺乏症，对幼儿可引起智力发育迟滞，对成人则可引起整个心理活动过程的迟钝，不仅智力受损害，性格上还会变得幼稚、保守和狭隘。

（二）幼儿的心理因素

1. 心理发展因素

除了生理发育的水平、外貌的变化、体内激素的分泌以及生理疾病等生理因素对于幼儿心理健康的影响外，幼儿的心理功能及自我意识的发展也是幼儿心理健康状态发生明显变化的因素之一。首先，感知、记忆、言语、思维等基本心理过程是幼儿认识与理解周围世界的基础。研究发现，感觉过度敏感或过度笨拙是幼儿产生学习障碍和情绪障碍的很重要的原因，而言语和动作（走路）的发育迟缓又使幼儿心理健康问题发生的可能性明显大于正常的幼儿。其次，幼儿期是幼儿自我意识的萌发时期，随着年龄的增长，幼儿对自己的信赖程度逐渐加强，期望摆脱父母的约束，渴望表达自己，遇到事情时独立解决的意识越来越强。协助幼儿正确认识自己，尤其是协助那些生理及心理功能具有一定缺陷的幼儿建立现实的、正确的自我意识，对幼儿的健康成长具有重要的意义。

2. 幼儿人格特征

人格特征对人的心理健康有非常明显的影响，是造成心理障碍或精神失常的一个重要心理动因。由于人们总是根据人格特征来分析各种致病性因素，并建立对紧张性刺激的反应形式，因而，特殊的人格特征有可能成为导致某种心理障碍或精神病原因中的内在因素之一。所以，同样的致病因素作用于不同人格特征的人可以出现不同的结果，而同样的疾病发生在不同人格特征的人身上，其病情表现、病程长短又都各不相同。因此，培养和锻炼幼儿的健全人格，对预防幼儿心理障碍或精神疾病非常重要。

（三）家庭环境因素

家庭影响对于个体的早期发展起着主要作用，家庭环境对心理健康有着重要的影响。家庭是社会的最基本单元，同时家长又是幼儿的第一任老师，幼儿最初经历的教育主要是由家庭提供的。通过家庭生活，幼儿建立起他最初的亲密感情联系，并且通过社会性学习，理解和评价他人的行为模式，逐渐积累起自己的生活经验，形成自己的行为习惯与个性。因而家庭的潜在或外显的条件，如家庭的自然结构、家庭的人际关系、家庭的教育方式、家庭的抚养方式以及家长的素质等对幼儿心理的健康成长都存在着直接或间接的影响。

对个体早期发展的研究表明，那些在单调、贫乏的环境中成长的婴儿，其心理发展将受到一定阻碍，并且潜能的发展会受到抑制。很多在成人期表现出能力不足的个体，往往是来自这样的早期环境。而那些接受丰富的刺激、受到良好照顾的个体，在许多方面都将成为佼佼者。幼儿早期与父母的关系以及父母对幼儿的态度，是影响个体心理健康的重要原因。早期的亲子关系乃至稍后的幼儿与父母的关系，对个体以后的人际关系和社会适应有着很大的影响。幼儿如果能够在早期与父母建立和保持良好的关系，对其以后的社会关系和人际关系都会有积极的促进作用。相反，如果没有在幼儿成长的早期建立起这种良性的亲子关系，或者早期与父母分离等，都会对他们以后的成长产生消极的影响。

父母对幼儿的教养方式也会对个体以后的心理健康产生影响。在个体的早期发展中，父母的支持和鼓励使孩子能够建立起对初始接触者的信任感和安全感，这种信任感和安全感的建立保证了孩子成年后与他人的顺利交往。如果幼儿缺乏早期的这种信任感和安全感，就会逐渐产生一种孤独、无助的性格，难以与人相处，因而容易产生心理异常，特别是产生人际交往方面的障碍。如果父母对孩子过分保护或过分严厉，就会影响他们独立性和自信心的发展。因为这些做法会增强其依赖性或心理压力，使他们出现过分的依赖或过分的自我否定。

家长的受教育水平是影响幼儿心理发展的重要因素。研究发现，家长的文化水平与子女的异常成反比例关系。一方面，受教育水平在很大程度上决定着父母的理想、情绪、家庭关系、生活方式、教养方式等。另一方面，受教育水平决定着父母的职业地位，而职业地位又决定着家庭的社会经济地位，决定着家庭的物质生活条件，进而影响幼儿心理健康。家庭经济条件是影响幼儿心理健康的一个重要因素。家庭经济条件的差异造成了幼儿生活环境、所受教育等方面的差异。此外，研究还发现，如果家庭成员在面临各种外界压力时互相依赖、互相参与，那么，这样的家庭容易使孩子缺乏与其他人的分化，即不能分清自己的责任或别人的责任，从而倾向于从别人身上去表现自己的需要。在严重的应激情况下，他们很容易产生神经症或防御性神经症状态。但是，如果家庭成员缺乏情感的交流，甚至出现分离，这种家庭环境将促使孩子利用自己的力量去解决问题和冲突。由于孩子很早就从对父母的依赖中解脱出来，家庭成员之间的情感和动机很少表现一致，因此很容易造成躯体方面的不适。

弗洛伊德、罗杰斯等精神分析学家非常强调家庭经历尤其是早期童年家庭经历的作用，他们认为这一时期的家庭影响是产生和预防“精神卫生和精神疾病”的关键。通过临床观察，他们指出，在同情、支持与合理的家庭环境中长大的幼儿，心理方面常常完好无损。然而，那些遭受到挫折、失败、专制、矛盾冲突以及父母与环境的应激压力的幼儿则会产生心理障碍。

（四）社会环境因素

1. 幼儿园环境

幼儿园是幼儿接触的第一个社会教育机构，幼儿期又是人一生中身心发展可塑性最强的时期。这一时期，除家庭以外，幼儿园与幼儿成长的关系最为紧密。正如世界卫生组织专家委员会所指出的，与人生命的其他时期相比，幼儿期的心理健康问题与周围环境有着更为直接的联系。在这方面，在人的一生中占据重要位置的幼儿园，在其心理健康的形成与发展中起着十分重要的作用。幼儿园对幼儿心理发展的影响，主要是通过以下因素体现的。生活作息制度、物质与精神环境、教育的目标与内容、教育方法、教师的教学态度、教师的心理健康状况、幼儿园风气、同龄群体的人际关系及师生关系等。

那么，怎样的教师才是对幼儿具有积极影响的教师呢？受幼儿欢迎的教师往往具有以下的特征。性情温和，快乐，有幽默感；乐于了解幼儿，友爱，能体贴幼儿的情感，帮助幼儿解决个人困难，使幼儿感到亲近和愉悦；使活动有乐趣，细腻能有效控制全班；不偏袒，对幼儿公正，尊重幼儿意见；不易怒，不专制，不讽刺，不傲慢，不自以为是等。

2. 生活事件与环境变迁

生活事件指的是人们在日常生活中遇到的各种各样的社会生活的变动，如结婚、升学、亲人亡故等。生活事件是预测身体和心理健康的一项重要指标。大量的研究结果表明，即使是中等水平的应激事件，如果连续发生，它们的影响就会累加起来，对个体的健康造成严重的威胁。研究表明，应激事件与各种各样的生理和心理障碍有着明显的关系。例如高血压病、冠心病、糖尿病、类风湿性关节炎、胃肠溃疡、癌症、神经症、事故、体育活动中的损伤以及学习成绩的下降等，都与某些频繁发生的生活事件有着密切的关系。因为我们每经历一次生活事件，都要付出精力去调整由于这一事件的发生所带来的生活变化。如果生活事件增加，那么个体的生活变化也会增加，个体要适应这种变化了的生活所付出的努力也需要相应地增加，因此，如果在一段时间内发生太多的生活事件，个体躯体和心理健康状况就很容易受到影响。幼儿的生活经历比较简单，但由于其心理承受能力较差，一旦遇到重大的生活事件，受到的影响也更大。而其所处环境的变化也会影响幼儿的心理健康，比如开始入学，入园的幼儿由于前后生活和学习环境的巨大变化，在适应新的环境时也很容易出现各种困难。

二、促进幼儿心理健康的措施

要促进幼儿的心理健康，就必须从以下几方面入手，为幼儿的成长提供良好的条件。

（一）营造民主、充满关怀和爱护的家庭环境

家庭是幼儿生活中第一个接触到的环境。完善的家庭结构、良好的家庭人际关系、家长文化教育素养及对子女的教育观、教养方式，都会对幼儿身心发展产生深远的影响。

爱是家长与孩子之间最基本的要素，然而父母爱孩子，并不表示他们自然而然便成为合格的父母。爱应该以一种有益于孩子，同时父母也能做到的方式表达出来，在关怀中严格要求才是爱。家长在对幼儿的教养过程中，应该以身作则，应该信任、尊重幼儿；要尽可能地与幼儿沟通，分享经验，用心体察幼儿的生活；在沟通过程中尽可能用明确而富于鼓励的表达方式，对幼儿在行为上的变化也尽可能以诚实而明确的态度来处理，并创造一个民主、充满关怀的家庭环境。这需要家长做到以下几方面。

1. 给予孩子充分的抚爱

抚爱包含着体贴、关心、爱护等，它能带给幼儿满足与温暖，使幼儿体会到生活充满幸福与光明，从而心情愉快、积极向上，并且会深切真挚地去爱别人。爱是促使幼儿心理健康发展的动力。母爱是幼儿身心健康发展的精神支柱。不适当的母爱主要表现为溺爱，对幼儿一味迁就，缺乏严格要求，结果造成孩子骄横成性，散漫无羁，对父母及其他人漠不关心。

2. 提高孩子的自信心

缺乏自信的幼儿很难面对生活的困难与挑战；相反，过度的自信（自满）也会给生活带来麻烦。家长要做孩子的楷模，应该信心十足。不要碰到挫折就垂头丧气，应该接纳幼儿的挫败；不

应因为幼儿做得不好就斥责或处罚他，应该给孩子建立信心的机会，应该充分了解孩子的心理，有效地利用赞美的力量塑造幼儿的自信心；应该教给孩子与其他小朋友和谐相处之道，帮助孩子在各种场合下表现自如，从而获得他人的好感，形成良性循环，建立自信心。

3. 培养孩子乐于助人的精神

家长要帮助孩子了解如何助人，并鼓励他积极地去行动。幼儿喜欢模仿，潜移默化的作用胜于空洞的说教，父母身体力行地帮助他人会使孩子更有效地学习如何助人。充分利用各种机会，或给孩子创造机会，培养他们对周围人、事与情感的敏感性，并让他们将自己学到的知识经验应用于帮助别人的实际活动中。

4. 培养孩子的意志力

父母既要在孩子取得成功时赞美他，更要在他努力的过程中支持和鼓励他，在孩子遇到困难和遭受失败时更要积极帮助他，鼓励他坚持到底。

5. 培养孩子的独立能力

对孩子过分的保护，往往会妨碍其身心发展，使他们变得爱哭、胆怯、依赖心重、神经质，甚至不易与人接近。家长要让孩子自己动手处理自己的事情，而不要由家长包办代替。可以适当地让孩子帮忙做家务，使孩子有一种参与感，并从中体会工作的快乐。家长还应当注意培养孩子初步思考的能力。凡是孩子自己能够想的就应该让他自己去想，培养孩子独立思考的习惯和能力。

6. 给孩子适度的爱，不要给孩子施加过多的压力

对孩子的缺点，应实事求是地加以分析、开导。对孩子的要求不能过高过急，有点滴进步就应肯定和鼓励，使他们感受到关心和爱护。

7. 帮助孩子建立有节奏的生活

使孩子的生活有张有弛，劳逸结合，防止过分疲劳。如果为孩子建立有规律的外部生活节奏，那么一种内在的心理节奏也会在他们体内形成。如果每天定时吃晚餐，晚餐时间临近时，孩子的胃里分泌消化液就会加快。如果每天定时睡觉，那么当你做睡前准备工作，给他们讲故事、祈祷或读韵律诗的时候，睡意就会向他们袭来。他们的生理节奏和生物钟会自动做出调整，去适应这个规律。

（二）加强幼儿园的心理健康教育

人的心理发展是一个持续的由量变到质变的过程，前一阶段的心理发展必然会对后一阶段的发展产生影响。心理健康教育是从出生开始贯穿人的一生的教育。幼儿心理健康教育作为整个教育的基础和起点，重视和加强幼儿心理健康教育，是每一个幼教工作者实现“教书育人”宣言义不容辞的义务。因此，心理健康教育也应是一个持续的过程，不应割裂，从幼儿园、小学到中学、大学都应相互连贯、互相衔接，关注每一阶段的发展对个体终身发展的影响。幼儿园是幼儿从家庭迈向社会的第一步。幼儿园的教育尤其是心理健康教育至关重要。幼儿园的教师不仅要关心幼儿认知的发展，更应关心幼儿情绪和人格的健全发展，使幼儿成为全面发展的个体。幼儿园心理

健康教育主要分为初级预防、次级预防和诊断与治疗三个层次。

1. 初级预防

初级预防的重点是进行养成性教育，对象是全体幼儿。幼儿园要通过一些活动为幼儿提供有关心理健康的知识和体验，创造一个良好的心理环境，使幼儿能充分发展他们的潜能。直接面向幼儿的预防可以采取心理活动课、宣传画、故事等形式，面向家长和教师的预防可以举办有关幼儿心理健康的专题知识讲座等。

2. 次级预防

次级预防的重点是早期发现幼儿心理问题的征兆，以便及早对幼儿进行心理干预。对象是那些容易出现适应不良问题的或已有轻微心理问题的幼儿，通过与幼儿的直接接触或与教师、家长合作，以减少幼儿心理问题的发生和减轻问题的严重性。直接面向幼儿的工作主要有心理测验，心理咨询和心理训练，面向教师和家长的主要有座谈、家庭咨询和家长学校等。

3. 诊断与治疗

诊断与治疗的重点是进行危机调适，其对象是已经出现了心理问题和心理障碍的幼儿，应积极采取心理保健措施以及心理咨询、治疗技术，对他们的心理障碍实施有效干预。这种补偿性诊断和预防在幼儿时期的使用不仅重要，而且比等幼儿长大成人之后再进行干预效果更有效。直接面向幼儿的工作是个案研究和转介治疗，面向家长和教师的是危机救助和特殊训练，通过这种方式帮助幼儿尽快恢复正常。

（三）注重幼儿教师的作用

幼儿具有模仿性，幼儿教师的一言一行都会影响幼儿的发展。幼儿对教师的态度举止十分敏感，有的幼儿教师总认为孩子小，不懂事，在幼儿园里采取斥责、惩罚，冷漠的方法处理幼儿问题，这会对幼儿的心理健康极易造成负面影响。因此，幼儿教师应加强自我的心理卫生保健，提高自身的心理素质，加强业务学习，不断提高自己的教育能力和教育水平。幼儿教师应该保持对幼儿纯真的爱，使幼儿与你在交往中体验到关爱、安全感和亲近感，使幼儿保持积极愉快的情绪；在与幼儿的接触中，通过积极的带鼓励性的语言，如对幼儿的注视、微笑、点头、做肯定性手势以及身体接触，使幼儿有一种充分的被重视感和被接纳感。

（四）幼儿园、家庭和社区教育相融合

除家园合作外，还应建立幼儿园与社区的联系，依托社区优化教育环境，开展心理辅导，充分利用各种积极因素为培养和维护幼儿的心理健康服务。比如，可以通过家长学校开设有关幼儿和家长心理的讲座；开展亲子活动，加强家长与幼儿的沟通；开设家庭心理咨询，实现时空开放，积极利用社区心理卫生资源，努力形成一体化的教育网络，提高心理健康教育工作的综合水平等。

第三节 幼儿的心理问题与心理辅导

一、幼儿常见的心理问题

（一）幼儿多动综合征

幼儿多动综合征（简称多动症），是幼儿时期一种较常见的行为异常性疾患。患儿智力正常或接近正常，以难以控制的动作过多，注意力不集中，情绪不稳，冲动任性，并有不同程度学习困难为临床特征。国内外文献报道，多动症幼儿占学龄幼儿的 5% ~ 10%。发病与遗传、环境等有一定关系，是幼儿中最为常见的一种以注意力缺陷和活动过度为主要特征的行为障碍综合征，高峰发病年龄为 8 ~ 10 岁，多在 7 岁前就有异常表现，男性幼儿的患病率明显高于女性。多动症幼儿行为主要特征如下。

第一，活动过多。这种幼儿的多动与一般幼儿的好动不同的是，他们的活动是杂乱的、缺乏组织性和目的性的。

第二，注意力不集中。不能专注于一种活动，做事经常有头无尾，丢三落四。

第三，冲动行为。经常未经考虑就行动，在做集体游戏时，难以耐心等待。有时突然喊叫，袭击别人。

多动症可能有先天体质上的原因，也可能是不安环境引起精神高度紧张的结果。例如，父母经常干涉幼儿活动，批评指责过多，由此引起的焦虑会使幼儿发生分心、冲动与多动表现。

多动症可参考以下方法进行治疗。

第一，可以在医生指导下采用药物治疗。

第二，采用各种行为疗法，如强化奖励法、代币奖励法等也可以大大减少幼儿的多动与冲动行为，在强化程序上应多用连续强化，少用间歇强化。也就是说，当幼儿每次表现出良好的行为时，就给予强化，而不是表现多次良好行为之后才给予一次强化。

第三，自我教导训练方法，即发展幼儿的自我对话，加强内部言语对自身行为的引导与控制作用，用以处理幼儿冲动行为，可以获得明显的成效。

（二）焦虑症

焦虑症，又称为焦虑性神经症，是神经症这一大类疾病中最常见的一种，以焦虑情绪体验为主要特征。可分为慢性焦虑（广泛性焦虑）和急性焦虑发作（惊恐障碍）两种形式。主要表现为：无明确客观对象的紧张担心，坐立不安，还有植物神经症状（心悸、手抖、出汗、尿频等）。

注意区分正常的焦虑情绪，如焦虑严重程度与客观事实或处境明显不符，或持续时间过长，则可能为病理性的焦虑。

焦虑症有如下表现。

第一，情绪方面：紧张不安，忧心忡忡。

第二，注意力行为方面：注意力集中困难，极端敏感，对轻微刺激做出过度反应，难以做出决定。

第三，躯体症状方面：心跳加快，过度出汗。

在幼儿期最常出现的焦虑是分离焦虑。幼儿分离焦虑的表现主要是紧紧抓住父母不放，父母一离开就哭闹不停，或者在父母离开后行动迟缓，对外人感到恐惧等。分离焦虑在 3 岁前实际上是一种正常的情绪，但如果在幼儿期仍然保持着，则需要引起父母的重视，并采取有效的矫治方法。幼儿过度焦虑反应是幼儿情绪障碍的一种表现。当过度焦虑反应急性发作时，除焦躁、紧张等心理反应外，还伴有睡眠不安稳、做噩梦、说梦话、食欲不振，以及心慌、气促、汗多、尿频、头痛等植物神经功能失调症状。

幼儿的焦虑反应同患儿的焦虑性人格特质以及家庭、环境的影响有密切关系。患儿焦虑性人格的一些表现，如敏感、犹豫、缺乏自信等，往往在其父母身上也可以找到。家庭或学校教育中期望过高、要求过严等不适合幼儿自身发展水平的教育措施，也容易加剧幼儿的焦虑反应。

（三）强迫症

幼儿强迫症是以强迫观念与强迫行为为主要表现的一种幼儿期情绪障碍。不应把幼儿反复玩弄手指、摇头、走路时反复数栏杆看作强迫症，只有这些呆板、机械行为严重影响幼儿的正常生活时，才可以考虑是否患上强迫症，还要请专业的人员进行诊治。

强迫症有如下表现。

第一，强迫意念。患者对自己潜意识中的某种欲望、冲动或一种自知不该和没必要出现的想法失去了控制能力，虽企图摆脱，但已无法停止和除去这种不由自主的重复思索。

第二，强迫动作行为。强迫性动作是指患者在做某一行为时必须按照一套固定的先后次序，并重复做这一系列动作。如果出错或中间被打断，又要重新开始，直到患者满意为止。按某种规则或刻板程序做出重复的动作或活动，主要包括强迫洗涤、强迫检查、强迫定式动作等。

第三，强迫自我检查。患者不能控制地反复检查自己刚做过的事情，有些强迫症患者会重复检查数次乃至数百次，以证实房门是否已被锁上，作业是否正确，炉子是否已熄灭。

强迫症的原因包括：①社会心理原因，包括学习过度紧张，家庭要求过于严格，学习困难，人际关系不良；②个人原因，如胆小怕事、优柔寡断、偏执刻板。

强迫症的治疗方法：①可以在医生指导下采用药物治疗；②采用各种行为疗法，如暴露与阻止反应主要用于控制患儿的刻板行为；③建立支持性环境。家庭、学校和社会对于这样的幼儿要有宽容性的环境和释放压力的氛围。

（四）幼儿厌学症

厌学症又称学习抑郁症，是由于人为因素造成的幼儿厌恶学习的一系列症状。

幼儿出现厌学症的原因：①幼儿园教育的失误，如填鸭式教育；②家庭教育的不当；③社会不良风气的影响。

幼儿厌学症的治疗方法：①教师通过灵活多样的课堂教学活动和丰富多彩的第二课堂活动来调动幼儿的学习积极性；②家长需要改变自己的教养态度，采用民主式教养方式，建立和谐的家庭气氛；③纠正一些不良的社会风气，尽量减弱化解这些风气对幼儿的不良影响。

（五）人格障碍

人格障碍是长期固定的适应不良的行为模式，这种行为模式由一些不成熟、不适当的压力应对或问题解决方式所构成。“人格障碍”一词多用于成人，对于18岁以下的幼儿的类似行为表现通常称为人格缺陷、品行障碍或社会偏差行为。

人格障碍有很多种类型：①依赖性人格障碍。主要表现为被动的生活取向，不能决策或者接受责任，有自我否定的倾向。②反社会性人格障碍。有两个特点：一是缺乏对他人的同情心与关心，二是缺乏羞耻心与罪恶感。

人格障碍是个体先天素质与后天教养的产物。人格障碍一旦形成较难治疗，具体方法有：①采用观察学习的方法，为他们提供良好的行为范例；②奖励当事人的积极行为，惩罚他的消极行为；③改变家庭教养方式，创造民主的家庭氛围。

二、幼儿心理辅导

（一）心理辅导及其目标

在幼儿园开展心理健康教育有以下几条途径。①开设心理健康教育课程；②开设心理辅导活动课；③在学科教学中渗透心理健康教育；④结合班级、团队活动开展心理健康教育；⑤个别心理辅导或咨询；⑥小组辅导。

所谓心理辅导，是指在一种新型的建设性的人际关系中，辅导教师运用其专业知识和技能，给幼儿以合乎其需要的协助与服务，帮助幼儿正确地认识自己、认识环境，依据自身条件确立有益于社会进步与个人发展的生活目标，克服成长中的障碍，增强与维持幼儿心理健康，使其在学习、工作与人际关系各个方面做出良好表现。

心理辅导的一般目标包括两个方面。

一是学会调适，包括调节与适应。“适应”处理的是幼儿与周围环境的关系（包括人际关系）问题，调整的重点是幼儿的行为；“调节"处理的是个人内部精神生活各方面及其相互关系，调整的重点是幼儿的内心体验。

二是寻求发展，就是要帮助幼儿确立有价值的目标，担负起一定的责任，扩展生活方式，发展建设性人际关系，发挥主动性、创造性以及作为社会一员的良好的社会功能，过积极而有效率的生活。

这两个目标中，学会调适是基本目标，以此为主要目标的心理辅导可称为调适性辅导；寻求发展是高级目标，以此为主要目标的心理辅导可称为发展性辅导。简言之，这两个目标也就是要引导幼儿达到基础层次的心理健康与高层次的心理健康。

（二）心理健康的辅导模式

1. 心理健康辅导的指导模式

指导模式最初是指咨询者对来访幼儿的专业指导，之后随着教育实践的需要，指导内容的不断扩大，有关学习、适应和行为方面的问题也逐渐列入指导的范畴。因此，指导模式在今天的含义，实际是指辅导者在全面了解幼儿的心理、专长、兴趣、性格和其他人格特征的基础上，对幼儿学习、生活等方面进行的综合性指导。

综合起来看，指导模式具有下列几个特征。

第一，关心幼儿已经形成的稳定特征对当前行为的影响。

第二，把工作重点放在心理教师指导作用的发挥上，试图通过心理教师的丰富经验和专业知识帮助幼儿思考问题，做出抉择。

第三，指导模式重视幼儿解决问题和采取决定的技能训练，希望通过指导提高幼儿解决问题的本领，并将这种技能迁移到以后的学习和生活中。

2. 心理健康辅导的治疗模式

治疗模式是指在辅导过程中，辅导者站在医生的立场，对心理偏常的幼儿给予严格的心理诊断与耐心的心理治疗，并积极发挥治疗对象在治疗过程中的积极作用，以减轻幼儿的心理压力和精神痛苦，促进其心理功能的恢复和协调。心理学家罗杰斯的“以人为中心疗法”就是心理治疗的一种比较有影响的模式。这种治疗模式的特点如下。

第一，充分相信幼儿有自我实现的潜能，强调通过动员自身潜能来纠正不正常行动。

第二，强调教师与幼儿建立融洽关系，给以真诚、无条件的绝对尊重，这样才能使来访者自身潜力得以释放与发挥。

第三，采用非指导性技术。以幼儿为中心，少提问题，避免代替幼儿做决定，由来访者确定讨论的主题，咨询人员与幼儿共同讨论。在讨论过程中，咨询人员不做结论，不发命令。

第四，把重点放在幼儿当前的思维和情绪状况，耐心倾听，使其尽量表达和暴露自己，使幼儿充分体验到情绪和自我概念的不协调，从而促进改变。

第五，咨询成功的标志是幼儿人生态度的变化和生活能力的提高。

3. 心理健康辅导的发展模式

发展模式是指学校心理健康辅导遵循个体心理发展的一般规律，针对幼儿在不同发展阶段所面临的任务、矛盾和个体差异，促使其心理矛盾通过健康辅导得到妥善解决，心理潜能获得有效发挥，个性品质实现和谐发展，发展任务得以顺利完成。这一模式与前两种模式的主要区别在于其强调的重点不是当前发展障碍的排除和发展任务的解决，而是注重幼儿发展障碍的早期发现和预防，关注他们下一阶段发展工作的衔接和发展任务的准备。

4. 心理健康辅导的社会影响模式

社会影响模式是指在学校心理健康辅导中，辅导者应依据社会心理学关于人际交往和社会影响的原理，注重幼儿社会角色、性别差异、社会习俗等多种社会因素的影响，以及学校、家庭、社区等社会环境对辅导结果的影响，以便更好地提高辅导的成效，巩固辅导的成果。

（三）做好幼儿心理辅导工作的原则

要做好心理辅导工作，必须遵循以下基本原则：面向全体幼儿的原则、预防与发展相结合原则、幼儿主体性原则、尊重与理解幼儿的原则、个别化对待原则、整体性发展原则。

1. 面向全体幼儿原则

面向全体幼儿原则是指幼儿心理辅导要面向所有幼儿，而不仅仅是针对有心理问题的极少数幼儿。全体幼儿都是心理辅导的对象与参与者，这一原则已经成为心理辅导的一个基本要求。面向全体幼儿原则要求我们在制订心理辅导计划和确定心理辅导活动内容时要考虑大多数幼儿的共同需要与普遍存在的问题。组织团体辅导活动时，要创造条件，为尽可能多的幼儿提供参与和表现的机会，特别要给那些内向、腼腆、表达能力差、不太引人注目的幼儿提供参与和表现的机会。所有幼儿心理辅导工作的出发点都要有利于促进全体幼儿的发展和成长。

2. 预防与发展相结合原则

预防与发展相结合原则是指在幼儿心理辅导过程中既要帮助幼儿学会调适，防止心理疾病的产生，又要协助幼儿寻求发展，充分发挥个人的潜能，使幼儿达到心理健康。幼儿心理辅导工作应该主动采取，防微杜渐。心理辅导工作者平时应该针对正常幼儿主动开展各种适合其年龄特点的辅导活动，为幼儿成长提供有益的经验，增强其应付变化的能力。对于那些社会处境不利的幼儿、生活发生重大变化的幼儿，应该及早发现征候，重点实行早期干预。幼儿心理辅导工作应该在幼儿园教育的早期阶段就开始进行。初入学的幼儿可塑性强，有些看起来严重的心理或行为问题，在早期只要施以适当的辅导，便会有显著的改善。这比幼儿已经有了严重的心理疾患再进行治疗效果要好得多。

3. 幼儿主体性原则

幼儿主体性原则是指心理辅导工作者在心理辅导中要以幼儿为主体，所有工作以幼儿为出发点，使幼儿的主体地位得到实实在在的体现。这一原则集中体现了学校心理辅导的本质特征。在进行心理辅导时，不论采用何种方法，都必须以建立良好的关系为前提。辅导教师与受辅导者之间要建立起一种新型的、建设性的、具有辅导与治疗功能的人际关系，其主要特点是：积极关注、尊重、真诚与同感。同感是指辅导教师设身处地地去体会受辅导幼儿的内心感受，进入到他的内心世界之中。

4. 尊重与理解幼儿的原则

尊重与理解原则是心理辅导过程中对待幼儿态度应该遵循的基本原则。尊重，就是尊重幼儿的人格与尊严，尊重每个幼儿平等的权利。理解，则要求教师以平等的态度，按幼儿的所思所想、所作所为、所感受的本来面目去了解幼儿。做到了尊重和理解，师生之间达到心灵沟通，从而产生一种“遇到自己人”的感觉。只有教师尊重幼儿时，幼儿才会尊重自己，珍惜自己的成绩和进步，体验到做人的尊严感。而自尊、自重、自信正是健全人格的重要特征，是心理辅导追求的重要目标之一。幼儿如果被教师尊重和理解，他就会信任教师，愿意向教师倾吐内心的想法。这种良好的师幼关系，是心理辅导获得成效的基本条件。

5. 个别化对待原则

重视幼儿个别差异，强调对幼儿的个别化对待，是幼儿心理辅导的精髓。贯彻个别化对待原则，应注意对幼儿个别差异的了解。教师不但要了解幼儿的共性，更要注重了解幼儿的个别性、差异性；通过一对一、面对面的接触来真正了解一个幼儿，恰当处理幼儿的害羞、自卑、防卫心理带来的沟通障碍。对不同幼儿实行区别对待。心理辅导是一种颇具弹性的助人活动方式。我们要充分考虑幼儿的年龄特征、性别特征、个性特征，灵活应用心理辅导的通用原理，找出适合每个幼儿的处置方法，才能做到事半功倍。认真做好个案研究。个案研究是一种重视幼儿个别差异的辅导方法，对象是单个幼儿，通常是特殊幼儿。开展个案研究，积累个案资料，有利于深入探索个别化教育的经验，提高个别辅导的实效。制订个别化对待的特殊目标。个别化对待的特殊目标是针对个别幼儿的特殊问题，根据心理辅导过程中特定的要求所确定的不同层次的具体目标。

6. 整体性发展原则

心理辅导追求幼儿人格的整体性发展。从社会价值取向看，它重视幼儿德、智、体全面发展：从满足幼儿自我完善的需求看，它注重幼儿知、情、意、行几方面协调发展。心理辅导的对象是完整的活生生的人，而不是人的局部、人的智能侧面，或仅仅是人的心理障碍。

贯彻这一原则应考虑到树立幼儿个性全面发展的观念。不论从事哪一个领域的辅导，都要关注幼儿人格整体的完善。心理辅导涉及幼儿知识、社会技能、情感、态度等方面的学习，因此开展多种多样的活动就显得十分必要。

（四）影响幼儿行为的方法

1. 行为改变的基本方法

行为改变的基本方法主要有以下几种。

（1）强化法

强化法用来培养新的适应行为。根据学习原理，一个行为发生后，如果紧跟着一个强化刺激，这个行为就会再一次发生。例如，一个幼儿不敢同老师说话，学习上遇到了疑难问题也没有勇气向老师求教，当他一旦敢于主动向老师请教，老师就给予表扬，并耐心解答问题，这个幼儿就能学会主动向老师请教的行为方式，并会反复去运用。

（2）代币奖励法

代币是一种象征性强化物，小红花、小红星、盖章的卡片、特制的塑料币等都可作为代币。当幼儿做出我们所期待的良好行为后，我们发给数量相当的代币作为强化物。幼儿用代币可以兑换有实际价值的奖励物或活动。代币奖励的优点是：可使奖励的数量与幼儿良好行为的数量、质量相适应。

（3）行为塑造法

行为塑造指通过小步子不断强化逐渐趋近目标的反应，来形成某种较复杂的行为。有时候我们所期望的行为在某幼儿身上很少出现或很少完整地出现。此时我们可以依次强化那些渐趋目标的行为，直到恰当行为的出现。例如，有人曾用行为塑造法让一个缄默无语的孩子开口说话。

（4）示范法

观察、模仿教师呈示的范例（榜样），是幼儿社会行为学习的重要方式。模仿学习的机制是替代强化。由于范例的不同，示范法有以下几种情况：辅导教师的示范，他人提供的示范，电视、录像、有关读物提供的示范，角色的示范。

（5）暂时隔离法

当幼儿有不良行为发生后，我们将他立即置于一个单调、乏味的地方，直到定时器响了以后方可离开。暂时隔离意味着奖励、强化、关注、有趣活动的终止。实施暂时隔离法的要点是：①此法适用于纠正 2 ~ 12 岁幼儿的冲动性、攻击性、情绪性及充满敌意的不良行为；②选择一个无聊的、刺激单调而又安全的地方作为隔离地点；③使用定时器，隔离时间遵循“一岁一分钟”原则；④暂时隔离期间不与幼儿交谈和争吵；⑤定时器响后，立即结束隔离，并询问幼儿被隔离的原因，但不要求幼儿道歉与保证。

（6）自我控制法

自我控制是让当事人自己运用学习原理，进行自我分析、自我监督、自我强化、自我惩罚，以改善自身行为。从理论指导来说，它是一种经过人本主义心理学改善过的行为改变技术。其好处是，强调当事人（幼儿）个人责任感，增加了改善行为的练习时间。

2. 行为演练的基本方法

（1）全身松弛训练

全身松弛法，或称松弛训练，是通过改变肌肉紧张，减轻肌肉紧张引起的酸痛，以应付情绪上的紧张、不安、焦虑和气愤。

全身松弛法有不同的操作方式，紧张、松弛对照训练是最常见的一种。这种松弛训练法由雅各布松在 20 世纪 20 年代首创，经后人修改完成。其要点是，训练者要学会接受自身生理状态的信息，辨认肌肉紧张、放松的感觉，对肌肉做“紧张—坚持—放松”的练习，从紧张与放松的感觉对比中学会放松；对全身多处肌肉按固定次序依次放松，每日练习，坚持不断。

（2）系统脱敏法

系统脱敏的含义是，当某些人对某事物、某环境产生敏感反应（害怕、焦虑、不安）时，我们可以在当事人身上发展起一种不相容的反应，使对本来可引起敏感反应的事物不再发生敏感反应。例如，一个幼儿过分害怕猫，我们可以让他先看猫的照片，谈论猫；再让他远远观看关在笼中的猫，靠近笼中的猫，逐步消除对猫的惧怕反应。这就是“脱敏”。

（3）肯定性训练

肯定性训练，也叫自信训练、果敢训练，其目的是促进个人在人际关系中公开表达自己的真实情感和观点，维护自己的权益也尊重别人的权益，发展人的自我肯定行为。自我肯定行为主要表现在三个方面：①请求。请求他人为自己做某事，以满足自己合理的需要。②拒绝。拒绝他人的无理要求而又不伤害对方。③表达真实地表达自己的意见和情感。

肯定性训练是通过角色扮演以增强自信心，然后再将学得的应对方式应用到实际生活情境中。通过训练，当事人不仅减低了焦虑程度，而且发展了应付实际生活的能力。

3. 改善幼儿认知的方法

心理学家艾里斯曾提出合理情绪疗法。他认为，人的情绪是由人的思想决定的，合理的观念导致健康的情绪，不合理的观念导致负向的、不稳定的情绪。人有许多非理性的观念，如我“必须”成功并得到他人赞同，别人“必须”对我关怀和体贴，事情“应该”做得尽善尽美，课堂上回答问题有错误是很糟糕的事等。他提出了一个解释人的行为的 ABC 理论。

A：个体遇到的主要事实、行为、事件；

B：个体在遇到诱发事件之后相应而生的信念，即他对这一事件的看法、解释和评价；

C：特定情景下，个体的情绪及行为结果。

我们的情绪反应 C 是由 B（我们的信念）直接决定的。可是许多人只注意 A 与 C 的关系，而忽略了 C 是由 B 造成的。B 如果是一个非理性的观念，就会造成负向情绪。若要改善情绪状态，必须驳斥非理性信念（D），建立新观念并获得正向的情绪效果，（E）这就是艾里斯理性情绪治疗的“ABCDE”步骤。理性情绪治疗是一项具有浓厚教育色彩的心理治疗法。

第八章 幼儿的个别差异与教育

第一节 幼儿智力差异与教育

一、智力与智力测量

智力也叫智能，是人们认识客观事物并运用知识解决实际问题的能力。智力包括多个方面，如观察力、记忆力、想象力、分析判断能力、思维能力、应变能力等。

智力发展水平的高低通常用智力商数（IQ）来表示。为了对人类的智力水平做定量分析，心理学家创造了许多测量工具，这些测量工具被称作智力量表。

世界上最著名的智力量表是斯坦福·比纳量表（简称S–B量表）。该量表最初由法国人比纳和西蒙编制，后来由斯坦福大学的推孟做了多次修订而闻名于世。斯坦福·比纳量表所采用的是比率智商，即用智力年龄和实际年龄的比值来反映智商，其公式为：

IQ=（智力年龄 / 实际年龄）×100

上述公式中的实际年龄指从出生到进行智力测验时的年龄，即用测验年月日减去出生年月日所得的年龄，简称“实龄”或“CA”。智力年龄（简称“智龄”或“MA”）是根据智力测验计算出来的相对年龄。

美国的韦克斯勒编制了另外一套量表。该套量表仍采用智商的概念，但这里的智商是以同年龄组被试的总体平均数为标准确定的，称为离差智商。离差智商假定同年龄组测量成绩总平均数为100，用个人实际得分与总平均数比较，确定其在同龄组内所处的相对位置，以此判定其智力水平。在采用标准分表示智商的正态分布时，智商的平均数为100，标准差为15，将个人测验上的原始分数转化为IQ的公式为：

IQ=100+15×（个体测验分数 – 同年龄组的平均分）+ 同年龄组的标准差

二、幼儿智力差异

幼儿智力的个体差异有多种表现形式，它既可表现在水平的高低上，又可表现在结构的不同上，还可表现在发展与成熟的早晚上。

（一）智力水平差异

心理学的研究表明，在全部人口中，智力水平分布呈现两头小、中间大的常态分布。从下表可见，智力超常和智力落后的人是少数，大部分是智力中等的。

智力超常幼儿是指智力发展大大超过同年龄水平的幼儿。在心理学中，一般把智商（IQ）在120以上的幼儿，或在音乐、绘画、诗歌、戏剧、体育等方面有突出表现的幼儿，称为某方面的超常幼儿。智力超常幼儿一般有旺盛的求知欲、广泛的兴趣、敏锐的观察力、高度集中的注意力和较强的记忆力，进取心强、思维敏捷、理解力强、想象力丰富。

智力落后幼儿是指智力发展处于持续性迟缓状态，因而其智力水平和智力功能低于正常水平并有相应的行为障碍的幼儿，也称低常幼儿或智能落后幼儿。智力落后幼儿的感知觉发展缓慢、记忆力和抽象思维力差、想象力贫乏、语言表达能力差、对语言的理解和运用能力均有缺陷。智力落后幼儿在个性心理上也比正常幼儿更脆弱易沮丧，对他人常抱有敌意，情绪紧张、压抑，缺乏自信和灵活性。

智力超常幼儿和智力落后幼儿虽属少数，但由于他们各自具有与一般幼儿显著不同的特点，常常引起教育和心理学工作者的重视。

（二）智力结构差异

智力结构差异主要是指由于构成智力的基本因素不同而产生的不同的智力类型。传统智力理论认为语言能力和数理逻辑能力是智力的核心，智力是以这两者整合方式而存在的一种能力。20世纪80年代哈佛大学认知心理学家加德纳所提出的多元智能理论对传统观念提出了挑战。他认为智力的内涵是多元的，而不是单一的，它由七种相对独立的智力成分所构成。

第一，语言文字智能（verbal-linguistic intelligence）是指有效地运用口头语言或书写文字的能力。这项智能包括把文法、音韵学、语义学、语言实用学结合在一起并运用自如的能力。

第二，数学逻辑智能（logical-mathematical intelligence）是指有效地运用数字和推理的能力。这项智能包括对逻辑的方式和关系、陈述和主张、功能及其他相关的抽象概念的敏感性。

第三，视觉空间智能（visual-spatial intelligence）是指准确地感觉视觉空间，并把所知觉到的表现出来的能力。这项智能包括对色彩、线条、形状、形式、空间及它们之间关系的敏感性，也包括将视觉和空间的想法具体地在脑中呈现出来，以及在一个空间的矩阵中很快找出方向的能力。

第四，身体运动智能（bodily-kinesthetic intelligence）是指善于运用整个身体来表达想法和感觉，以及运用双手灵巧地生产或改造事物的能力。这项智能包括特殊的身体技巧，如平衡、协调、敏捷、力量、弹性和速度以及由触觉所引起的能力。

第五，音乐旋律智能（musical-rhythmic intelligence）是指察觉、辨别、改变和表达音乐的能力。这项智能包括对节奏、音调、旋律或音色的敏感性。

第六，人际关系智能（interpersonal intelligence）是指察觉并区分他人的情绪、意向、动机及感觉的能力。这包括对脸部表情、声音和动作的敏感性，辨别不同人际关系的暗示以及对这些暗示做出适当反应的能力。

第七，自我认知智能（intrapersonal intelligence）是指有自知之明并据此做出适当行为的能力。这项智能包括对自己有相当的了解，意识到自己的内在情绪、意向、动机、脾气和欲求以及自律、自知和自尊的能力。

（三）智力表现早晚的差异

智力发展与成熟早晚也存在明显的年龄差异。有的人在幼儿时期就显露出非凡的智力和特殊能力，这就是“人才早熟”或“早慧幼儿”。白居易5岁能作诗，莫扎特6岁主演音乐演奏会，高斯3岁会计算，据调查，智力的早期表现比较容易在音乐、绘画、诗歌等领域出现。

智力表现也有“大器晚成”的现象，即有的人的才能一直到很晚才表现出来。如齐白石40岁才表现出他的绘画才能。

三、幼儿智力差异的教育启示

3～6岁幼儿的智力发展已表现出差异，如有的幼儿学习速度快，一教就会；有的学习速度较慢，需要适当的方法和充分的时间；有的幼儿擅长语言，有的擅长音乐，有的擅长空间或视觉等。但幼儿智力的发展还很不稳定，具有很大的可变性和可塑性。因此，教师应该结合幼儿的智力发展特点和生理发展特点，更好地认识幼儿的智力发展状况并尊重这些差异，充分发挥幼儿多方面的潜能。

（一）促进智力领域全面发展

人的智力领域是多方面的，人们在解决实际问题时所需要的智力也是多方面的。但在现代幼儿教育中，许多幼儿园的教学方式都非常注重发展幼儿的言语智力和逻辑—数学智力，在其他智力领域的发展上往往是引导和重视不够，甚至忽略，造成幼儿早期智力发展的不平衡性。因此，教师应该向幼儿展示多方面的智力领域，依照幼儿心理形成和发展的基本规律，为所有的幼儿提供丰富多彩的环境刺激，并进行有目的、有计划、合理的早期教育，促进幼儿智力更早、更快、更平衡、更全面地发展。

（二）提供多元化的智力发展方式

由于幼儿是通过和环境相互作用的活动来表现和运用智力的，因此要发展幼儿智力，就需要设计多元化的游戏和活动。在幼儿教育理论的指导下设计并组织有关多种基本概念和基本知识的团体教育活动，从不同的角度、通过不同的活动帮助幼儿理解同一概念或同一知识，有助于充分调动幼儿的多方面潜能，提高教学活动的质量。

（三）注意发展优势智力领域

从加德纳多元智力理论中，我们可以体会到充分展示幼儿的个性和特殊才能的重要性。每一位幼儿都有相对而言的优势智力领域，同时，幼儿各种智力要素的发展尤其是优势智力领域的充分发展有赖于环境和教育的影响。只有在有目的、有计划、有组织的教育活动中，在对丰富的教育材料的接触和运用中，幼儿的智力潜能特别是优势智力潜能才能得到最大化、最优化的发展。所以，教师应该通过多种途径和活动发现幼儿的优势智力领域并加以挖掘和发展。

（四）促进学习迁移，实现扬长补短

每一个幼儿都有自己的优势智力领域和弱势智力领域，教师应该在充分认识、肯定和欣赏幼儿优势智力领域的基础上,鼓励和帮助幼儿将自己优势智力领域的特点迁移到弱势智力领域中去。引导幼儿将自己的优势智力领域中表现出来的智力特点和意志品质，即长久的注意力、积极主动的思维活动和较好的克服困难的意志品质，迁移到弱势智力领域，从而使自己的弱势智力领域也得到最大化的发展，做到扬长补短。

（五）提倡有针对性地对待特殊幼儿

对智力超常幼儿的教育要适当，不能操之过急，揠苗助长。要注意全面发展，也要发挥特长。可以在接受常规教育的前提下给予个别化的指导，允许进入特殊班级或特长班，可以提前入学或跳级。教学的内容可以适当扩展，教学的进度也可以适当加快。

对于智力落后幼儿，应考虑其差异性。对于轻度智力落后幼儿，采取适合其智力水平的教育措施，使其智力进一步发展并达到适应社会要求的水平。如果对他们更加爱护、关心，提供更多具有变化、富有刺激的环境，轻度智力落后是能够通过有效训练而好转的。同时，可以为智力落后幼儿设立特殊班级或专门学校，集中教育，进行系统的、有针对性的教学。如有的幼儿抽象概括思维能力特别差，因而数学能力差，在教育过程中就应该着重培养抽象概括能力。

总之，要深刻地认识和领会幼儿智力个别差异的发展特点，掌握其活动规律，因势利导，扬长补短，全面提高教育教学质量，提高幼儿智力的发展水平。同时，要看到每个幼儿的潜能是不同的，要使每一个幼儿都生活在教师的欣赏、尊重之中，逐步提高幼儿的自尊心和自信心。

第二节 幼儿的人格差异与教育

一、幼儿的气质类型差异及教育

气质是个体与生俱来的心理活动的动力特征，对一切行为活动都发挥着不可忽视的影响。不同气质类型的幼儿具有不同的反应速度、内外向性、感受性、兴奋性、灵活性等气质特征。这些气质特征会影响到幼儿学习的积极性、主动性、情绪体验以及学习的效果等。在幼儿教育中应针对幼儿气质差异因材施教。

（一）气质的类型

古希腊医生希波克拉底很早就观察到人有不同的气质，他认为人体内有四种体液：血液、黏液、黄胆汁和黑胆汁。希波克拉底根据人体内的这四种体液的不同配合比例，将人的气质划分为四种不同类型：多血质、胆汁质、抑郁质、黏液质。我们可以通过幼儿行为、言语、情绪和认知活动中的表现判断其偏向于哪种气质类型。

1. 胆汁质

这类幼儿精力充沛，反应迅速，热情积极，脾气急躁，容易冲动，情绪明显表露于外，但持续时间不长。具体的行为表现有：喜欢活动量大的活动，玩创造性游戏；上课时坐不住，随便站起来或在椅子上乱动，常常发出叫声，即使老师对他有所示意，他仍然克制不住；对老师的提问常常没有听清楚就急着回答，因此常常答非所问；画画或者搭积木时，开始时很认真，但稍不合意就把纸撕破或者把积木推倒。

2. 多血质

这类幼儿思维灵活，反应迅速，活泼好动，充满朝气，喜欢交往，情感外露，缺乏忍耐力和毅力，注意力不稳定。具体的行为表现有：理解事物快，上课积极举手发言，并基本上能做出较好的回答；每次学新课程，总是班里学得最快的；对感兴趣的课能长时间集中注意，对不感兴趣的课不能集中注意，但老师稍一示意，即能克制自己；能较快地适应不熟悉的环境，不管遇到熟悉的人还是陌生人都能主动地打招呼；喜欢和小朋友一起玩，并很善于和小朋友交往，在游戏中常常当小领袖。

3. 黏液质

这类幼儿自制、有耐性，安静稳重，反应缓慢，沉默寡言，交际适度，能克制自己，内心少外露，注意稳定但不容易转移，灵活性不够。具体的行为表现有：上课不主动回答问题，但老师点名叫他会回答得很好；往往最后一个交作业，其他小朋友都出去玩了，也不受影响；与小朋友交往很少发生冲突，不爱告状，也不爱表现自己；如果受了委屈，半天情绪都不好；上课注意力集中，能够很长时间地坚持从事某一项活动，在坚持性的测查中，他坚持的时间比同班幼儿长；对经常从事的、已经习惯的活动表现出极大的热情，但不易习惯新的活动。

4. 抑郁质

这类幼儿行为孤僻，反应迟钝，有较高的感受性，善于觉察他人不易察觉的细节，情绪反应深刻、持久，但不表现于外，具有内倾性。具体的行为表现有：不喜欢说话，喜欢一个人玩，更不易与陌生人接触；参加集体活动不积极；对喜欢的老师也不以言语来表示好感；受到表扬时，没有明显表示，老师略加批评就很难为情，且持续很长时间；起床时，穿衣动作缓慢；上课时很安静，总是一个姿势坐着，动手、动笔的速度也很慢。

在现实生活中，并不是每个幼儿的气质都能归入上述某一典型的气质类型当中。除了上述四种典型的气质类型外，还有相当部分的混合气质类型，即具有某一种气质类型的特点，同时又具有其他气质类型的一些特点。

（二）不同气质类型幼儿的教育策略

1. 胆汁质幼儿的教育策略

对待这类幼儿，教师应该要注重耐心、平静以及严格，既要让他们有所触动，又要避免激怒他们；既要着重培养他们勇于进取的品质，又要防止任性、粗暴，要教会他们自制，养成安静守纪的习惯；可将要求细心、耐心完成的任务交给他们，帮助他们趋避急躁、易情绪化的特点；适时地提醒他们尽量理性地控制自己的情绪；当他们犯了错误时，不应当众严厉指责，而应等幼儿冷静后以道理服之，给他们更多反思、自检的机会；同时，要经常对这类幼儿进行检查、认同与鼓励，让他们在学习上更有动力，完成任务时更有坚持到底的毅力。

2. 多血质幼儿的教育策略

在对待多血质类型的幼儿时，可以以较为轻松愉悦的态度对待，注意培养孩子活泼开朗、朝气蓬勃的良好特点；但也应严格要求，帮助他们提高耐心、细致方面的心理修养，如参与活动时，要求他们由简单的事情做起，逐渐提高难度与工作时间并及时检查并给予肯定，克服他们做事虎头蛇尾、有始无终的缺点；可以为他们提供更多需要集中思考与用心感受的机会，安排一些相对安静的游戏和活动，锻炼他们的钻研精神，让他们的注意力更集中，同时学会控制以及表达自己的感情与情绪等；在给予他们肯定的同时，应让他们总结发现自己存在的问题与不足，努力改进。

3. 黏液质幼儿的教育策略

针对黏液质的幼儿，教师应保持轻松愉悦、幽默的课堂氛围，鼓励他们多发言、多与同学及新事物接触，用各种方式让他们多接触并接受新事物，努力发现并提出自己的新观点；应以足够的热情与耐心引导和鼓励幼儿积极参与各项活动，给予他们更多与人交流、发言表演的机会；注意培养其敏锐的反应、果断的作风；当孩子完成某项活动时，及时鼓励、赞赏，同时提出进一步的要求；当他们犯错时不应斥责，应耐心讲道理，说服和教育他们。

4. 抑郁质幼儿的教育策略

对待这类幼儿，教师应以亲切、温和的态度，多鼓励他们参与各项活动并给予更多的帮助；增强他们的适应能力，耐心启发他们；鼓励他们多与其他的幼儿玩耍、交流，为他们提供表演或展示自我的机会，逐步锻炼他们的勇气与信心；当他们犯错误时，应尽量避免在公开场合批评他们，应在别人不注意时，亲切而又轻描淡写地说明错误的所在，并鼓励他去改正，不能流露出厌烦情绪，而是更多地支持与肯定，使之有信心。

综上所述，不同气质类型的幼儿需要运用不同的教育方式。幼儿教师在教育过程中，要了解每个幼儿的气质类型，帮助他们发挥气质的优势，努力克服消极的一面，这样才能更好地发挥幼儿自身的优势与潜能。

二、幼儿的性格差异及教育

性格指个体在生活过程中形成的对现实的稳定的态度以及与之相适应的习惯化的行为方式。性格具有直接的社会意义，不同性格特征的社会价值是不一样的。因而，性格便成为人与人相互区别的主要方面，是人格的核心。

（一）性格的特征

第一，对现实态度的性格特征，包括对社会、集体、他人的态度，对劳动、工作和学习的态度，对自己的态度等。

第二，性格的理智特征，是指人在感知、记忆、思维、想象等认识过程中所表现出来的习惯化了的行为方式。

第三，性格的情绪特征，指个体在情绪活动时的强度、稳定性、持续性以及主导心境等方面表现出来的个别差异。

第四，性格的意志特征，主要表现在个体对自己行为的控制和调节方面的性格特征，如自觉性、果断性、自制力以及坚韧性等方面的特征。

（二）性格的类型差异

性格类型是指一个人身上所有的性格特征的独特结合，许多心理学家都试图划分性格的类型。

第一，依据个人心理活动倾向于外部还是内部，把人的性格分为外倾型与内倾型两类。内倾型的人不易适应环境，喜欢独处，不善于交际；安静，办事稳妥；不轻易相信别人。外向的人动作反应、言语反应、情绪反应均倾向于外；对人和事物能很快熟悉、适应；反应敏捷，情感外露，喜欢言谈，喜欢和他人交往；做事不太精细。

第二，依据一个人独立或顺从的程度，把人的性格分为独立型和顺从型。顺从型的人独立性差，易受暗示，经常照别人的意见办事，不善于适应紧急情况。独立型的人善于独立发现问题和解决问题，在困难情况下不慌张，能独立发挥自己的力量。

（三）不同性格类型幼儿的教育策略

幼儿期是幼儿性格形成的奠定时期，但性格的发展还未定型，具有很强的可塑性。性格影响幼儿的学习方式，同时也作为动力因素影响学习的速度和质量。因此，教师更应重视性格因素的作用，使教育内容的选择和组织更好地适应幼儿的性格差异，教育本身应涵盖对被教育者的个性化考量，以使教育内容及方式不断的趋于完善。

首先，要关注到每个孩子，尤其是安静、听话的孩子。班里总有活泼的孩子和安静的孩子。活泼的比较活跃，老师关注比较多。但是对于一些听话的孩子，老师也要给予关注，不能因为孩子的安静、听话而对其视而不见，在活动中应给予鼓励。

其次，设计动静结合的活动过程。考虑到幼儿不同的性格特点，幼儿活动课程应该既有动态活动又有静态活动过程，要动静结合，最好是在动态活动中同时考虑幼儿休息、静态休养的需要；要安排集体活动，也要安排个人自由活动。

再次，对于具有不良性格品质的幼儿，教师应了解这种性格形成的原因，并采取正面教育、启发诱导的方法，指出缺点，提出积极的要求，激起他们改正缺点的主观愿望。

第三节　幼儿认知风格、学习风格的差异及其教育

一、幼儿认知风格差异

认知风格，又称认知方式，指个体在信息加工过程中表现在认知组织和认知功能方面持久一贯的特有风格。它既包括个体知觉、记忆、思维等认知过程方面的差异，又包括个体态度、动机等人格形成和认知能力与认知功能方面的差异。幼儿认知风格的差异主要表现在场独立型与场依

存型、冲动型与沉思型、辐合型与发散型、整体型与分析型等方面。

（一）场独立型与场依存型

根据人对外界环境依赖程度的不同，可将认知风格分为场独立型和场依存型。场独立型，即信息加工时，对内在参照有较大的依赖倾向，心理分化水平较高，主要依据内在的标准或内在参照，与人交往时，不够细心，不能体察入微。场依存型，即信息加工时，对外在参照有较大的依赖，心理分化水平低，处理问题时往往依赖于“场”，与别人交往时能考虑到对方的感受。

（二）冲动型与沉思型

在解决认知任务时，有些幼儿倾向于很快地检验假设，急于给出问题的答案，他们不习惯对解决问题的各种可能性进行全面考虑且在思维过程中常常出错，这种认知方式被称为冲动型认知风格。另一些幼儿总是倾向于谨慎、全面地检查假设，深思熟虑，在确认没有问题的情况下才会给出答案且错误较少，这种认知方式被称为沉思型认知风格。冲动与沉思的标准是反应时间与精确性。

（三）辐合型与发散型

据美国的吉尔福特研究，辐合型认知风格是指个体在解决问题过程中常表现出辐合思维特征，表现为搜集或综合信息与知识时，运用逻辑规律缩小解答范围，直至找到最适当的唯一正确的解答。而发散型认知风格则是指个体在解决问题过程中常表现出发散思维的特征，表现为个人的思维沿着许多不同的方向扩展，使观念发散到各个有关方面，最终产生多种可能的答案而不是唯一正确的答案，因而容易产生有创见的新颖观念。

（四）整体型与分析型

整体型认知风格的幼儿倾向于领会情境的整体，对情境能够有一个整体的看法，重视情境的全部，对部分之间的区分是模糊的或者不区分部分。分析型认知风格的幼儿把情境看作是部分的集合，常常集中注意于一两个部分而无视其他方面，可能曲解或夸张部分，倾向于把信息组织成轮廓清晰的概念集。

二、幼儿学习风格差异

学习风格又称学习类型或学习方式，是指人们在学习时所偏爱的方式，换句话说就是学习者在研究和解决其学习任务时，所表现出来的具有个人特色的方式。学习风格没有优劣好坏之分，只是表现为学习者对信息加工方式的某种偏爱。综合分析，学习风格的特点表现在如下几方面。

第一，学习风格直接参与学习活动。学习活动的进行必须借助于学习风格的中介作用，并且学习风格会在很大程度上影响学习效果。

第二，学习风格是个人对学习情景的特殊反应倾向或习惯方式。由于个体身心特点的差异，不同的人对学习刺激会表现出不同的偏向和习惯方式，如有的人喜欢合作学习，有的喜欢独立学习；有的人对听觉刺激较敏感，有的则喜欢视觉刺激。

第三，学习风格的差异通过个体的认知、情意、行为习惯等方面表现出来。

第四，学习风格具有独特性和稳定性。每个人的学习方式都有其特殊之处，表现出人与人之间学习风格的独特差异；学习风格又是人们惯常采用的学习方式，所以又具有一致性和稳定性的特点。

我们将幼儿的学习风格分为以下五种：视觉型学习者，当学习内容以图像形式出现时，学习得最好；听觉型学习者，通过音乐和谈话学习得最好；身体型学习者，在能全身运动、体验和实验时，学习得最好；书面型学习者，喜欢阅读，喜欢从书本上学习知识，偏好自己阅读，不愿意别人解释；群体互动型学习者，偏好讨论和需要大家一起参与的活动，喜欢交换意见。虽然这五种学习风格都有可能为每个幼儿所使用，但使用的程度和效率会存在差异，因此，教师要认真观察研究和尊重每一位幼儿的学习风格。

三、幼儿认知风格、学习风格差异的教育启示

（一）教会幼儿用自己的方式学习

每个幼儿都是天生的学习者，教会幼儿用自己的方式学习很有必要。如对于视觉型幼儿，书桌保持整洁，只留必要用具以免分心；当孩子阅读时，可利用各种不同颜色笔做标记、画重点，也可以让他边读边做笔记；可以用卡片来帮助孩子学习，比如为不同的科目或不同的目的制作不同的卡片，以便随时查阅。对于听觉型幼儿，可以用含有节奏和韵律的儿歌或者诗词帮助他们更快地记忆；大声朗读有助于听觉型孩子对概念有更好的理解；提供一个相对安静的学习场所，以便帮助孩子集中注意力，周围环境嘈杂时，可用一些无主题的轻音乐隔离噪音。面对动觉型幼儿则可以鼓励他们充分利用各种感官如嗅觉、味觉、触觉去认识新事物；勤动手整理笔记；多通过比画手脚的方式去记忆；多动手做实验；积极参与活动课。以上这些只是相对而言，对于没有明显学习风格的幼儿，应建议他们在学习中去尝试各种方法，逐步形成适合自己的学习体系。

（二）利用多种信号刺激幼儿的感官

现行幼儿教材材料充实，图文并茂，具有较强可读性，应引导幼儿去寻找并圈画关键画面和词句，以达到幼儿慢慢会主动去做；运用多媒体和网络技术，用文字、图像、动画等多种信号刺激幼儿的感官，生动地再现事物发生、发展的过程，创设用语言难以描述的情境。

（三）开展活动，重视体验

把课堂的主动权交还给幼儿，解放幼儿的头脑、双手、眼睛、嘴巴、空间和时间，这是新课程的要求。重视幼儿实践以及幼儿对活动过程的亲历和体验。通过布置幼儿收集资料，表演小品、演讲比赛，参观相关场所，观看电影、图片展，开展社会调查等，让幼儿在活动中体验，在体验中反思，在体验和反思中践行规范，促进思想品德的形成和发展。

（四）创设平等交流的课堂环境

对于不同认知风格的幼儿来说，课堂环境是否开放、平等十分重要，决定着幼儿是否能流畅地表达和感知。因此，幼儿教师要努力营造融洽的师生关系，实施民主教学，平等地对待每一个幼儿，充分信任每一个幼儿；要鼓励幼儿大胆表达，让每个幼儿能说、要说、敢说、会说，让课

堂成为他们思维自由驰骋的原野；同时，可以采用小组合作学习的形式，让幼儿进行讨论和辩论，给每个孩子展示和表达的机会。

第四节 幼儿性别差异及教育

一、幼儿性别差异

所谓性别差异有广义、狭义之分。广义的性别差异是指男女两性在生物学、心理学、社会学等方面的不同特点；狭义的性别差异是指男女两性在心理学、社会学方面的不同特点。这里采取更狭义的界定，专指男女两性在心理学方面的不同特点。幼儿的性别差异具体体现在如下几方面。

（一）能力方面的性别差异

在身体发育方面，女孩比男孩发育要快，成熟得早些。学龄前的女孩比男孩更善于跳跃，做节律运动，保持平衡。之后，男孩会在跑、跳、投等方面超过女孩，女孩则仍在单脚跳方面保持优势。就脑发育而言，由于女孩的大脑发育（特别是大脑左半球）比男孩早，使得女孩比男孩具有更强的表达能力和更高的交往水平，在智力发展的某些方面比男孩快一些。大部分女孩开口说话比男孩早，在遣词造句方面也比男孩要早些、好些。女孩说话时句子更长些，阅读和写作也要比男孩早，她们在语法和写字方面也更胜一筹。在数学方面，从童年到少年，女孩的算术比男孩强。可在此之后，男孩在数学推理方面就要略显优势。几乎每个年龄段的男孩都显示出胜于女孩的空间想象力。创造能力方面，无论是创造性意识，还是创造性思维或是创造的行为活动，也逐渐显示出男孩总体水平的优势。从智力的总体水平看，男女不存在性别优劣问题，但男生在智力层次分布上，表现出离散性的特点，女生相对均衡，也就是说，男生智力发育很好和很差的两端都比女生多。

（二）性格方面的性别差异

2～3岁以后，当幼儿开始有了自己的性别认同时，两性幼儿的心理发展进入了一个明显分化的阶段，即幼儿的心理和行为开始逐渐向自己的性别角色定型靠拢。例如，3岁幼儿不仅能够分辨自己和别人的性别是男还是女，还懂得不少关于自身性别角色应有的活动和兴趣，只是这些认识还比较刻板。到了5岁左右，幼儿不仅开始认识到一些与性别有关的行为表现规则，像男孩要胆子大、不能哭，女孩要文静、不能粗野等，而且幼儿心理活动及其行为方式的观察和模仿对象也出现明显的性别差异，从而使幼儿心理发展上的分化日益明显。例如，菲格特、雷拜彻和哈根的研究发现：曾经是两性幼儿共同特征的攻击性行为，在获得性别认同的幼儿中出现了明显的性别差异，即当与他人发生冲突时，男孩更多地采用攻击性的行为方式，更多地使用生硬、专断、苛求和命令等言辞。再如，萨尼（Saarni）在一项研究中，就一个引发消极情绪的事件让幼儿提出最好的应付策略，结果发现男孩更多地选择愤怒反应；该研究对其原因的进一步分析发现，似乎男孩觉得他们在表达愤怒的方式的选择上较少受限制，而且他们更多地考虑如何使自己心里更舒服。

（三）同伴交往方面的性别差异

随着幼儿年龄的增长，特别是进入幼儿园的集体生活以后，同伴之间的交往对幼儿性别角色发展的影响日益明显。许多研究表明，在幼儿园的同伴交往中，幼儿对行为方式与性别角色定型之间的关系有着较为明晰的认识。从事、仿照、偏好同性的角色定型行为，往往是被同性伙伴接纳、认同、赞赏的有效方式；而从事、仿照、偏好异性的角色定型行为，常常会遭到同性伙伴的讥讽、嘲笑、拒绝。例如，菲格特等人通过记录幼儿园环境中的幼儿行为，考查了同伴交往中的行为强化，发现男孩之间强化的行为更多地与爬高、玩沙子、骑车、搭建筑积木、玩交通游戏等相关；女孩之间强化的行为则更多地与过家家、洋娃娃、橡皮泥、听故事、画画、手工活动等相关。另外，大众传媒中的性别角色行为和倾向，也会通过同伴之间的交流和模仿对幼儿心理发展的性别角色定型产生重要影响。特别是电视、电影中主要人物的行为方式和个性特征，立刻会成为幼儿在同伴交往中津津乐道的主题和积极仿效的对象，进而对幼儿心理发展的性别角色定型产生强化作用。

二、幼儿性别差异对教育的启示

性别的生理差异与生俱来，但两性心理发展所存在的客观差异并非先天固有的，也不是一成不变的。因此，既要承认性别差异给幼儿身心发展带来的特点，又要明确男女幼儿能力发展能达到的高度是相同的，关键是教育要切合幼儿实际，有效促进其发展。

首先，幼儿教师性别单一或性别比例严重失调，不利于性别角色的发展。在幼儿园阶段，女孩容易获得教师认同，受到偏爱，被教师接纳；男孩较难找到认同的楷模。同时，由于幼儿园男教师屈指可数，他们的地位往往优越于女教师，这会使女生产生“女不如男”的自卑感，男生则有优越感。因此，应该改变幼儿教师队伍的性别结构，如将优秀男性人才引入幼儿园，增加女性优秀人才到幼儿园任教等，以利于幼儿的性别角色认同学习和性别角色互补学习。

其次，幼儿教师的教育理念和实际行为矛盾，有碍于性别角色的发展。一项调查发现，“父母和老师们的教育观念逐渐发生了变化，他们期望男孩、女孩能自由发展，鼓励他们去参加异性的活动，去尝试更多的生活经验。”可是，在实际行为中表现为不自觉地受性别刻板印象的影响，从教学内容、教学方式到具体的一些活动都对男女的性别有所暗示。例如，教师往往把火车、飞机、枪等玩具分配给男孩，把洋娃娃等玩具分配给女孩；男孩往往担任侦察兵、领导者等起主导作用的游戏角色，女孩则往往担任游戏中的小白兔、小猫以及家庭中的女性角色等。因此，要重视性别差异的理论研究，改变“无人、无性别”或性别刻板印象根深蒂固的教育观念，提高包括家长在内的教育素养；更重要的是要改变具体的教育教养方式，在游戏、活动、学习中克服刻板印象的影响，培养理想的“双性化”性别模式，如男性以阳刚为主，刚中有柔，而女性则以阴柔为主，柔中见刚；男女共进，取长补短，既具有性别特色，又能优化整体心理水平。

再次，结合男女两性生理发育的特征和个体心理发展的现状“因性施教”。现代医学研究已证实，男女两性在后天生理发育与成熟的速度方面存在着明显的差异。“因性施教”应结合两性生理发育的特征来进行。比如由于神经系统方面和肌肉系统方面的发育差异，在整个学前期，男孩“调皮捣蛋”与“言行不一”的现象似乎更多一些，但这并非男孩不听从教育，更不是品德不良的问题。另一方面，“因性施教”也要根据同一性别个体之间心理现状的差异程度来进行，不能仅仅根据男女群体平均之差对同一性别的个体“一刀切”，脱离个体已有的性别心理特征。

参考文献

[1] 肖全民 . 幼儿心理行为的教育诊断 [M]. 武汉：武汉大学出版社，2017.

[2] 王翠肖；龙迎建，寇丽娟，张国欣副 . 幼儿园教育论文集萃 [M]. 北京：北京交通大学出版社，2017.

[3] 张明红 . 婴幼儿语言发展与教育 [M]. 上海：上海科技教育出版社，2017.

[4] 武建芬 . 心理理论与混龄教育 [M]. 杭州：浙江大学出版社，2017.

[5] 王向红 . 幼儿教师的核心素养 [M]. 北京：中国轻工业出版社，2017.

[6] 胡朝兵 . 幼儿心理发展与家庭教育智慧 [M]. 重庆：西南师范大学出版社，2017.

[7] 李国强 . 学前教育心理原理与实践 [M]. 北京：北京理工大学出版社，2017.

[8] 李志宇，贾宏燕，赵爱云，原燕 . 幼儿园教育活动案例集 [M]. 太原：山西教育出版社，2017.

[9] 彭云 . 幼儿园教育活动设计与课例 [M]. 上海：复旦大学出版社，2017.

[10] 邹娟 . 幼儿心理健康 100 问 [M]. 长春：吉林大学出版社，2017.

[11] 蒋建敏 . 幼儿心理发展与家庭教育 [M]. 东营：中国石油大学出版社，2018.

[12] 黄果 . 幼儿心理学学习指要 [M]. 重庆：重庆大学出版社，2018.

[13] 施玉洁，吕姝 . 幼儿教育学 [M]. 北京：北京理工大学出版社，2018.

[14] 贾宏燕，李志宇，原燕，王福兰 .《山西省学前教育内涵发展成果经验》丛书幼儿园教育活动案例集 [M]. 太原：山西教育出版社，2018.

[15]（意）玛丽亚・蒙台梭利；单中惠译 . 蒙台梭利幼儿教育丛书有吸收力的心理 [M]. 济南：山东教育出版社，2018.

[16] 王文乔，秦建勋 . 当代幼儿园课程与教育专题研究 [M]. 北京：中国书籍出版社，2018.

[17] 单中惠 . 蒙台梭利幼儿教育经典名导读 [M]. 济南：山东教育出版社，2018.

[18] 张家琼，蒋宗珍 . 学前幼儿心理发展概论 [M]. 重庆：西南师范大学出版社，2018.

[19] 刘勇 . 团体心理辅导与训练第 2 版 [M]. 广州：中山大学出版社，2018.

[20] 卢清 . 幼儿教师在职培训中的思与行 [M]. 成都：西南交通大学出版社，2018.

[21] 钱文 . 婴幼儿心理发展理论 [M]. 上海：上海科技教育出版社，2019.

[22] 莫源秋 . 幼儿行为管理的方法与策略：给幼儿教师和家长的教育建议 [M]. 北京：中国轻

工业出版社，2019.

[23] 王普华，王明辉，王爱忠 . 幼儿成长揭秘 [M]. 北京：中国轻工业出版社，2019.

[24] 王丽娜 . 全国学前教育专业（新课程标准）“十三五”规划教材幼儿教师讲故事技巧 [M]. 上海：复旦大学出版社，2019.

[25] 王治芳 . 幼儿家长手册 [M]. 济南：山东教育出版社，2019.

[26] 苏晓芬，张晓娟，吴丽瑛 . 破解幼儿园园长的 50 个管理难题 [M]. 北京：中国轻工业出版社，2019.

[27] 范杰章 . 品格成长我最棒龙泉驿区和平小学附属幼儿园品格教育读本高段 [M]. 成都：四川人民出版社，2019.